Cuisine Pratique

ou

Recueil de Procédés culinaires faciles et économiques

avec

les meilleures Recettes pour la Pâtisserie et la Confiserie

suivi

de quelques renseignements utiles dans le cas de maladies ordinaires.

Se trouve à l'Abbaye de Flavigny-sur-Moselle
(Meurthe et Moselle.)

Cuisine Pratique

Préface.

Ce recueil, fruit d'une longue expérience a un but essentiellement pratique : celui d'apprendre à faire non seulement la cuisine quotidienne, mais encore une cuisine plus relevée. On y trouvera le moyen de tirer tout le profit possible des provisions ordinaires du ménage, et de préparer dans les conditions les plus faciles et les plus économiques une nourriture saine, substantielle, suffisamment variée, toujours agréable à l'œil et au goût.

Chaque recette est expliquée, croyons-nous, avec assez de détails et de clarté pour que la personne la moins exercée puisse la comprendre sans peine, et la mettre en œuvre sans hésitation et avec succès.

Ce travail est partagé en dix chapitres. Nous nous permettrons de signaler ici ce que chacun de ces chapitres renferme de plus notable et de plus avantageux.

Le premier indique la manière de faire les soupes ou les potages, tant en gras qu'en maigre. Nous recommandons particulièrement d'abord le Potage aux Œufs, p. 5, qui est très nourrissant, puis la Soupe au Beurre, p. 9, qui a, quand elle est bien faite, l'apparence du bouillon gras : Au lieu de pain on peut mettre des œufs, comme dans le potage précédent ; c'est alors la perfection de la soupe maigre. Les soupes mitonnées, p 12, sont aussi très substantielles et rendent de vrais services les jours maigres.

Le 2ᵉ traite de la manière d'accommoder les diverses sortes de légumes : on y remarquera surtout la manière de préparer les Choux farcis, p 38 ; les Pommes de terre farcies p 57 ou à la Française p 58, ou aux Œufs p 60, ou au Lait p 61, ou à la Hollandaise p 64, les gâteaux d'Endive p 75, les diverses façons d'apprêter la Laitue, p 60 et suivantes, les Oignons au vin p. 80, les Cornichons confits au Naturel p. 82.

Le 3ᵉ a pour objet les viandes, soit de boucherie, soit de basse-cour et autres. On y trouvera une grande variété de mets : le Bœuf braisé p 91, au Four, en Gelée p 94, le Fromage d'Italie p 115, le Veau grillé, la Poitrine de veau farcie p 128, les Côtelettes de Veau à la Chapelure p 133, la Manière de clarifier la Gelée p 145, les Pieds de Veau frits p 147, les Côtelettes de Porc, p 183 et suivantes, qui ressemblent aux côtelettes de veau grâce au procédé indiqué, la Hure de Porc p 186, la Gelée moulée p 191, les nombreux emplois du Jambon p 199 suivantes, le Lapin en Gelée p 221, le Chaud-froid p 241,

les Galantines p 242 ; enfin on n'a pas oublié les différentes manières d'accommoder les dessertes de Bœuf, de Veau, de
viande quelconque, ainsi que les Hachis, Rissoles et Beignets
de Viandes.

Le 4ᵉ contient ce qui a rapport aux Poissons de mer et
aux Poissons d'eau douce. Inutile de nous étendre sur l'importance de ce chapitre, car il faudrait en citer tous les articles
qui fournissent de quoi varier le service aux jours maigres.

Le 5ᵉ enseigne la manière de préparer différentes sauces.
Toutes celles que nous donnons méritent attention, on fera son
choix d'après les circonstances et le goût; ici, comme dans tout
le cours de l'ouvrage, nous nous sommes abstenus de tout ce qui
serait excentrique, cherchant néanmoins à unir la variété et
la qualité.

Le 6ᵉ parle des Œufs et des divers usages qu'on peut en
faire. On remarquera en jetant un simple coup d'œil sur la
table de ce chapitre quel développement nous lui avons donné.
En effet les œufs sont une des principales ressources de la ménagère, et les nombreuses préparations qu'elle peut leur faire su-
bir, en font un aliment tout à la fois agréable, délicat et forti-
fiant. Mentionnons les Œufs farcis, p 333 et suivantes, le
Tôt-Fait p 340, les Crêpes Polonaises, Lorraines et doubles, les
Beignets d'Allemagne, de Bavière, tous les Gâteaux et toutes

les omelettes, en particulier l'Omelette Soufflée Sucrée au rhum, Parisienne, etc....

Le 7e comprend plusieurs façons de préparer les Crèmes et les Fruits pour Desserts. Dans ce chapitre il faut signaler la Crème à la Vanille, p 381, la Crème aux Amandes, 382, la Crème renversée p 384, la Crème double p 387, les Oeufs à la neige moulés p 386, la Crème anglaise p 391, la Charlotte russe p 390, le Bavarois p 393, la Gelée au rhum p 394.

Le 8e renferme des explications importantes qui ne pouvaient trouver place ailleurs, ainsi que des recettes d'économie domestique dont la valeur ne manquera d'être appréciée.

Le 9e offre divers articles de pâtisserie et de confiserie, tous utiles et agréables : il donne des renseignements précis et détaillés sur la manière de faire et d'employer les différentes sortes de pâtes. Nous expliquons avec soin la confection des pâtés, vol-au-vent, gâteaux, tartes et petits fours.

Le 10e Chapitre contient plusieurs indications médicales, précieuses, qui ont été examinées et approuvées par un Docteur de la Faculté de Nancy.

V

Quelques-unes des recettes culinaires et autres renfermées dans ce volume nous ont été communiquées verbalement, sans indication d'origine. Si, par hasard, il s'en trouvait qui fussent la propriété de quelque auteur, nous n'entendons en aucune façon en revendiquer la gloire ou le profit.

Termes de Cuisine.

Abaisse. Pâte étendue mince au moyen d'un rouleau à pâtisserie.

Bain-marie. Eau bouillante dans laquelle on met un plat, un vase ou un moule contenant le mets à cuire ou à chauffer. Il faut faire attention que l'eau n'entre pas dans le mets, tout en s'élevant à peu près à sa hauteur.

Barder. Envelopper ou couvrir de tranches de lard.

Bardes. Tranches minces de lard.

Bouquet garni. Ciboules, tiges d'échalotes, persil et autres assaisonnements liés ensemble, afin de les retirer plus facilement après la cuisson.

Blanchir. Effectuer dans l'eau bouillante une partie de la cuisson des aliments.

Caramel. Sucre fondu et cuit jusqu'à ce qu'il ait une couleur brune.

Chapelure. Pain ou gâteau séché et réduit en poudre.

Croûtons au beurre. Tranches de pain épaisses d'un demi-centimètre et de formes variées pour gar-

Larder. Garnir le dessus d'une pièce de viande avec de petits morceaux de lard appelés lardons, que l'on pique en travers de la viande au moyen d'une lardoire.

Lier. Épaissir avec de la farine, de la fécule ou des jaunes d'œufs.

Mariner. Mettre quelque temps la viande ou le poisson dans un liquide : vin, vinaigre ou huile avec assaisonnements.

Mijoter. Faire cuire lentement.

Mouiller. Ajouter un liquide dans un mets ou une sauce, sur le feu.

Paner. Saupoudrer de mie de pain ou de chapelure.

Réduire Faire cuire une sauce, un sirop pour leur donner plus de consistance.

Revenir. Faire revenir, c'est passer les viandes, les légumes, les assaisonnements, etc, quelques instants sur le feu dans du beurre.

Sauter. Agiter le plat ou la casserole, en lui imprimant un mouvement de bas en haut, pour retourner ce qu'il contient, ou mélanger les assaisonnements du

Verjus: mets que l'on accommode.

Suc acide que l'on extrait du raisin encore vert.

La manière de le préparer se trouve à la page 415. Ce condiment est aujourd'hui beaucoup trop délaissé : il est moins fort que le vinaigre, mais il donne un goût plus délicat.

Cuisine Pratique.

Chapitre I.

Potages et Soupes.

Pot-au-Feu.

La côte couverte, l'aloyau et la cuisse de boeuf sont les meilleurs morceaux pour faire le bouillon. Une livre de viande peut suffire pour quatre personnes.

On utilise dans le pot-au-feu les abatis de volaille et de gibier, les os de rôti et autres dont on aurait enlevé les chairs.

Il y a deux manières de procéder:

1° Mettez la viande sur le feu à l'eau froide, enlevez l'écume au fur et à mesure qu'elle se forme, après quoi, ajoutez du sel, et environ deux heures après, une petite carotte, la moitié d'un navet, un poireau un petit morceau de panais si on en a un oignon piqué d'un clou de girofle, une petite gousse d'ail, très peu de laurier, et enfin, pour colorer le bouillon, soit un petit morceau de carotte sèche, ou quelques cosses de pois sèches, ou un peu de chicorée serrée dans un linge, ou du caramel, ou un petit morceau de boule d'oignons que l'on achète chez les épiciers.

2° Faites bouillir l'eau, mettez-y la viande et le sel, vous êtes alors dispensé d'écumer. Deux heures après, ajoutez les légumes et assaisonnements comme ci-dessus.

Le pot-au-feu doit bouillir doucement et sans interruption pendant 4 ou 5 heures, s'il cuit trop fort, la viande reste dure et le bouillon n'est pas clair.

Dégraissez, si c'est nécessaire, ce qui est facile, la graisse se tenant toujours à la surface, il n'y a qu'à l'enlever avec la cuiller à pot. Cette graisse peut servir pour des légumes et pour des fritures grasses.

Au moment de se mettre à table, dressez la soupe: prenez le bouillon avec la poche, à l'endroit où il cuit, versez-le dans une passoire placée au-dessus de la soupière où se trouvent les tranches de pain, et si on veut du cerfeuil haché. Quelques personnes préfèrent jeter le cerfeuil quelques minutes dans le pot-au-feu.

Le bouillon gras sert à faire toutes sortes de potages.

Potages au Gras.

Le bouillon employé pour le potage doit être très bon ; s'il n'a pas la qualité voulue, on y ajoute au moment de servir un peu de beurre frais ou de jus de viande.

Potage au Riz.

Lavez le riz, faites-le passer quelques tours à l'eau légèrement salée ; égouttez et le mettez cuire dans le bouillon, environ une heure.

La dose ordinaire est d'une petite cuillerée (ou 10 gr.) par personne.

A la Semoule.

Jetez-la en pluie dans le bouillon bouillant que vous remuez soigneusement avec une cuiller de bois, et laissez cuire doucement 10 minutes ou $\frac{1}{4}$ d'heure au plus.

La dose est, comme pour le riz, d'une petite cuille-rée à bouche par personne.

Au Tapioca.

Jetez-le en pluie dans le bouillon comme la

semoule : il y a d'ailleurs une instruction sur chaque paquet.

Aux Pâtes d'Italie.

Cuisez-les complètement à l'eau bouillante légèrement salée (environ $\frac{1}{4}$ d'heure), et mettez-les ensuite dans le bouillon qui perd beaucoup moins de son goût que si ces pâtes cuisaient dedans.

Au Vermicelle.

Lorsque le bouillon cuit, mettez le vermicelle en le froissant d'une main, et tournant de l'autre avec une cuiller de bois. Il faut environ 10 grammes par personne.

A la Fécule.

Délayez de la fécule de pommes de terre (une cuillerée pour 2 personnes) avec du bouillon froid ; versez-la ensuite doucement dans le bouillon en ébullition que vous remuez en même temps ; laissez cuire quelques minutes.

Aux Nouilles.

Cuisez-les complètement à l'eau, puis mettez-les dans le bouillon. Si elles sont trop longues, cassez-les avant de les cuire.

Aux Oeufs.

Pour 2 personnes prenez un œuf que vous débattez jusqu'à ce qu'il mousse ; versez-le lentement dans le bouillon bien chaud ; remuez avec une cuiller de bois jusqu'à ce que les œufs soient pris, c'est-à-dire qu'ils aient épaissi le bouillon ; retirez du feu et mettez dans la soupière.

Autre manière aux Oeufs.

Mettez un peu de beurre dans une casserole sur un feu doux, tournez-y une pincée de farine par personne ; délayez-la doucement avec du bouillon chaud, après quoi ajoutez les œufs de la même manière que précédemment. Dans ce cas, il faut un peu moins d'œufs.

A la Julienne.

Coupez en long : carottes, navets, céleri, oignons coupés en tranches, oseille, laitue ; ajoutez petits pois, pois mange-tout, etc ; faites les revenir dans du beurre, mouillez avec du bouillon, faites bouillir à petit feu. Quand tous les légumes sont bien cuits, versez la julienne sur de minces tranches de pain.

Vous pouvez aussi la faire en maigre : mouillez alors avec du bouillon maigre ou de l'eau, et mettez un peu plus de beurre.

Autre Julienne.

Coupez les légumes et faites les revenir comme précédemment; faites cuire de même; mais au lieu de verser la julienne sur des tranches de pain, servez-la telle qu'elle est dans une soupière.

Si on ne veut pas se donner la peine de préparer les légumes d'une Julienne, on en trouve tout préparés chez les épiciers.

Aux Macaronis.

Rompez les macaronis de la longueur d'un petit doigt, jetez-les dans l'eau bouillante légèrement salée, laissez cuire ¼ d'heure, faites égoutter et les mettez dans le bouillon, achevez de cuire doucement.

Ajoutez, si vous voulez, en servant, un peu de fromage de Gruyère ou de Parmesan râpé.

Manière de conserver le Bouillon gras.

Pour conserver le bouillon en été, le faire bouillir soir et matin, ou au moins une fois le jour, et le tenir au frais sans le couvrir. En le chauffant, y mettre quelques gouttes d'eau fraîche. Il ne faut pas mélanger le bouillon avec celui de la veille.

Bouillon de Veau.

Prenez un os ou un jarret de veau, cuisez-le comme la viande du pot-au-feu, mettez du sel, un peu de carotte, de navet, de poireau. Ce bouillon étant pour des malades, n'y mettez jamais ni poivre, ni laurier, ni clou de girofle.

Bouillon de Poulet.

Faites ce bouillon comme celui de boeuf, à la réserve de l'épicer un peu moins. Très bon pour les malades

Soupe au lard.

Mettez le lard dans l'eau sur le feu avec du sel (il importe peu que l'eau soit froide ou chaude car le lard ne donne pas d'écume). Faites bouillir pendant 3 ou 4 heures sur un feu vif, car plus ce bouillon cuit vite, meilleur il est. Quand le lard est à moitié cuit, vous ajoutez une gousse d'ail, un oignon piqué d'un clou de girofle, un peu de laurier et les légumes, tels que carottes, navets, pommes de terre, etc.

Au moment de servir, vous versez le bouillon sur les tranches de pain préparées d'avance. Vous dressez les légumes avec une écumoire sur un plat avec sel, poivre, et les servez.

Bouillon de Grenouilles.

Nettoyez les grenouilles, mettez-les ensuite dans l'eau bouillante avec les mêmes légumes et assaisonnements que pour le pot-au-feu. Faites frire dans du beurre quelques oignons coupés en tranches que vous jetez ensuite dans le bouillon et laissez cuire pendant 2 heures.

Avant de vous servir de ce bouillon, vous le passez.

Il est très bon pour les malades et donne une excellente soupe. On peut en faire des potages comme avec le bouillon gras.

Potages au Lait.

Faites cuire le lait et mettez les pâtes de la même manière que pour les potages gras.

On peut les sucrer ou les saler.

Potages à l'Eau.

Faites bouillir l'eau, et mettez la semoule ou le vermicelle, etc. ; laissez cuire le temps indiqué pour chaque espèce de pâte ; salez, et au moment de servir, ajoutez un morceau de bon beurre frais.

Soupe au Beurre.

Mettez sur le feu l'eau nécessaire à la soupe avec du sel, tous les légumes et assaisonnements indiqués pour le pot-au-feu. Faites frire dans du beurre quelques oignons entiers s'ils sont petits, et coupés en deux s'ils sont gros; jetez-les dans l'eau préparée pour la soupe, tandis que vous mettez le beurre sur le pain de la soupière. Laissez cuire pendant 2 heures, et passez le bouillon en le versant sur le pain où vous aurez mis du cerfeuil haché ou coupé fin.

Ce bouillon peut servir pour un excellent potage aux œufs.

Soupe à la Purée de Pois.

Mettez dans une passoire les pois bien cuits à l'eau salée. Pressez et écrasez, puis versez de temps en temps un peu d'eau chaude dessus pour faire passer la purée dans un vase placé sous la passoire. Pendant ce temps, faites griller de petits morceaux de pain dans du beurre, et quand le pain est d'un beau jaune, mettez la purée que vous éclaircissez à volonté avec de l'eau chaude ou froide; ajoutez du sel, et après un bouillon, versez sur le pain, où vous pouvez mettre de la crème. Si vous ne voulez pas faire griller de pain, vous mettez simplement le beurre dans le bouillon.

Autre Manière.

Préparez des navets, des poireaux, oignons, carottes, très peu de céleri; coupez-les par morceaux et passez-les sur le feu dans du beurre, puis faites-les cuire dans la purée de pois éclaircie pour la soupe; ajoutez du sel et un peu de poivre.

Autre Manière.

Faites frire dans du beurre un oignon coupé fin, et lorsqu'il est d'un beau jaune, mettez le bouillon de purée.

Autre Manière.

Faites une purée claire que vous salez; et quand elle cuit, mettez-y des tranches de pain coupées un peu plus épaisses que pour la soupe ordinaire et grillées dans du beurre. Laissez cuire quelques bouillons, et servez.

Soupe aux Fèves.

Comme à la purée de pois et comme il suit: faites cuire les fèves à l'eau avec carottes, navets, oignons poireau, etc, et un peu d'ail. Faites de la purée avec les fèves, ajoutez de l'eau, oseille et épinards hachés, sel, poivre, beurre. Laissez bouillir quelques minutes, et versez sur le pain où vous aurez mis de la crème.

Soupe à l'oignon.

Epluchez un oignon que vous coupez en tranches, et le faites jaunir dans le beurre destiné à la soupe; mettez un peu de farine, remuant jusqu'à ce qu'elle soit d'un jaune clair. Délayez avec de l'eau chaude en tournant activement et versant l'eau petit à petit; ajoutez l'eau nécessaire à la soupe et laissez cuire $\frac{1}{4}$ d'heure. Versez ce bouillon sur le pain où vous aurez mis de la crème.

Autre Manière.

Coupez mince deux moyens oignons pour 4 personnes; mettez-les dans une casserole avec un morceau de beurre gros comme un œuf; passez-les sur le feu en les retournant de temps en temps jusqu'à ce qu'ils soient colorés. Mouillez avec de l'eau, mettez sel et poivre. Faites bouillir environ $\frac{1}{4}$ d'heure, et jetez-y le pain destiné à la soupe. Quand il a fait un bouillon, dressez.

Soupe au Lait et aux Oignons.

Faites frire un oignon coupé fin dans du beurre quand il est d'un beau jaune, mettez le lait, que vous pouvez mélanger avec autant d'eau.

Autre Manière.

Faites revenir (pour 2 litres de lait) un gros oignon coupé en tranches fines, dans du beurre. Quand l'oignon est tendre, mettez le lait ; et, quand il cuit, le pain et du sel. Laissez cuire un instant et dressez.

Soupe mitonnée.

Coupez des tranches de pain un peu plus épaisses que pour la soupe ordinaire ; faites-les griller d'un beau jaune dans du beurre sur le feu, ou dans un four avec beurre frais sur chaque tranche, mettez-les dans l'eau bouillante préparée pour la soupe avec beurre et sel, laissez cuire 2 ou 3 minutes et dressez en ajoutant de la crème. Cette soupe doit être moins épaisse que de la panade.

Autre soupe mitonnée.

Mettez sur le feu le beurre destiné à la soupe avec toutes sortes de légumes coupés fins : carottes, navets, oignons, panais, un peu de céleri, pommes de terre, poi reaux, ciboules, etc ... un peu d'ail, très peu de laurier, de persil, de girofle. Passez tous ces légumes sur le feu en les retournant de temps en temps jusqu'à ce qu'ils soient cuits et colorés; mettez de l'eau et faites bouillir pendant $\frac{1}{2}$ heure, après quoi ajoutez le pain coupé la soupe, et au premier bouillon, retirez dans la soupiè- re. Si vous ne voulez pas les légumes dans la soupe, passez le bouillon avant d'y mettre le pain.

Soupe aux Légumes.

Mettez, dans la quantité d'eau suffisante pour la soupe, toutes sortes de légumes avec sel, poivre et beur- re frais; au moment de dresser, mettez de la crême sur le pain, et versez le bouillon dessus.

Soupe aux Poireaux.

Coupez fin quelques poireaux et les faites revenir dans le beurre; ajoutez eau, sel, poivre, pommes de terre coupées en dés; faites cuire, et versez sur le pain où vous pou- vez mettre de la crême.

Soupe aux Pommes de terre.

Cuisez les pommes de terre à l'eau, écrasez-les, hachez

de l'oseille, et faites-la revenir dans du beurre, puis jetez-la sur les pommes de terre que vous délayez avec de l'eau ou du lait; ajoutez l'eau nécessaire, du sel, et mettez de la crème sur le pain avant de dresser.

Autre Soupe aux Pommes de terre.

Prenez, pour chaque personne, 1 moyenne pomme de terre que vous coupez en gros quartiers et faites cuire à l'eau avec du sel, un peu de poivre, un poireau haché ou coupé bien fin, un peu de persil et très peu de céleri. Quand la pomme de terre est cuite, écrasez-la, ajoutez l'eau nécessaire, prenant d'abord celle où la pomme de terre et les légumes ont cuit; remettez du sel ce qu'il en faut, puis versez sur des tranches de pain où vous aurez mis du beurre bien chaud et de la crème.

Soupe aux Pommes de terre et aux Fines Herbes.

Pelez et coupez des pommes de terre en tranches assez grosses; mettez-les dans une casserole avec tout le beurre nécessaire pour la soupe. Quand elles sont à moitié cuites, ajoutez échalotes, oseille, épinards, cerfeuil hachés et un peu de farine; écrasez les pommes de terre quand elles sont cuites et terminez avec de l'eau, sel, poivre. Avant de dresser, mettez de la crème sur le pain.

Soupe à la Farine grillée.

Faites roussir une cuillerée de farine dans du beurre en remuant de temps en temps ; délayez petit à petit avec de l'eau chaude en tournant activement ; ajoutez l'eau et le sel. Dressez sur le pain où vous aurez mis de la crème. On peut ajouter à la farine des fines herbes ou un oignon hachés.

Soupe à l'Oseille et au Cerfeuil.

Épluchez et lavez proprement de l'oseille et du cerfeuil, vous pouvez y joindre un peu d'épinards en supprimant les tiges. Hachez fin, faites revenir dans du beurre gros comme la moitié d'un œuf pour 4 personnes ; ajoutez l'eau et le sel, et quand les herbes ont bouilli 7 ou 8 minutes, mettez une liaison d'un jaune d'œuf et une cuillerée de crème par personne.

Pour que les œufs ne tournent pas, débattez-les avec la crème, puis mettez-les dans le bouillon en remuant jusqu'à ce que les œufs s'épaississent, et dressez tout de suite.

Si vous voulez la soupe moins délicate, vous remplacez
la liaison par du lait dans le bouillon ou de la crème sur le pain.

Autre Manière.

Mettez sur le feu du beurre frais avec un peu de farine; quand elle est jaune, ajoutez oseille et cerfeuil
hachés, tournez une minute sur le feu et mouillez a-
vec de l'eau, mettez du sel. Quand le bouillon cuit,
mettez le pain; au premier bouillon, versez dans la
soupière où vous aurez mis de la crème.

Soupe aux Cerises.

Prenez de belles cerises noires bien fraîches et enlevez en
les tiges. Coupez des tranches de pain et faites les griller dans du beurre fondu ; retirez-les, puis jetez dans
ce même beurre les cerises avec du vin et de l'eau,
quantité égale de l'un et de l'autre, sucre, cannelle.
Lorsque les cerises sont cuites, versez le tout sur le
pain grillé. Les personnes qui veulent avoir le
pain plus tendre, le mettent cuire une minute avec
les cerises.

Panade.

Prenez environ 50 grammes de pain et ½ litre d'eau

d'eau par personne. Quand l'eau bout, mettez le pain coupé par morceaux, sel, beurre. Laissez cuire 7 ou 8 minutes; retirez dans la soupière, et ajoutez de la crème, si vous voulez.

Panade au Gras.

Prenez du bouillon gras au lieu d'eau; quand il bout, mettez le pain, et lorsqu'il a cuit 7 ou 8 minutes, dressez.

Chapitre II.

Légumes.

Quand on cuit les légumes à l'eau, il est bon de la saler. Il faut faire attention que les légumes secs doivent être mis à l'eau froide, et les légumes verts à l'eau bouillante.

Pendant la cuisson, si on remet de l'eau, il faut toujours qu'elle soit chaude.

Si les légumes secs: pois, haricots, lentilles, cuisent difficilement, on ajoute, par litre de légumes, 2 ou 3 grammes de cristaux de soude.

Haricots secs.

Mettez les haricots sur le feu avec assez d'eau pour qu'elle les couvre d'une bonne hauteur. Après ½ heure de cuisson, remplacez cette première eau par de l'eau bouillante et mettez du sel. Lorsque les haricots sont cuits, ajoutez de la farine délayée avec de l'eau froide, en remuant les fèves jusqu'à ce qu'elles cuisent de nouveau; persil et oignons hachés, sel, beurre.

Laissez mijoter un moment et servez.

Haricots au Lait.

Egouttez les haricots cuits à l'eau. Faites chauffer du beurre et y tournez de la farine; lorsqu'elle est d'un beau jaune, mettez les haricots; mouillez avec du lait, à volonté, sel; remuez et laissez chauffer.

Haricots blancs à la Crème.

Les haricots étant cuits à l'eau et égouttés, passez-les au beurre avec ciboules et persil hachés, assaisonnez de poivre, sel; ajoutez de la crème et servez.

Si vous les voulez plus délicats, joignez quelques jaunes d'œufs à la crème.

Haricots au Roux.

Faites roussir dans du beurre un peu de farine, des oignons, persil, ciboules hachés, et y retournez les haricots cuits à l'eau; mouillez avec de l'eau chaude; salez, poivrez. Laissez cuire quelques minutes et servez.

Haricots à la Maître d'hôtel.

Lorsque les haricots sont cuits à l'eau, faites les égout-

ter et les mettez dans une casserole avec un bon morceau
de beurre, persil haché, sel, poivre. Servez bien chaud.

Haricots au Lard.

Cuisez-les à l'eau, égouttez et les remettez sur le feu avec
du lard frit et sa graisse, du beurre frais, beaucoup de
persil et quelques oignons hachés, sel, poivre. Ajoutez de
l'eau ou du bouillon, presque à la hauteur des fèves.
Laissez mijoter jusqu'à ce que l'eau soit un peu réduite
et liée.

Autre Manière.

Coupez du lard en tranches minces; faites le frire et y
ajoutez du beurre frais; mettez-y du persil haché; laissez
un instant sur le feu et versez chaud sur les haricots ;
salez, poivrez, mélangez et servez, avec les tranches de
lard dessus, si vous voulez.

Autre Manière.

Faites cuire les haricots avec le lard, le beurre, l'eau et
les assaisonnements. Au moment de servir, liez avec un
peu de fécule, si c'est nécessaire.

Purée de Haricots.

Faites cuire les haricots à l'eau, et écrasez-les dans le

presse-purée, ou à défaut dans une passoire. Mettez la purée dans une casserole sur le feu avec sel, poivre; quand elle
cuit, ajoutez un peu de farine délayée avec de l'eau, de manière à la rendre coulante; vous la versez alors lentement dans
la purée que vous tournez avec une cuiller de bois. Laissez
cuire quelques minutes et servez.

Autre Manière.

Mettez d'abord le beurre dans la casserole avec un peu
de farine, des oignons coupés fins, et tournez un instant
avant d'y mettre la purée que vous salez, poivrez et laissez cuire 7 ou 8 minutes. Au moment de servir, ajoutez un peu de crème, si vous voulez.

Lentilles.

Faites les cuire et les accommodez comme les haricots.
On en fait aussi de la purée en suivant les mêmes indications que pour celle de haricots.

Pois secs.

Accommodez-les comme les haricots, mais pendant
qu'ils cuisent à l'eau, enlevez avec l'écumoire les pellicu-
les qui viennent au-dessus
On prépare la purée de pois comme celle de haricots.

Carottes en Cosses de pois sèches.

Prenez de petites carottes saines que vous épluchez et lavez proprement, coupez-les de la grosseur et de la grandeur d'un doigt; arrangez-les, l'une à côté de l'autre, sur des claies pour les mettre au four lorsque le pain est tiré; et encore il faudrait attendre un peu si le four était trop chaud.

Vous les y mettez une seconde fois, plusieurs heures après le pain; elles doivent donner encore du jus, et pour cela avoir une belle couleur brune sans être brûlées.

Les cosses de pois ne demandent pas d'être aussi long-temps au four. Mettez-les après que le pain est tiré, mais les sortez dès qu'elles ont pris la couleur voulue.

Riz au Gras.

On prend environ 30 grammes ou 2 cuillerées de riz et $\frac{1}{2}$ litre d'eau par personne.

Dans la quantité d'eau nécessaire, mettez un morceau de bœuf, de veau, de porc, ou une poule; (si on fait rôtir la viande avant, elle donne un meilleur goût) ajoutez poivre, sel, échalotes, un oignon piqué d'un clou de girofle, laurier, peu d'ail, bouquet garni, et faites cuire.

Environ 1 heure avant la cuisson complète de la viande, mettez le riz blanchi, ou au moins lavé 3 ou 4 fois dans de l'eau tiède, et faites cuire. On éclaircit à volonté, avec du bouillon ou de l'eau. Le riz au gras, pour être bon, ne doit pas cuire trop longtemps; quelquefois il ne faut pas même 1 heure.

Vous le servez seul ou autour de la viande.

Autre Manière.

Faites cuire le riz à l'eau avec les assaisonnements, et accommodez-le avec graisse, jus de viande, sel, poivre.

Riz au Lait.

La dose est de 30 grammes de riz et $\frac{3}{4}$ de litre de lait par personne.

Lavez le riz et le mettez sur le feu avec le lait froid. Laissez cuire bien doucement; et, lorsque le grain s'écrase facilement sous le doigt, mettez du sucre, mais pas avant car le riz ne cuirait plus; laissez achever de mijoter : en tout 2 ou 3 heures. De cette manière, le laitage prendra une belle teinte jaune et sera excellent.

Ne mettez le sel qu'au moment de servir.

Autre Manière.

Commencez à cuire le riz avec une quantité d'eau qui soit épuisée après ½ heure de cuisson; mettez alors le lait, et achevez comme ci-dessus.

Riz au Beurre.

Cuisez le riz avec eau, sel, poivre, persil, oignon, girofle, laurier et beurre. La quantité d'eau est la même que pour le riz au gras. Il faut à peu près ¼ de beurre pour 8 personnes; mais lorsqu'il est frais, n'en mettez que la moitié pour cuire avec le riz, et l'autre moitié au moment de servir. Le riz au beurre doit cuire plus vite et moins long-temps que le riz au lait.

On peut ajouter du lait, ou une liaison de quelques jaunes d'œufs avec crème.

Semoule au Beurre.

Faites bouillir ½ litre d'eau, et jetez-y en pluie 30 grammes de semoule par personne, remuant constamment jusqu'à ce que l'eau cuise de nouveau; laissez cuire 20 minutes ou ½ heure; salez et ajoutez de la mie de pain grillée dans du beurre. Au moment de servir, mettez encore un bon morceau de beurre frais.

Autre Manière.

Quand l'eau bout, jetez-y la semoule; et, lorsqu'elle est cuite, ajoutez sel et bon beurre frais.

Semoule au Lait.

Il faut environ ½ litre de lait et 30 grammes ou 2 cuillerées de semoule par personne.

Lorsque le lait cuit, jetez y la semoule en la faisant tomber en pluie, et remuez constamment jusqu'à ce que le lait cuise de nouveau. Laissez cuire ½ heure en vous assurant de temps en temps qu'elle ne brûle pas; salez et sucrez à volonté.

Vermicelle au Gras.

Faites-le comme le riz au gras, seulement il ne faut tout au plus que ½ heure pour le cuire. Servez seul ou autour d'un morceau de viande ou d'une poule.

Vermicelle au Beurre.

Faites bouillir de l'eau pour y mettre le vermicelle, à la dose de 30 grammes par personne, en le froissant pour rompre les boucles; laissez cuire 20 ou 25 minutes, et ajoutez sel et bon beurre frais.

Vermicelle au Lait.

Quand le lait bout, mettez-y le vermicelle en le rompant dans les doigts et le semant pour qu'il ne s'amasse point en pelotes. Laissez cuire 20 minutes ou ½ heure; salez et sucrez à volonté.

Manière de glacer le Laitage.

Dressez dans le plat quelques instants avant de servir, afin qu'une peau ait le temps de se former à la surface du laitage que vous saupoudrez largement de sucre fin, et passez dessus très vite une pelle rougie au feu.

Artichauts à la Sauce.

Faites cuire les artichauts à l'eau bouillante, égouttez les et leur ôtez le foin. Arrangez-les sur le plat de service et versez dessus une bonne sauce blanche ou brune. (Voir cet article au chapitre des Sauces.)

On peut aussi mettre la sauce dans une saucière.

Artichauts à l'Huile.

Lorsque les artichauts cuits à l'eau sont refroidis, servez

avec sel, poivre, huile et vinaigre, ou avec une sauce ravigotte.

Quelques personnes les mangent de cette façon sans les faire cuire; dans ce cas, on les coupe ordinairement en quatre, on ôte les premières feuilles, ainsi que le foin, et on les sert dans l'eau fraîche. On peut cependant les laisser entiers.

Artichauts au Beurre.

Après les avoir épluchés et lavés, mettez-les dans une casserole avec du beurre dessous et dessus, sel, poivre écha lotes, persil hachés; couvrez la casserole et faites cuire au four. Servez les chauds avec une sauce faite de leur jus, un fil de vinaigre ou jus de citron, une cuillerée de chapelure, et si vous voulez 2 jaunes d'œufs; ou bien servez les froids avec une sauce tartare dans une saucière.

Artichauts au Lard.

Comme les artichauts au beurre, ajoutant seulement du lard au beurre.

Artichauts à la Française.

Coupez en quatre les artichauts cuits à moitié dans

l'eau bouillante, ôtez le foin et les passez à l'eau fraîche; remettez-les sur le feu avec eau, sel, poivre, échalotes, ail, un peu de persil, beurre frais tourné dans la farine; au moment de servir, mettez une liaison de jaunes d'oeufs avec crème, et fécule si c'est nécessaire.

Artichauts Frits.

Épluchez 6 ou 8 artichauts de grandeur moyenne: cuisez-les à moitié dans de l'eau salée et faites-les ressuyer sur un linge. Coupez-les en quatre, ôtez le foin; faites-les mariner pendant une heure avec un verre de vinaigre, poivre en grains, clous de girofle, 2 cuillerées d'huile d'olive ou de bonne huile douce. Égouttez-les et les trempez dans une pâte à beignets. (Voir l'article Pâte à beignets au chapitre des Oeufs.) Mettez-les dans du beurre fondu bien chaud, pour les frire sur un feu clair et actif; lorsqu'ils ont pris une belle couleur des deux côtés, servez immédiatement. Garnissez le plat de persil frit.

Artichauts Farcis.

Cuisez les artichauts à l'eau salée; ôtez le foin et remplacez-le par un hachis de viande, tel que le suivant ou autre: prenez, pour 6 artichauts, 5 ou 6 échalotes hachées que vous faites revenir dans ¼ de beurre frais et mettez-y ¼ de jus de veau (ou autre viande) haché, 60 grammes de lard égale-ment haché ou râpé et de la mie de pain trempée dans du bouillon chaud; ajoutez sel, poivre, girofle en poudre ou mus cade râpée et, en retirant du feu, 2 œufs entiers. Placez les artichauts dans une casserole sur le feu ou dans le four. Laissez cuire ¼ d'heure, et servez avec une sauce brune ou une Italienne que vous trouverez au chapitre des Sauces.

Asperges à la Sauce.

Epluchez et lavez les asperges que vous liez ensuite en pa-quets pour les cuire à l'eau bouillante; tirez-les lorsqu'elles fléchissent sous le doigt. Servez les asperges dressées régu-lièrement sur un plat, soit en un seul paquet au milieu, ou en plusieurs paquets parallèles, les têtes au centre du plat, ou bien encore sur un plat long sur deux rangs, le bout vert en regard, de manière qu'on puisse se servir à droite et à gauche à la fois.

Faites une sauce blanche que vous trouverez au chapitre des Sauces, ayant soin de la tenir très épaisse, et servez-la à part dans une saucière.

En Gras. Faites cuire les asperges et les servez de la mê-me manière que ci-dessus avec une sauce brune au jus de viande.

Asperges à l'Huile.

Laissez refroidir des asperges cuites à l'eau, et servez-les avec sel, poivre, huile et vinaigre, ou avec une sauce ravigotte.

Asperges aux Petits Pois.

Coupez les asperges de la grosseur des petits pois (on prend ordinairement les asperges trop petites ou trop montées pour être servies autrement); faites-les cuire à l'eau comme les asperges entières et passez-les à l'eau fraîche. Quand elles sont égouttées, remettez-les sur le feu avec beurre frais, une pincée de farine, ciboules, échalotes, une pointe d'ail, très peu de persil et de laurier, sel, poivre; tournez-les un instant, et mouillez avec de l'eau chaude; laissez cuire quelques minutes, et ajoutez une liaison de jaunes d'œufs avec crème.

En Gras. Agissez comme il vient d'être dit, et mouillez avec du bouillon au lieu d'eau; laissez cuire 2 ou 3 minutes, et ajoutez du jus de viande ou une liaison de quelques jaunes d'œufs débattus avec un peu d'eau. Servez à courte-sauce.

Bettes.

Épluchez et lavez les bettes que vous faites cuire ensuite à l'eau bouillante ; remuez-les de temps en temps pour que le dessus ne noircisse pas. Quand elles sont cuites (environ 2 heures) égouttez-les ; faites une sauce blanche et y mettez les bettes mijoter un moment, pour qu'elles prennent goût. Vous pouvez, pour les servir, les parer avec de la chapelure ou de la mie de pain grillée.

En Gras. Faites-leur prendre goût dans une sauce brune ou avec un bon jus de viande ; salez, poivrez, et servez-les seules ou avec telle viande que vous jugerez à propos.

Cardons.

Enlevez les fils qui recouvrent les cardons, et coupez-les par bouts, de la longueur d'un doigt environ ; rejetez ceux qui sont creux et verts, et mettez les autres, au fur et à mesure que vous les épluchez, dans de l'eau fraîche acidulée de vinaigre, ou dans du petit-lait pour qu'ils ne noircissent pas. Faites-les cuire à l'eau bouillante s'ils sont frais ; mais s'ils sont vieux cueillis, mettez-les sur le feu avec l'eau froide, et laissez-les cuire plus long-temps : il faut même quelquefois 2 et 3 heures, tandis que frais ils sont cuits dans une ½ heure. Egouttez-les et faites leur prendre goût dans une sauce blanche ou brune.

Cardons au Jus.

Lorsqu'ils sont cuits à l'eau, accommodez-les avec bonne graisse et jus de viande rôtie, sel, poivre. Vous pouvez alors les servir seuls, ou autour d'un morceau de veau, de viande de porc, ou autre.

Cardons au Beurre.

Les cardons étant cuits à l'eau et égouttés, mettez-les sur le plat de service avec beurre, échalotes hachées, sel, poivre; mêlez et laissez cuire à petit feu ½ heure dans un four médiocrement chaud.

Cardons au Roux.

Faites un roux d'un jaune clair et y ajoutez quelques oignons, échalotes, un peu de persil hachés; mettez-y les cardons cuits à l'eau, sel, poivre, un peu d'eau; laissez cuire ¼ d'heure et servez.

Cardons au Fromage.

On peut se servir de ceux qui ont déjà été accommodés

au beurre ou à la crème. Si on en prend d'autres, il faut
qu'ils soient cuits à l'eau et bien égouttés.

Mettez-les dans un plat supportant le feu, couvrez-les
d'une sauce blanche bien épaisse où vous avez mis un peu
de fromage de Gruyère ou de Parmesan; saupoudrez de fromage râpé et de chapelure, mettez de petits morceaux de
beurre dessus et laissez mijoter ¼ d'heure au four. La mie
de pain grillée dans le beurre peut remplacer la chapelure.

Cardes - Poirées.

Faites les cuire et les accommodez de la même manière
que les cardons, mais elles ne les valent pas.

Céleri à Côtes.

Préparez-le comme les cardons; faites-le cuire et l'ap-
prêtez de même.

Carottes.

Lorsque les carottes sont jeunes ou d'une très bonne espèce, on peut se dispenser de les blanchir; autrement il
faut les cuire à l'eau, après les avoir coupées en rouelles
ou en tranches. Si on les sale un peu la veille, elles
cuisent plus vite.

Lorsque les carottes sont cuites, faites les égoutter dans une passoire, puis les accommodez.

En Gras. Faites fondre du lard et de la graisse, ajoutez-y oignons et persil hachés ; mettez les carottes, sel, poivre. Mêlez, laissez chauffer et servez.

En Maigre. Au lieu de graisse et de lard, servez-vous de beurre dans lequel vous pouvez tourner un peu de farine, puis achevez comme ci-dessus. On peut ajouter de la crème ou une liaison au moment de servir.

Les carottes cuites dans le Pot-au-Feu et assaisonnées de sel, poivre, bonne graisse, jus de viande sont bonnes et d'une digestion facile pour les malades.

Carottes au Beurre.

Prenez de petites carottes printanières, et après les avoir épluchées, lavées et coupées, mettez-les dans du beurre chaud, assez pour que les carottes baignent au moins à moitié, elles n'en prennent pas plus pour cela ; ajoutez sel, poivre. Quand les carottes sont cuites, dressez-les avec une écumoire pour ne pas perdre le beurre qui peut servir à d'autres usages.

Une cuillerée de ce beurre sur le bouillon gras fait paraître avantageusement les yeux de la soupe ; on le met seulement lorsque celle-ci est dressée.

Carottes à l'Étouffée.

Coupez en tranches ou en rouelles minces des carottes bien éplu-
chies et lavées ; mettez-les sur le feu avec beurre, oignons, échalotes et persil hachés, sel, poivre. Il faut les commencer sur
un feu vif que vous diminuez lorsqu'elles cuisent, ayant
soin pourtant qu'elles ne cessent pas de le faire, car elles
durciraient et ne cuiraient plus. Si elles viennent à brûler, mettez un peu d'eau chaude. Au moment de servir,
vous pouvez ajouter de la crème.

En Gras. Vous mettez lard et beurre frais ; puis, au
moment de servir, ajoutez du jus de viande, si vous voulez.

Carottes en Pois à l'Étouffée.

Mettez les carottes sur le feu comme il vient d'être dit à
l'article précédent ; lorsqu'elles sont à moitié cuites, ajoutez les pois. Au moment de servir, mêlez et dressez.

Carottes en Pommes de terre à l'Étouffée.

Faites d'abord cuire à moitié les carottes comme ci-dessus ;
ajoutez les pommes de terre coupées en tranches, et, quand
le tout est cuit, mélangez et servez. Si vous trouvez trop
sec, ajoutez lait ou crème en maigre, et bouillon en gras.

Des carottes, pommes de terre et pois cuits ensemble à l'é-touffée sont très bons.

Gâteau de Carottes.

Prenez des carottes cuites à l'eau ou dans le pot-au-feu ; passez-les dans le presse-purée ; ajoutez, pour un plat de 4 ou 5 personnes, 3 œufs, 5 ou 6 cuillerées de jeune crème, un peu de beurre frais, sel, poivre. Mettez dans le plat de service, saupoudrez de chapelure, et parsemez de quelques petits morceaux de beurre frais ; faites cuire entre deux feux et servez chaud.

On peut aussi cuire le gâteau dans un moule beurré que l'on renverse sur un plat pour servir ; si l'on met du papier beurré dans le fond du moule, le gâteau se détache plus facilement.

Choux.

Les choux à feuilles frisées comme le Milan sont les meilleurs, et il faut moins de graisse pour les accommoder ; mais les cabus servent également, seulement on a soin de bien ôter les côtes en les épluchant.

Choux au Naturel.

Cuisez les choux à l'eau bouillante, puis les égouttez. Remettez-les sur le feu avec graisse et lard fondus, oignons, échalotes, persil et un peu d'ail hachés, sel, poivre. Laissez cuire un peu pour prendre goût, et servez.

Choux Hachés.

Quand ils sont cuits à l'eau et égouttés, hachez-les, puis les accommodez comme les Choux au naturel. Dressez sur le plat, lissez-les avec un couteau, et ajoutez un peu de jus de viande.

Choux en Maigre.

Faites roussir un peu de farine dans du beurre, ajoutez échalotes ou oignons coupés en tranches; mettez-y les choux cuits comme précédemment, sel, poivre; mouillez d'un peu de lait ou de crème.

Choux au Lard.

Mettez les choux à l'eau bouillante, avec un bon morceau de lard; et, lorsqu'ils sont à moitié cuits, ajoutez des pommes de terre coupées en quartiers. Quand le tout est cuit, tirez en égouttant; mettez sel, poivre et un peu de graisse.

Si on ajoute des haricots secs bien cuits, ces légumes seront encore meilleurs.

Choux Farcis.

Choisissez une tête de chou qui ne soit pas trop serrée; faites-la blanchir ¼ d'heure à l'eau bouillante, avec un morceau de mie de pain de la grosseur d'une noix (ce pain enlève l'odeur trop forte du chou)

Déposez ensuite le chou sur une table; ouvrez-le, feuille par feuille, ôtez le cœur que vous hachez avec de la viande, du persil, ciboules, échalotes, ail; ajoutez de la mie de pain trempée dans du lait chaud, sel, poivre, crême, (à défaut de crême, du bouillon gras); ayez soin que cette farce soit bien grasse, et pour cela, il sera bon d'y mettre du lard haché. Mettez une cuillerée de ce hachis dans le trou du milieu, autant dans le bas de chaque feuille; ficelez bien le chou, et le serrez de manière qu'il ne puisse s'ouvrir en cuisant. Placez-le dans une casserole avec du beurre; faites-lui prendre couleur des deux côtés, mouillez ensuite avec du bouillon ou de l'eau chaude, couvrez la casserole et faites cuire pendant 4 heures au moins, sur un feu très doux ou mieux au four: dans ce dernier cas, il faut mouiller très peu. Servez-le entier ou coupé en deux, avec le jus de la cuisson ou sur une sauce brune.

En Maigre. Préparez la farce de la manière suivante : faites revenir dans du beurre sur le feu des échalotes ou un oignon, ciboules, épinards et un peu de persil, le tout haché ; retirez du feu et y ajoutez un peu de mie de pain trempée dans du lait, un œuf cru, une cuillerée de crème, et quelque desserte où il y a des œufs, soit omelette, œufs brouillés, œufs durs, etc. que l'on hache également ; si on n'en avait pas, on augmenterait la proportion des œufs crus.

Mettez cette farce dans le chou blanchi, de la même manière que ci-dessus ; faites-le cuire de même, et servez-le avec une sauce jaune que vous trouverez au chapitre des Sauces.

Choux Bruxelles.

Ôtez les feuilles jaunes des choux que vous faites cuire à l'eau bouillante, surveillez de près car il faut peu de temps pour les cuire (10 minutes environ) Passez-les à l'eau fraîche en les retirant ; chauffez bonne graisse ou beurre frais en maigre, sel, poivre que vous mettez sur les choux bien égouttés ; sautez-les pour mêler sans les briser. Chauffez et servez.

On peut aussi les accommoder en maigre comme les autres. (Voir l'article Choux en maigre).

Choux d'Hiver.

Ces choux à feuilles frisées ne pomment pas et restent verts, mais ils résistent à toutes les gelées et ont l'avantage de paraître dans la saison où les autres manquent.

Faites-les cuire à l'eau comme les autres, mais ils sont plus durs. Quand ils sont cuits, passez-les à l'eau fraîche et les hachez ; faites frire un oignon dans du beurre, retournez-y les choux avec lesquels vous mélangez des pommes de terre cuites avec beurre, sel, poivre, ciboules, oignons et persil hachés, mouillez avec du lait et un peu de crème, ajoutez sel, poivre et servez.

On met ordinairement $\frac{1}{3}$, en volume, de choux et $\frac{2}{3}$ de pommes de terre.

Les choux d'hiver sont très bons cuits dans la soupe au lard, et de plus ils bonifient cette soupe.

Choucroute.
Manière de la préparer.

Prenez des choux cabus bien pommés, durs et compacts ; ôtez toutes les feuilles vertes, gâtées ou rongées des insectes. Retirez le cœur qui n'est pas propre à la choucroute, mais que l'on peut accommoder comme les choux-fleurs. Cou-

pez les choux très minces par le moyen d'un couteau à choucroute à plusieurs lames, en plaçant l'instrument sur les bords
d'une cuve. Le tonneau qui doit contenir la choucroute doit
être de chêne bien cerclé de fer; assurez-vous qu'il ne coule
pas et le frottez, si vous voulez, de farine ou d'un peu de sel;
placez-le à la cave ou au cellier. Prenez des choux coupés
dans la cuve pour les mettre dans le tonneau; formez-en
une couche de 5 à 6 centimètres que vous saupoudrez de
sel; mettez une autre couche de choux que vous foulez a-
vec un pilon de bois, sans briser les choux, saupoudrez de
sel; ajoutez une nouvelle couche que vous foulez encore,
et ainsi de suite jusqu'à ce que le tonneau soit rempli,
ou que les choux soient épuisés. Sur la dernière couche
vous étendez de grandes feuilles de choux, puis un linge,
et mettez ensuite des planches que vous faites peser sur
la choucroute au moyen d'une lourde pierre.

La fermentation s'établit; et, quand l'eau qui monte
est trouble, enlevez-la après avoir ôté la pierre, les planches et le linge; nettoyez les bords du tonneau avec de l'eau
fraîche, saupoudrez de sel, remettez le linge bien lavé, les
planches et la pierre; recouvrez d'eau en quantité suffisante pour submerger la choucroute. Il se forme sur cette
eau une peau blanche qu'on y laisse tant que l'eau est

claire; mais, dès qu'elle se trouble, renouvelez-la comme ci-dessus.

Il faut attendre à peu près un mois après que la choucroute est faite pour en manger.

Manière de l'accommoder.

Prenez dans le tonneau de choucroute la quantité qu'il vous en faut; lavez-la plusieurs fois, et avant de l'accommoder exprimez l'eau le mieux possible.

En Gras. Faites frire avec de la graisse et du lard un oignon coupé en tranches; mettez-y la choucroute et laissez cuire 5 ou 6 heures; remuez de temps en temps pour l'empêcher de brûler, et mettez un peu d'eau ou de bouillon, si c'est nécessaire.

En Maigre. Faites un roux avec beurre, farine, oignon; mettez la choucroute et faites cuire comme en gras, mouillant avec de l'eau chaude.

Elle est très bonne, soit en gras soit en maigre, mélangée avec moitié de pommes de terre coupées en quartiers et cuites à part ou avec la choucroute, ne les mettant que lorsque celle-ci avance en cuisson. Avant de servir, mêlez.

Si vous voulez qu'elle ait un goût moins prononcé de choucroute, cuisez-la d'abord à grande eau bouillante, complètement ou à moitié, plus ou moins, selon que vous la voulez plus ou moins forte, puis vous l'accommodez comme ci-dessus.

Lorsque la choucroute accommodée n'est pas mangée au même repas, on peut la servir une autre fois, car plus elle est réchauffée, meilleure elle est.

Choux-fleurs à la Sauce.

Faites cuire à l'eau bouillante les choux-fleurs épluchés et lavés. Lorsqu'ils sont cuits et égouttés, arrangez-les sur le plat, leur donnant la forme d'un seul gros chou-fleur; pour réussir plus facilement, moulez-les, la tête en bas dans un couvre-plat ou autre objet rond que vous renversez sur le plat. Saupoudrez de sel fin, et versez sur les choux-fleurs une sauce blanche ou brune que vous trouverez au chapitre des Sauces.

Si vous voulez donner à la sauce une couleur tirant sur le jaune, ajoutez-y un jaune d'œuf cru, à la façon des liaisons.

Choux-fleurs au Beurre.

Faites cuire et égoutter les choux-fleurs comme ci-dessus; arrangez-les sur le plat de même. Chauffez du beurre-

dans lequel vous faites frire des échalotes hachées ; versez-le sur les choux-fleurs, et lorsqu'il est descendu dans le fond du plat, prenez-le avec une cuiller pour en arroser de nouveau les choux-fleurs : ce que vous faites 3 ou 4 fois. Pour servir, ôtez presque tout le beurre qui est dans le fond du plat, et parez, si vous voulez en saupoudrant de mie de pain grillée ou de chapelure.

Au Beurre noir.

Lorsque les choux-fleurs sont bien arrangés sur le plat, saupoudrez-les de sel fin et y mettez un fil de vinaigre, puis versez le beurre noir petit à petit avec une cuiller.

Au Jus.

Faites chauffer du jus de viande, et mettez-le sur les choux-fleurs de la même manière que le beurre noir.

Choux-fleurs pour entrée de Viande.

Faites cuire à l'eau, et égouttez les choux-fleurs que vous rangez ensuite autour du morceau de viande, et versez le jus sur le tout.

Choux-fleurs en Beignets.

Ne les cuisez pas complètement à l'eau, laissez-les refroidir et les trempez dans une pâte faite avec 2 cuillerées de farine,

une pincée de sel que vous délayez peu à peu, avec un
oeuf et 2 cuillerées de lait; puis les mettez avec une cuiller dans une friture chaude à point, et laissez-les frire
sur un feu ardent. Lorsque les beignets ont pris couleur d'un
côté, retournez-les, et quand ils sont cuits, servez bien chaud.

On peut remplacer, dans la pâte, le lait par de l'eau tiède, mais alors, on met un peu de beurre frais, chauffé de
manière à être coulant.

Choux-fleurs en Pain.

Cuisez à moitié les choux-fleurs que vous égouttez ensuite.
Prenez une casserole dont le fond soit de la dimension du
plat de service; foncez-la de bardes de lard et arrangez
les choux-fleurs dessus, en mettant les fleurs en dessous, sur
le lard et les queues en haut. Introduisez dans les trous
laissés vides par les choux-fleurs, un bon hachis de viande, et mettez du bouillon presque à la hauteur des choux-
fleurs; échalotes, persil, oignons, un peu d'ail, sel poivre.
Quand le pain de choux-fleurs est cuit, la sauce réduite, renversez-le doucement sur le plat de service, ôtez les
bardes de lard, et ajoutez un peu de jus de viande mêlé
à du beurre frais.

Choux-fleurs en Gâteau.

On peut prendre des choux-fleurs déjà accommodés et desservis, sinon faites-les cuire à l'eau, puis les égouttez soigneusement. Passez-les au presse-purée, ou à défaut dans une passoire; ajoutez pour 5 ou 6 personnes, 3 ou 4 œufs, 4 cuillerées de jeune crème, un peu de beurre que vous chauffez pour qu'il soit coulant, sel, poivre. Mêlez, versez dans un moule beurré, et faites cuire au bain-marie. Pour servir, renversez sur le plat.

Choux-fleurs à la Cuisinière.

Prenez des choux-fleurs desservis ou d'autres, arrangez-les sur le plat de service avec crème, bon beurre frais; et s'ils n'ont pas été accommodés, sel, poivre. Saupoudrez de chapelure, chauffez entre deux feux; bonne chaleur, mais ne laissez pas trop longtemps.

Choux-fleurs au Fromage.

Prenez des choux-fleurs cuits à l'eau et égouttés; mettez-les dans un plat supportant le feu, avec une sauce blanche où vous avez mis un peu de fromage de Gruyère ou de Parmesan; saupoudrez de fromage râpé et de chapelure, mettez de petits morceaux de beurre par-dessus, et laissez mijoter ¼ d'heure au four.

La mie de pain grillée peut remplacer la chapelure.

Petites Fèves.

Les petites fèves se cuisent à l'eau ou à l'étouffée : dans le 1er cas on ne les accommode que lorsqu'elles sont cuites et bien égouttées ; dans le second on les fait cuire avec tous les assaisonnements, à l'exception de la crème et du vinaigre qu'on ajoute seulement au moment de servir.

Petites Fèves au Beurre.

Faites chauffer du beurre et jetez-y persil, oignons ou échalotes, selon que vous les voulez au persil, à l'oignon ou à l'échalote ; mettez-le avec sel et poivre sur les fèves cuites à l'eau. Ajoutez, à volonté, un filet de verjus ou de vinaigre. Faites chauffer et servez. Au lieu de mettre le beurre sur les fèves, vous pouvez jeter celles-ci dans le beurre sur le feu.

Au Beurre noir.

Préparez le beurre noir comme il est expliqué aux Remarques générales, et versez-le bien chaud sur les fèves cuites à l'eau, et où vous avez mis un fil de vinaigre.

Petites Fèves au Jus.

Faites chauffer du jus avec bonne graisse, beurre frais et assaisonnements. Achevez comme au beurre.

Petites Fèves pour Entrée de Viande.

Salez, poivrez les fèves cuites à l'eau, et mettez-les quelques instants sur le feu avec la viande, si c'est du mouton. Avec toute autre viande, contentez-vous de verser le jus sur les fèves, et les servez autour de la viande.

Petites Fèves au Lard.

Coupez du lard en petits carrés, et ajoutez du beurre frais, faites frire et achevez comme au beurre.

Petites Fèves à la Crème.

Faites revenir dans du beurre des échalotes hachées, mettez-y les fèves, un peu de crème, un fil de vinaigre, mélangez; laissez chauffer et liez avec un peu de fécule si c'est nécessaire.

Petites Fèves à la Poulette.

Comme à la crème, seulement n'y mettez point de vinai

gre et ajoutez une liaison de jaunes d'œufs.

Petites Fèves au Lait.

Faites cuire à l'eau des fèves que vous avez coupées par bouts ; et, lorsqu'elles sont bien égouttées, jetez-les dans du lait bouillant qui doit s'élever à la hauteur des fèves ; salez, et au moment de servir, mettez un peu de fécule ou une liaison de jaunes d'œufs.

Petites Fèves à l'Étouffée.

Faites chauffer le beurre et y mettez les fèves avec tous leurs assaisonnements ; faites cuire vite pour commencer et ralentissez ensuite le feu ; si elles brûlent, mettez un peu d'eau. Au moment de servir, ajoutez, à volonté, crème, fil de vinaigre ou de verjus.

Manière de conserver les Fèves.

Épluchez les fèves et faites-les blanchir, retirez après un bouillon, faites ressuyer en les étendant sur une table, puis les mettez dans une tonne (ou un pot de grès) dont le fond est garni de feuilles de vigne. Préparez de l'eau salée et vinaigrée dans la proportion suivante :
1 livre de sel pour 2 litres d'eau chaude, et 1 petit verre

de vinaigre que l'on ajoute seulement quand l'eau est refroidie. Mettez de cette eau la quantité suffisante pour baigner les fèves que vous couvrez ensuite de planches bien propres chargées d'une lourde pierre.

On peut remplir la tonne à différentes reprises, pourvu qu'on remette chaque fois les planches et la pierre. Il ne faut pas changer l'eau. On prend les fèves à volonté et on les fait cuire à l'eau bouillante; après quoi, il faut les dessaler en les mettant environ 2 heures dans l'eau : lorsqu'on emploie de l'eau tiède il faut moins de temps. On les accommode ensuite comme les fèves fraîchement cueillies.

Autre Manière.

Épluchez les fèves et les jetez dans l'eau bouillante pendant 7 ou 8 minutes. Retirez-les et les étendez sur une claie pour sécher soit à un four très modéré, soit même au soleil. Il ne reste plus qu'à les conserver dans des sacs, bien au sec. Quand on veut les manger il faut les mettre tremper dans l'eau tiède au moins deux jours à l'avance, on les cuit ensuite à l'eau bouillante que l'on change 1 ou 2 fois. Accommodez-les alors de l'une des manières qui précèdent.

Navets.

On cuit ordinairement les navets à l'eau, cependant on peut s'en dispenser lorsqu'ils sont tendres et qu'ils n'ont point un goût fort.

Navets au Lard.

Si les navets sont cuits à l'eau, faites-les égoutter et les mettez ensuite sur le feu dans de la graisse chaude et du lard frit coupé en petits carrés avec oignons, échalotes, persil hachés, sel, poivre. Mélangez, faites cuire un moment et servez.

Si vous ne voulez pas blanchir les navets, coupez-les en tranches minces ou en forme d'allumettes, faites-les revenir dans de la graisse et du lard chauds; mouillez avec un peu de bouillon ou d'eau chaude, sel, poivre, assaisonnements hachés. Faites cuire à bon feu d'abord et modérément ensuite. Au moment de servir, ajoutez jus de viande ou beurre frais à volonté.

Si vous voulez servir les navets autour d'un morceau de viande, accommodez-les de même, ou mettez-les cuire avec la viande lorsque celle-ci est à moitié cuite. Lorsque vous voulez que les navets prennent couleur, saupoudrez-les de sucre en les mettant sur le feu.

Navets au Beurre.

Prenez des navets tendres que vous coupez très fins; faites fondre du sucre dans une casserole sur le feu avec un peu d'eau : lorsqu'il est d'un beau jaune, mettez-y les navets avec du beurre et tournez-les jusqu'à ce qu'ils aient une belle couleur; saupoudrez-les de farine, mouillez d'eau chaude; salez et faites cuire.

Autre Manière.

Prenez du beurre au lieu de lard et de graisse, mouillez avec de l'eau, et préparez-les du reste comme au lard.

Navets au Roux.

Tournez les navets dans un roux, mouillez avec du bouillon ou de l'eau, mettez sel et poivre. Si la sauce est trop longue, faites-la réduire ou la liez avec de la fécule.

Navets au Lait.

Tournez de la farine dans du beurre, mettez-y les navets cuits à l'eau et égouttés, mouillez avec du lait; laissez cuire un peu pour faire prendre goût.

Navets à la Crème

Faites revenir les navets dans du beurre; mouillez d'un peu d'eau, sel, poivre; laissez cuire. En servant, mettez une sauce blanche à la crème où vous mêlez, si vous voulez, un peu de moutarde.

Navets en Pommes de terre

Faites cuire les navets à l'eau, puis ajoutez-les à des pommes de terre cuites à l'étouffée; mettez beurre chaud, échalotes, persil hachés, sel, poivre. Mélangez et servez.

Choucroute de Navets

Coupez les navets en lanières fines avec le couteau à ce destiné; mettez-les dans une tonne comme la choucroute de choux en la foulant de même, et couvrez aussi avec une planche sur laquelle vous faites peser une lourde pierre. Changez l'eau environ chaque 15 jours.

On peut commencer à manger cette choucroute 15 jours après sa préparation. On l'accommode à toutes les façons indiquées pour les navets, mais il vaut mieux la cuire toujours auparavant à l'eau bouillante.

Choux-Navets.

Ils remplacent les navets et subissent les mêmes préparations.

Choux-Raves.

On les fait cuire et on les accommode comme les choux fleurs.

Pommes de terre à la Sauce.

Pelez les pommes de terre et les coupez en quartiers pour les faire cuire à l'eau avec sel et assaisonnements. Lorsqu'elles sont cuites et égouttées, versez dessus une sauce blanche ou brune. (Voir au chapitre des Sauces)

Pommes de terre au Beurre noir.

Préparez le beurre noir comme il est expliqué aux Remarques générales, puis versez-le bien chaud sur les pommes de terre pelées, cuites à l'eau et égouttées, sur lesquelles vous avez mis un fil de vinaigre.

Pommes de terre au Roux.

Faites un roux avec du lard frit, du beurre frais et de la farine; délayez-le avec du bouillon gras ou de l'eau chaude que vous versez peu à peu, en tournant activement le roux avec une cuiller de bois;

jetez-y les pommes de terre pelées et coupées en quartiers, et les faites frire avec assaisonnements : oignon
piqué d'un clou de girofle, sel, poivre, échalotes,
sel, laurier, persil.

Pommes de terre aux fines Herbes.

Pelez les pommes de terre, puis les coupez en tranches
minces ; mettez du beurre dans une casserole sur le
feu, avec quelques bardes de lard si c'est en gras,
placez-y une couche de pommes de terre que vous
saupoudrez de sel, poivre, échalotes, persil, ciboules
hachés, parsemez de petits morceaux de beurre ; mettez une nouvelle couche de pommes de terre, assaison.
nements, beurre. Continuez ainsi jusqu'à ce que
toutes les pommes de terre soient dans la casserole,
terminez par les assaisonnements et le beurre ; a-
joutez un peu d'eau chaude et faites cuire vite pour
commencer, ralentissez ensuite le feu, ayant soin qu'il
y en ait toujours suffisamment pour que la cuisson
ne soit pas interrompue. Au moment de dresser,
vous pouvez ajouter de la crème.

Autre Manière.

Pelez de grasses pommes de terre et faites-les cuire

à l'eau; hachez 1 gros oignon, un peu de persil, des ciboulettes et 1 feuille d'épinards que vous faites revenir dans du beurre; laissez cuire sans roussir et ajoutez une cuillerée de farine; mouillez avec de l'eau chaude, salez, poivrez et mettez les pommes de terre coupées par morceaux dans cette sauce. Mélangez et servez.

Pommes de terre en Couronne.

Coupez en forme d'allumettes des pommes de terre pelées; faites-les cuire avec beurre frais, oignons, échalotes, ail, persil, hachés, sel, poivre. Dressez-les dans un plat creux; faites un trou au milieu où vous versez telle sauce que vous jugez à propos: blanche, brune, jaune, etc. (Voir au chapitre des Sauces.) Saupoudrez de chapelure.

Pommes de terre à la Maître d'Hôtel.

Faites cuire à l'eau des pommes de terre coupées en rouelles, puis mettez-les dans une casserole avec beurre frais, sel, poivre et persil haché. Ne cuisez pas trop les pommes de terre afin qu'elles ne s'écaillent pas en les mettant dans le beurre.

Pommes de terre Farcies.

En Gras. Pelez et lavez des pommes de terre de moyenne grosseur; coupez-les en deux et creusez chaque moitié
Faites une farce bien grasse avec des débris de viande cuite.
même du lard, que vous hachez avec persil, échalotes, oignons, ail, et à laquelle vous ajoutez sel, poivre, quelques œufs crus, un peu de crème et de mie de pain trempée dans du lait tiède. Remplissez les pommes de terre
de cette farce, placez-les dans une tourtière bien graissée, l'une à coté de l'autre, le côté rempli en haut. Saupoudrez de chapelure, puis mettez de petits morceaux de beurre. (Si on était obligé de faire plusieurs rangs de pommes de terre, il faudrait mettre du beurre entre chaque
rang et la chapelure sur le dernier.) Faites cuire entre
deux feux; on peut cependant les cuire sur le feu ayant
soin d'y mettre un peu d'eau si elles brûlaient.

Préparez une sauce en faisant un roux mouillé avec
du bouillon et du jus de viande; ajoutez échalotes, persil
hachés, sel, poivre, et laissez cuire quelques instants. Arrangez les pommes de terre dans un plat, en les dispo-
sant comme dans la tourtière, et arrosez-les avec la sau-

En Maigre. Préparez les pommes de terre comme ci-
dessus. Puis pour la farce, hachez restes d'omelettes, d'œufs
brouillés, gâteaux de semoule, etc, et autres dessertes de ce
genre ; ajoutez-y oignons, échalotes, cerfeuil, épinards, persil que vous hachez également et faites revenir dans du
beurre avant de les mettre dans la farce : on peut employer des épinards en assez grande quantité. Ajoutez encore sel,
poivre, mie de pain trempée dans du lait tiède, quelques
œufs entiers et de la crème. Mélangez, remplissez les
pommes de terre comme ci-dessus et faites les cuire de même.

Pour la sauce, faites chauffer du beurre et y jetez des é-
chalotes, persil hachés, un instant après mettez de la farine
jusqu'à ce qu'elle soit d'un beau jaune, mouillez avec
du bouillon maigre ou de l'eau chaude ; salez, poivrez, laissez cuire $\frac{1}{4}$ d'heure et ajoutez de la crème avec quelques
jaunes d'œufs crus.

Si on avait de la farce de reste, on pourrait la mettre
dans la sauce, mais il faut avoir soin de la passer, en
la délayant avec un peu de sauce.

Pommes de terre à la Française.

Pelez des pommes de terre que vous coupez en quartiers et
les mettez cuire avec du bon beurre frais dans une quanti-

té d'eau suffisante pour qu'elles baignent; ajoutez sel, poivre, échalotes, une pointe d'ail, un peu de persil, un peu de laurier. Lorsque les pommes de terre sont cuites, ajoutez une liaison de quelques jaunes d'œufs avec de la crème et un peu de farine ou de fécule, faites prendre et servez.

On peut ne point mettre d'œufs et prendre plus de crème.

Autre Manière.

Pelez de petites pommes de terre que vous laissez entières, ou coupez-en de grosses en quartiers que vous arrondissez ensuite pour leur donner la forme de petites pommes de terre, faites-les roussir dans du beurre bien chaud, retournez-les de temps en temps afin qu'elles soient bien colorées. Tournez une cuillerée de farine avec un morceau de beurre sur le feu, ajoutez oignons, échalote et un peu de persil haché; mouillez avec de l'eau chaude, salez, poivrez, laissez cuire $\frac{1}{4}$ d'heure; mettez une liaison de jaunes d'œufs crème, et fécule s'il en est besoin. Ajoutez un morceau de beurre frais que vous faites fondre en remuant doucement, versez la sauce sur les pommes de terre.

Pommes de terre en Purée.

Pelez les pommes de terre et laissez-les entières pour les cuire à l'eau avec sel, poivre, échalotes, ail un peu de laurier, un oignon piqué d'un clou de girofle. Quand elles sont cuites, passez-les dans le presse-purée ou écrasez-les avec un pilon de bois, et remettez-les sur le feu dans une casserole pour les accommoder.

En Gras. Faites chauffer de la graisse et tournez-y un peu de farine, jetez-y les pommes de terre que vous mouillez à volonté avec du bouillon gras ou de l'eau où elles ont cuit ; ajoutez un bouquet garni, faites cuire, puis dressez sur le plat, lissez avec un couteau et arrosez de jus de viande, si vous voulez.

En Maigre. Comme en gras, remplaçant la graisse par du beurre et le bouillon par du lait. Pour les lisser, prenez du beurre frais chauffé.

Pommes de terre aux Oeufs.

Après avoir pelé et lavé les pommes de terre, coupez-les en deux, creusez chaque moitié que vous faites roussir dans le beurre. Lorsqu'elles sont cuites, dressez-les sur le plat, le côté creux en haut ; débattez quelques oeufs avec un volume égal de crême ; tournez cette sauce dans le beurre qui a roussi les pommes de terre, et versez-la dans les trous et autour des pommes de terre.

Pommes de terre au Lait.

Pelez de petites moyennes pommes de terre et mettez les cuire sans les couper dans du lait bouillant avec beurre frais sel, poivre. Le lait doit baigner les pommes de terre ; ajoutez, si vous voulez, un peu de persil haché. Servez les entières dans le lait.

Autre Manière.

Cuisez à l'eau les pommes de terre épluchées et non coupées ; égouttez et écrasez-les ; mêlez-y sel, poivre, bon beurre frais ; mouillez de lait, mais de manière à les laisser bien épaisses. Quand elles sont chaudes, dressez-les en pyramide dans le plat de service, unissez avec un couteau et servez, ou faites prendre couleur au four auparavant.

Pommes de terre à la Crème.

Les pommes de terre pelées et coupées en quartiers étant cuites à l'eau, puis égouttées, mettez dans une casserole un morceau de beurre dans lequel vous tournez un peu de farine ; mouillez avec de la crème, sel, poivre ; remuez avec une cuiller, et lorsque cette sauce sera près de bouillir, jetez-y les pommes de terre que vous sautez ; lorsqu'elles sont bien chaudes, servez-les.

Pommes de terre Frites.

Coupez en tranches minces des pommes de terre pelées que vous avez essuyées avec un linge ; faites chauffer de la graisse ou du beurre fondu, ou de l'huile à frire en quantité suffisante pour que les pommes de terre baignent. Lorsque la friture est bien chaude, jetez-y les pommes de terre que vous retournez de temps en temps sur un feu vif et entretenu tel ; lorsqu'elles sont cuites, retirez-les avec une écumoire, mettez du sel fin, remuez et servez-les très chaudes.

On peut frire aussi des pommes de terre cuites en robe de chambre, refroidies, pelées et coupées en tranches.

Autre Manière.

Lorsque les pommes de terre sont coupées en tranches, tournez-les dans une pâte à frire comme celle qui est indiquée à l'article des Choux-fleurs en Beignets, page 44.

Pommes de terre Grillées.

On se sert ordinairement de pommes de terre desservies pour les utiliser, mais il ne faut pas qu'elles aient été accommodées à la sauce.

Faites chauffer un peu de beurre dans une poêle, mettez-y la quantité de pommes de terre suffisante pour un plat; retournez-les de temps en temps jusqu'à ce qu'elles soient chaudes; après quoi arrangez-les dans la poêle, les serrant ensemble et leur donnant la forme du plat de service, puis laissez griller le fond, et les renversez sur le plat de manière que le côté grillé forme le dessus.

Pommes de terre à l'Étouffée.

Pelez vos pommes de terre et les coupez en rouelles ou en quartiers. Mettez dans une casserole du lard avec graisse ou beurre; lorsqu'il est revenu, placez-y les pommes de terre avec épices hachées bien fin, sel, poivre; remuez le tout et faites cuire entre deux feux.

Pommes de terre Grillées aux Oeufs.

Faites cuire des pommes de terre à l'étouffée avec suffisamment de beurre ou de graisse. Aux $\frac{3}{4}$ de la cuisson, versez-y une liaison de jaunes d'œufs et de crème; laissez achever de cuire et renversez sur le plat de service.

Pommes de terre à la Mie de Pain.

Pelez et coupez des pommes de terre cuites en robe de

chambre. Mettez dans une casserole : saindoux, mie de pain, é-
chalotes hachées, bouillon ou eau ; quand le tout est bien chaud,
jetez-y les pommes de terre et ajoutez un fil de vinaigre.

Pommes de terre à la Hollandaise.

Faites cuire en robe de chambre des pommes de terre que
vous pelez ensuite et réduisez en pâte, en les pilant ou les
écrasant sur une table avec un rouleau à pâtisserie; ajoutez du beurre frais gros comme un œuf pour 5 ou 6 pommes de terre, sel, poivre. Si elles ne sont plus assez chaudes pour
fondre le beurre, faites-le chauffer avant de l'y mettre de manière qu'il soit coulant. Formez avec cette pâte des boules
de la grosseur de moyennes pommes de terre ; roulez-les
dans de l'œuf débattu jusqu'à former de la mousse, et les
passez quelques instants sur le feu dans du beurre fondu très chaud, en les retournant pour leur faire prendre
couleur partout également.

Il faut mettre assez de beurre pour que le fond de la
poêle en soit couvert d'une hauteur d'environ deux centimètres et entretenir le feu vif. Servez bien chaud.

Pommes de terre au Four.

Pelez environ 10 pommes de terre cuites, et, pendant

qu'elles sont chaudes, mettez-y 100 grammes de beurre, sel, poivre, 7 ou 8 cuillerées de lait. Mélangez bien le tout, et arrangez les pommes de terre sur un plat beurré allant au feu ; faites-en une couche d'environ 2 centimètres ; unissez le dessus au couteau ; faites-y tels dessins que vous voudrez : carreaux, losanges, fleurs et Mettez au four chaud, et quand le dessus a pris couleur, servez. Il faut environ $\frac{1}{4}$ d'heure ;

Pois Verts.

On distingue les petits pois que l'on écossé et les mange-tout. Ils s'accommodent l'un et l'autre de différentes manières, et fournissent agréablement la table au commencement de l'été.

Petits Pois à la Bourgeoise.

Les pois frais cueillis et nouvellement écossés sont les meilleurs. Lorsqu'ils sont écossés et lavés, mettez les dans une casserole avec beurre frais, sel, poivre, échalotes, un peu d'ail, très peu de persil, un peu de laurier, et un cœur de laitue destiné à ôter l'âcreté des pois ; ajoutez un peu d'eau bouillante (un verre pour 2 litres de pois) du sucre, à volonté. Quand les pois sont cuits, retirez la laitue et les épices, puis mettez une liaison de jaunes d'œufs avec crême et fécule.

Petits Pois au Lard.

Cuisez-les à l'eau bouillante ¼ d'heure, ou faites les tremper plusieurs heures d'avance dans l'eau fraîche; égouttez-les; faites revenir du lard coupé en petits carrés, y mêlant un peu de beurre frais, et retournez-y les pois; ajoutez sel, poivre, bouquet de persil, ciboules, échalotes; mouillez avec du bouillon gras ou de l'eau chaude. Faites cuire vite pour commencer et laissez mijoter jusqu'à ce que les pois soient cuits et la sauce suffisamment réduite; ôtez le bouquet et servez.

Petits Pois au Roux.

Lorsque le lard et le beurre sont fondus comme ci-dessus, tournez-y un peu de farine et ensuite les pois, mouillez avec du bouillon ou de l'eau chaude, salez, poivrez, ajoutez les assaisonnements et faites cuire.

Petits Pois au Beurre.

Mettez un litre de pois sur le feu avec 125 gr. de bon beurre frais; tournez-les un instant; ajoutez ½ verre d'eau, sel, poivre, un oignon piqué d'un clou de girofle, un peu de sucre et les laissez mijoter. Au moment de servir, ajoutez encore un peu de beurre que vous faites fondre en le mêlant sans le laisser cuire.

Autre Manière.

Cuisez les pois à l'eau bouillante avec sel, poivre, bouquet garni ; égouttez-les et mêlez-y un bon morceau de beurre frais, sel fin et servez.

Petits Pois au Jus de Viande.

Faites revenir les pois dans du lard et du beurre fondus, ajoutez un peu de bouillon ou d'eau avec sel, poivre, oignon piqué de girofle, ciboules, échalotes et un peu de persil. Faites cuire et ajoutez du jus pour servir.

Purée de Petits Pois.

Faites cuire les pois à l'eau bouillante avec sel, oignon, girofle, ciboules, échalotes et persil. Quand ils sont cuits, enlevez les épices, réduisez les pois en purée que vous mettez dans une casserole avec beurre, sel, poivre, une cuillerée de farine délayée à l'eau, un peu de sucre ; laissez cuire quelques minutes et servez.

En gras, on peut ajouter du jus de viande, et en maigre,

de la crème.

Pois Mange-tout.

Enlevez les fils de ces pois et les lavez, puis faites-les cuire à l'étouffée en gras ou en maigre.

En Gras. Faites fondre de la graisse et y mettez du lard coupé en petits carrés : lorsque le lard est frit et la graisse bien chaude, jetez-y les pois avec sel, poivre, oignons, échalotes, ail, persil hachés, beurre frais par-dessus. Commencez-les sur un feu ardent ; s'ils brûlent, mettez un peu de bouillon ou d'eau chaude et laissez achever de cuire doucement.

En Maigre. Faites chauffer du beurre pour y mettre les pois, auxquels vous ajoutez sel, poivre, oignons, échalotes, ail et persil hachés ; parsemez de petits morceaux de beurre par-dessus et faites cuire vite pour commencer ; mettez un peu d'eau s'ils brûlent, et achevez de cuire doucement.

Pois en Fèves.

Prenez des fèves cuites à l'eau et égouttées pour les mêler à des pois cuits à l'étouffée, ajoutez beurre frais, sel et poivre ce qu'il en faut.

Scorsonères et Salsifis.

Ratissez-les proprement et les jetez au fur et à mesure dans une eau blanchie avec de la farine, et acidulée d'un peu de vinaigre blanc, ou dans du petit-lait, afin que ces racines ne se noircissent pas. Faites-les cuire à l'eau bouillante, puis les égouttez et les accommodez à l'une des manières suivantes.

Scorsonères à la Sauce.

Dressez les scorsonères sur le plat de service avec un peu de sel fin; versez dessus une sauce blanche, et en gras, une sauce brune.

Scorsonères au Beurre.

Faites chauffer du beurre dans lequel vous faites frire un peu de farine, 1 ou 2 échalotes et du persil hachés; arrosez-en les scorsonères qui sont dans le plat de service; reprenez 2 ou 3 fois ce beurre lorsqu'il est descendu dans le fond du plat pour le remettre sur les racines. Servez bien chaud.

Au Jus de Viande.

Faites chauffer le jus que vous mettez de la même manière que le beurre, à l'article précédent.

Si vous servez les racines autour d'un morceau de viande,
vous prenez alors le jus de cette viande.

Scorsonères au Roux.

Faites chauffer du beurre dans une casserole et y tournez
un peu de farine jusqu'à ce qu'elle soit jaune ; mettez-y alors
les scorsonères avec échalotes, persil hachés, sel, poivre ; laissez mijoter un bon quart d'heure.

Scorsonères en Beignets.

Les scorsonères étant cuites à l'eau, laissez-les refroidir,
puis les tournez dans une pâte que vous trouverez à l'article des Choux-fleurs en beignets, page 44. Prenez-les avec
une cuiller pour les jeter dans une friture chaude à point
et sur un feu ardent.

Scorsonères à la Cuisinière.

Mettez-les sur le plat de service avec bon beurre frais,
crème, sel, poivre. Saupoudrez de chapelure et chauffez
à four assez chaud, mais ne les laissez pas trop longtemps
On peut de cette manière utiliser des scorsonères déjà
servies ; dans ce cas, on ne remet ni sel, ni poivre.

Stachys Affinis ou Crônes du Japon.

Le crône est un légume d'hiver ; il résiste aux froids les plus rigoureux, on ne peut commencer à l'arracher que vers Novembre. Ses tubercules qui sont la partie nutritive ne se conserve pas longtemps hors de terre, on les récolte donc au fur et à mesure.

Lavez-les proprement et coupez la radicelle. Faites cuire $\frac{1}{4}$ d'heure à l'eau : oignons, échalotes, laurier, girofle, sel ; mettez-y ensuite les crônes auxquels il ne faut guère que 10 minutes. Lorsqu'ils sont cuits, égouttez-les, enlevez les épices, et accommodez-les à la sauce, au beurre, au jus, etc, comme les scorsonères.

Crônes Frits.

Lavez les crônes et coupez en les radicelles ; essuyez-les dans un linge ; faites-les frire comme les pommes de terre. (Voir à l'article Pommes de terre Frites, page 62).

Jardinière.

Epluchez diverses sortes de légumes verts, tels que choux, carottes, navets, pommes de terre, pois, etc, que vous cuisez avec de l'eau et du lard, laissez les carottes et les navets entiers.

Quand ces légumes sont bien cuits, égouttez-les et séparez chaque espèce. Graissez une casserole, de même diamètre que le
fond du plat de service ; coupez les carottes en rouelles un peu
épaisses et arrangez-les en symétrie dans le fond, après quoi
mettez les autres légumes en commençant par les choux que
vous avez hachés ; entre chaque espèce de légumes, mettez de
la graisse et du beurre, échalotes, ciboules, persil hachés, poivre, sel. Couvrez la casserole, mettez-la sur un feu doux et
laissez-la mijoter pendant 1 heure, afin que ces légumes prennent goût et que l'eau restée dedans soit réduite. Au moment de servir, renversez la jardinière sur un plat, arrangez
les carottes ; entourez de pommes de terre frites, et servez chaud.

Si on veut avoir plusieurs plats de jardinière, il faut
autant de casseroles que de plats.

Autre Jardinière.

Faites cuire à l'eau les choux et les fèves ; mettez de la
graisse sur le feu et y jetez les autres légumes : carottes,
pommes de terre, petits-pois, navets, etc, avec sel et poivre.
Quand ils sont cuits, ajoutez-y les choux et les fèves que
vous avez eu soin de faire égoutter. Mélangez et servez.

Macédoine de Légumes.

Cuisez à l'eau différentes sortes de légumes, chacun à part ;

puis après les avoir accommodés avec graisse ou beurre et as.
saisonnements, arrangez-les sur le plat de service, par petits
carrés de chaque façon.

Epinards.

Enlevez les tiges des épinards que vous faites cuire à l'eau
bouillante salée, passez-les ensuite à l'eau fraîche, puis ex-
primez-la pour les hacher le plus fin possible avec un peu
d'oseille cuite aussi à l'eau. Il ne reste plus qu'à les accommoder.

En Gras. Mettez-les dans une casserole avec bonne graisse, sel, poivre; saupoudrez-les d'une cuillerée de farine, mêlez et mouillez de bouillon. Laissez mijoter $\frac{1}{4}$ d'heure. Ajoutez jus de viande si vous voulez. Les épinards doivent être
très chauds pour les servir. Lissez le plat avec un couteau,
et mettez quelques cuillerées de jus de viande par-dessus
pour les rendre luisants. On sert dessus, à volonté, petites
saucisses, côtelettes, fricandeau, andouillettes, etc.

En Maigre. Mettez beurre au lieu de graisse et mouillez avec de la crème ou du lait. Terminez par un morceau de bon beurre frais. On peut mettre dessus pour les
servir œufs pochés ou quartiers d'œufs durs.

On peut toujours, en gras ou en maigre, ajouter une

liaison d'œufs débattus avec de la crème, ou des jaunes d'œufs cuits durs et écrasés, et garnir le plat avec les blancs.

Lorsqu'on n'a pas d'oseille à mêler aux épinards, on la remplace par un fil de vinaigre.

Pour conserver le vert aux épinards, on les cuit à découvert, et on les passe ensuite sur un feu vif pour les accommoder.

Oseille.

Faites-la cuire à l'eau comme les épinards, mais elle ne demande qu'un tour pour être cuite ; après quoi passez-la à l'eau fraîche et la hachez pour l'accommoder.

En Gras. Faites chauffer de la graisse et du beurre, tournez-y l'oseille que vous saupoudrez ensuite de farine en ne cessant de remuer. Mouillez avec bon bouillon, et achevez comme pour les épinards.

En Maigre. Ne mettez que du beurre et mouillez avec du lait ou de la crème.

On peut joindre à l'oseille une bonne poignée de cerfeuil qu'on fait cuire à l'eau en même temps.

Endives.

Cuisez les feuilles d'endives à l'eau bouillante, retirez à

l'eau fraîche pendant une heure ou deux afin de faire passer l'amertume propre à ce légume, que vous hachez après en avoir exprimé l'eau, et accommodez comme les épinards.

Gâteau d'Endives.

Hachez bien menu de l'endive cuite à l'eau et égouttée comme ci-dessus; ajoutez pour 4 ou 5 personnes 3 œufs, 3 cuillerées de jeune crème, un peu de beurre frais que vous chauffez pour le rendre coulant, sel, poivre. Mêlez et mettez dans un moule beurré au fond duquel vous placez un papier également beurré; faites cuire au bain-marie, à four assez chaud. Lorsque le gâteau est cuit, c'est à dire qu'il est bien ferme, renversez-le sur le plat de service.

On peut le servir sec, ou avec une sauce blanche ou jaune en maigre; et en gras, l'arroser de jus de viande, ou d'une sauce brune, d'une Italienne, ou garnir de blancs de veaux au lard, et arroser le tout avec le jus.

Laitue.

Préparez-la comme l'endive ci-dessus.

Gâteau de Laitue.

On le fait absolument comme celui d'endive.

Laitue au Lard.

Lorsque la laitue cuite à l'eau est hachée, comme l'endive, mettez-la sur le feu dans du lard frit qui a été coupé en petits carrés, sel, poivre, remuez et servez bien chaud.

Laitue à la Sauce.

Epluchez des laitues bien pommées, et prenez-en seulement les cœurs que vous laissez entiers pour les cuire à l'eau bouillante salée. Passez-les à l'eau fraîche, et en exprimez l'eau sans défaire les têtes que vous arrangez sur un plat et que vous saupoudrez d'un peu de sel fin. Tenez au chaud, et, pour servir, arrosez d'une sauce blanche ou brune au jus.

Autre Manière.

Lorsque les têtes de salade sont cuites et égouttées comme ci-dessus, ficelez-les pour les mettre l'une à côté de l'autre dans du beurre chaud sur le feu ; faites jaunir des deux côtés, retirez le fil, et servez avec une sauce blanche, jaune ou brune.

Autre Manière.

Epluchez les cœurs de laitues comme il a été dit précédemment, et les mettez de même sur le feu à l'eau bouillante.

mais tirez-les à moitié cuits ; et, lorsqu'ils sont bien égouttés, mettez un peu de sel et de poivre sur chacun ; ficelez-les pour les cuire dans une casserole foncée de bardes de lard, ajoutez oignons, échalotes, ciboules, ail, persil hachés, sel, poivre, carottes, navets, etc, un peu de bouillon ; couvrez de bardes de lard et faites mijoter entre deux feux jusqu'à cuisson complète. Dressez en plaçant chaque laitue sur un croûton de pain au beurre, et arrosez le tout d'une sauce brune ou d'une Italienne.

On peut aussi les servir avec tel morceau de viande que l'on voudra : alors on ne met pas de croûtons et on arrose avec le jus de la viande.

Laitues Farcies.

En Gras. Prenez des laitues pommées et leur faites faire 1 ou 2 bouillons dans l'eau ; retirez-les à l'eau fraîche que vous exprimez ensuite le mieux possible. Écartez sur une table les feuilles de chaque laitue sans les séparer, mettez-y de la farce de viande bien assaisonnée ; ficelez les laitues et faites cuire avec un peu de bouillon gras, lard, oignons, carottes et autres épices. Quand elles sont cuites, après $\frac{3}{4}$ d'heure environ, égouttez-les, enlevez le fil, puis les servez avec une sauce brune ou une Italienne.

Autre Manière.

Lorsque les laitues sont cuites comme ci-dessus, pressez-les dans un linge et les trempez ensuite dans une pâte à beignets, ou dans de l'œuf bien débattu; puis après dans la mie de pain, et faites frire de belle couleur sur un feu très vif; vous pouvez alors vous en servir à garnir des entrées de viande, ou servez-les seules : dégraissez alors la sauce où elles ont cuit, ajoutez jus de viande ou beurre frais avec un peu de fécule, et versez cette sauce dans le plat de service pour y mettre ensuite les laitues.

En Maigre.

Mettez une farce comme celle des pommes de terre farcies en maigre, page 58, ou la suivante : hachez bien fin autant d'oignons que vous avez de têtes de salade ; mêlez-y de la laitue jaune aussi hachée ; faites revenir ce hachis dans du beurre, ajoutez-y de la mie de pain trempée dans du lait, sel, poivre et œufs crus. Faites cuire les laitues avec bouillon maigre, beurre frais et assaisonnements. Au moment de servir, mettez dans la sauce une liaison de jaunes d'œufs avec crème et fécule.

On peut, au lieu de laisser les têtes entières, détacher chaque feuille que l'on remplit de farce et qu'on lie pour les faire cuire comme les têtes entières.

Tiges de Laitues Montées,
Cœurs de Choux, Côtes d'Epinards.

On pèle les tiges de laitue et les cœurs de choux, puis on les coupe fins. Les côtes d'épinards se coupent sur une planche, une poignée à la fois que l'on tient de la main gauche pendant que l'on coupe de la main droite. On a eu soin de ne choisir que celles qui sont tendres.

Faites cuire ces légumes à l'eau bouillante, puis les égouttez avec soin pour les faire mijoter $\frac{1}{4}$ d'heure dans une sauce blanche ou jaune.

En Gras. Faites leur prendre goût dans une sauce brune au jus, ou simplement avec un bon jus de viande, sel, poivre, et servez-les seuls ou avec telle viande que vous jugerez à propos.

Chicorée.

Cette plante peut se manger cuite quand elle est jeune. Il faut avoir soin de ne prendre que les feuilles sans les côtes. Quand elle est cuite, laissez-la un bon moment dans l'eau froide pour lui faire passer son amertume; exprimez l'eau, hachez bien fin, et accommodez-la comme les épinards.

Oignons à l'Étouffée.

Pelez et coupez les oignons par tranches et faites les cuire avec beurre frais, sel, poivre, un peu d'eau. A moitié de la cuisson, mettez-y des pommes de terre coupées en quartiers. Pour servir, ajoutez de la crème, un fil de vinaigre; et, si c'est nécessaire, un peu de farine ou de fécule pour lier.

Oignons au Vin.

Prenez de gros oignons, que vous épluchez et cuisez $\frac{1}{4}$ d'heure à l'eau bouillante; retirez-les pour les égoutter. Faites un petit roux dans lequel vous jetez un peu d'oignon haché; mouillez moitié vin rouge, moitié eau, et lorsque la sauce est bien liée, mettez les oignons qui doivent achever de cuire sur un feu doux. Pour servir, mettez un cornichon haché et un filet de vinaigre; disposez dans le plat de service autant de croûtons de pain au beurre que vous avez d'oignons, placez-en un sur chaque croûton et masquez le tout avec la sauce. Entourez, si vous voulez, de pommes de terre frites.

Pour que les oignons ne se défassent pas en cuisant, il faut avoir eu soin en les épluchant de ne pas leur couper les pointes.

On peut aussi couper les oignons par tranches et les accommoder de même, en y mélangeant ou non des pommes
de terre, à moitié de la cuisson, mais alors il ne faut
point de croûtons au beurre.

Oignons Glacés.

Epluchez de petits oignons que vous faites revenir dans
le beurre, ajoutez-y du sucre en poudre, sel, poivre et un
peu d'eau. Mettez les au four, la casserole découverte a-
fin qu'ils prennent couleur. Lorsqu'ils sont cuits, vous
vous en servez pour garnir tel plat de viande que vous
voulez.

Si vous désirez les servir seuls, tournez un peu de farine dans la glace des oignons que vous avez dressés;
mouillez avec un peu de bouillon ou d'eau, et lorsque
cette sauce sera bien liée, versez-la sur les oignons.

Cornichons Confits.

Prenez des cornichons de la grosseur d'un doigt et plus
petits; coupez un peu les bouts, essuyez-les en frottant
avec un linge; salez-les dans un vase couvert que vous
agitez plusieurs fois; placez-les ensuite dans le bocal ou
pot de grès, ayant soin de n'y pas mettre l'eau salée

qu'ils ont fournie ; mettez une couche d'estragon dans le fond, une vers le milieu et une pour terminer. Mêlez aux cornichons : poivre en grains, petits oignons, échalotes, ajoutez le vinaigre qui doit être blanc et le plus fort possible, couvrez. Conservez dans un lieu ni trop chaud, ni trop froid mais sec ; s'ils moisissaient, c'est que le vinaigre n'aurait pas été assez fort, autrement on peut les conserver au moins une année.

On s'en sert pour hors-d'œuvre, et on en met dans les sauces.

Cornichons Confits au Naturel.

Préparez-les comme ci-dessus, mais au lieu de les mettre dans le bocal en les sortant du sel, placez-les sur le feu avec bon vinaigre blanc qui soit à peu près à la hauteur des cornichons, le tout dans un chaudron de cuivre parfaitement propre sur un feu vif ; tournez avec une spatule en bois ; au premier bouillon, retirez ; couvrez la casserole avec un linge, et continuez à tourner pendant 2 ou 3 minutes les cornichons ont alors perdu toute leur couleur et sont devenus jaunes remettez-les sur le feu et faites comme la 1re fois : ils ont déjà repris un peu de couleur ; remettez-les encore une 3e fois en faisant de même, et ils sont alors d'un beau vert-naturel. Videz-les dans un vase, et lorsqu'ils sont refroidis, arrangez-les comme les autres dans le bocal avec de nouveau vinaigre: celui qui a été sur le feu avec les cornichons ne peut plus servir à l'usage culinaire.

Petites Fèves Confites.

Les fèves étant épluchées, mettez-les dans l'eau bouillante salée sur un feu vif pour qu'elles restent vertes; retirez-les au premier bouillon, étendez-les sur une table pour les ressuyer, puis arrangez-les dans un bocal ou un pot de grès, avec échalotes, petits oignons, poivre en grains, estragon et bon vinaigre blanc. Lorsque le pot est rempli, mettez un peu d'huile par-dessus, couvrez-le et le conservez en lieu sec.

On les sert comme hors-d'œuvre.

Melons.

Les melons se servent pour hors-d'œuvre au commencement du repas. Il faut toujours les rafraîchir dans l'eau fraîche pendant une heure. Servez-les sur des feuilles de vigne.

Les petits melons confits sont aussi bons que les cornichons.

Radis.

On les sert crus et entiers pour hors-d'œuvre.

Lavez-les, coupez la racine et le bout des feuilles, puis arran-gez-les sur un ravier.

Radis à la Sauce.

Les radis sont très bons cuits et assaisonnés à la sauce. Epluchez-les, puis les coupez en deux ou en quatre; faites-les cuire à l'eau bouillante et leur faites prendre goût dans une sauce blanche.

Raves.

Epluchez, lavez les raves et les coupez en rouelles, mettez-les dans un plat avec du sel, sautez-les pour mélanger le sel. Une heure ou deux après, repassez-les à l'eau fraîche pour leur ôter la force du sel, et arrangez-les pour hors-d'œuvre sur des raviers. Les grosses raves d'hiver doivent être plus longtemps encore dans le sel.

Cresson Alénois, Bourrache, etc.

Hachez ces herbes crues et les assaisonnez à l'huile, vinai-gre, sel, poivre; ajoutez, si vous voulez, des jaunes d'œufs durs hachés aussi.

On peut mélanger cresson, bourrache, cerfeuil, ciboules, laitues, tiges d'échalotes, etc. — On les donne pour hors-d'œuvre dans des raviers.

Raifort.

Râpez des racines de raifort que vous assaisonnez de sel, poivre, huile et vinaigre.

Si on veut le raifort moins piquant, on y mélange de la mie de pain, ou on l'échaude avant de l'assaisonner.

Salade.

Il faut, pour une bonne salade, au moins 2 fois autant d'huile que de vinaigre, et des assaisonnements dans une juste proportion.

On remplace quelquefois l'huile par de la crème.

Salade de Laitue Pommée.

Lorsque la salade est lavée, mettez-la dans un saladier avec ses cœurs coupés en quartiers, ciboules, estragon coupés bien fins, et, si c'est la saison, des fleurs de capucine, pieds d'alouette et autres.

Le sel, le poivre, l'huile et le vinaigre se mettent dans le fond du saladier avant d'y déposer la salade.

Salade au Lard.

Epluchez, lavez la laitue et la mettez dans un saladier

avec sel, poivre, échalotes. Faites fondre sur le feu du lard coupé en petits morceaux ; après quoi, mettez-y du vinaigre et de la crème si vous voulez. Ôtez ou non les morceaux de lard, et versez sur la salade.

Cette sorte de salade est très bonne, mais ne pourrait faire partie d'un dîner de cérémonie.

Salade de Concombres.

Les concombres étant pelés, lavés et coupés en rouelles, mettez-les dans un vase, salez et les sautez pour bien mélanger le sel, couvrez-les une heure ou deux, versez l'eau qu'ils ont jetée ; assaisonnez-les avec persil, échalotes, ail, oignons hachés, sel, poivre, huile, vinaigre, et un peu de crème si vous voulez.

Salade de Raves.

Comme pour les concombres, seulement il faut saler plus longtemps d'avance, même la veille, si c'est possible.

Salade de Choux-fleurs.

Laissez refroidir des choux-fleurs cuits à l'eau et égouttés ; coupez-les en morceaux et assaisonnez avec sel, poivre, huile et vinaigre ou avec une sauce soit à la moutarde ou à l'estragon.

Salade de Fèves.

Prenez de petites fèves cuites à l'eau, égouttées et refroidies; coupez les par bouts, ou les laissez entières pour les mettre dans un saladier, avec échalotes et un peu de persil hachés, sel, poivre, huile et vinaigre.

Salade aux Pommes-de-terre.

Pelez des pommes de terre cuites en robe de chambre et les coupez en rouelles; assaisonnez-les de sel, poivre, beaucoup d'oignons hachés, huile, vinaigre, vin (le vin blanc le plus nouveau est celui qui convient le mieux).

La salade est meilleure si on assaisonne les pommes de terre encore chaudes, mais il faut plus d'huile.

Si on la veut plus délicate, on ajoute œufs cuits durs coupés en filets minces.

Salade d'Anchois.

Prenez $\frac{1}{4}$ d'anchois que vous coupez en quatre dans leur longueur; arrangez-les sur des raviers en formant des dessins; fleurs, carrés, losanges, etc. Hachez 4 œufs durs blancs et jaunes, mais chacun à part et bien fin; mêlez-y échalotes

ail, un peu d'anchois aussi hachés. Remplissez les vides
laissés par les filets d'anchois avec le hachis d'œuf en va-
riant les couleurs ; on peut encore hacher persil, cerfeuil,
estragon, afin d'avoir du vert pour faire ressortir les autres couleurs. Servez, et mettez sur la table en même temps:
sel, poivre, huile et vinaigre.

On peut faire de même avec des sardines.

Chapitre III.

Viandes.

Si on veut avoir la viande tendre, il ne faut pas la cuire le jour où l'animal a été tué. Il est bon aussi pour attendrir la viande de boucherie de la frapper fortement, avec un rouleau à pâtisserie, par exemple, ou autre.

Boeuf.

La viande de boeuf sert à faire du bouillon, et, de plus peut s'accommoder de diverses manières.

Boeuf bouilli.

Il faut observer, si l'on veut avoir un bon boeuf bouilli, de ne pas le laisser au feu plus de temps que la cuisson de la viande n'en exige ; tandis que si on tient surtout à la qualité du bouillon, il faut, au contraire faire cuire la viande jusqu'à ce qu'elle ait donné tout son suc.

Le boeuf bouilli se sert garni de persil vert en branches, d'oignons glacés, de petites carottes ou navets tendres bien assaisonnés, de pommes de terre frites, de petits pâtés, etc.

Manière de conserver le Bœuf.

Lorsqu'on n'a pas la facilité d'avoir de la viande fraîche à volonté, on peut, par le procédé suivant, en conserver au moins pour une semaine.

Mettez le bœuf qui devra servir pour le Pot-au-feu de chaque jour dans une terrine avec sel, carottes, navets, oignons; couvrez et mettez autour du couvercle de la pâte de grosse farine.

Faites cuire immédiatement à four chaud, car le sel ferait rougir la viande; laissez environ 2 ou 3 heures, de manière que la viande soit à peu près à moitié cuite; sortez la terrine du four et veillez à ce que l'air ne puisse y pénétrer; en remettant de la pâte aux endroits qui en auraient besoin. Conservez en lieu frais, jusqu'au moment de vous en servir; prenez alors tout le contenu de la terrine pour mettre le pot-au-feu à l'ordinaire.

On devra préparer autant de terrines que l'on voudra mettre de fois le pot-au-feu.

Le bœuf qui n'est pas destiné à faire du bouillon peut se conserver en le marinant, comme il est dit aux Remarques générales.

Boeuf braisé.

Choisissez un beau morceau que vous lardez ou non, à volonté ; mettez-le dans une casserole avec beurre, graisse, lard, carottes, navets, oignons, persil, ail, échalotes, poivre, sel. Faites revenir le tout sans laisser roussir ; ajoutez un verre ou deux de vin blanc, un peu de bouillon ; couvrez la casserole, et faites cuire au four en arrosant la viande de temps en temps. Liez la sauce avec de la fécule, et ajoutez des cornichons coupés en rouelles. Si vous voulez plus de sauce, faites un roux que vous mouillez de bouillon et l'ajoutez à la sauce. Le bœuf braisé peut quelquefois remplacer le filet.

Boeuf à la Bordelaise.

Choisissez un morceau tendre, aloyau ou autre.
Enlevez la graisse et les peaux ; faites-le mariner au moins 12 heures avec de bonne huile, sel, poivre, persil, laurier, échalotes et oignons coupés en tranches. Faites-le rôtir à petit feu avec beurre et graisse ; laissez cuire 1 heure ½ ou 2 heures, plus ou moins selon la grosseur du morceau. Servez-le avec une sauce faite de son jus, filet de vinaigre, échalotes, persil hachés, sel et poivre, ou une sauce préparée ainsi : faites un roux que vous mouillez de bouil-

lon ou d'eau et jus de viande ; ajoutez poivre, sel, échalotes, cornichons, persil, le tout haché, filet de vinaigre.

Boeuf à la Mode.

Faites mariner le bœuf avec vin, oignons, échalotes, ail, persil, laurier, girofle, sel; laissez-le dans la marinade plusieurs jours et même jusqu'à huit. Foncez une casserole de tranches de lard et placez-y le bœuf avec beurre ou graisse ; laissez un peu revenir à découvert, mettez des tranches de lard sur la viande ; ajoutez sel, poivre, oignons, carottes, échalotes, ail, persil, laurier, etc, un petit verre de vin et autant d'eau par livre de viande, prenant d'abord le vin de la marinade. Couvrez la casserole et faites cuire à petit feu pendant 5 ou 6 heures. Dégraissez la sauce et liez-la avec de la fécule.

On peut, à volonté, couper le bœuf par tranches, ou le laisser en un seul morceau pour le cuire, comme pour le servir.

Autre Manière.

Faites fondre de la graisse, un peu de beurre, y mêlant du lard coupé en petits carrés ; tournez-y un peu de farine jusqu'à ce qu'elle soit bien jaune ; mettez alors le bœuf coupé ar tranches, mouillez d'eau et de vin comme ci-dessus ;

ajoutez sel, poivre ; échalotes, ail, persil hachés. Faites cuire doucement 5 ou 6 heures et servez.

Vous pouvez colorer la sauce avec chicorée, jus au caramel...

Autre Manière.

Lardez un beau morceau de bœuf avec du lard assaisonné
de sel et fines épices ; mettez-le ensuite dans une terrine sur
des tranches de lard, avec 1 litre de vin et autant d'eau pour
5 ou 6 livres de viande, oignons, échalotes, ail, persil hachés,
sel, poivre ; couvrez et lutez le couvercle avec de la pâte de
grosse farine. Faites cuire au four 4 ou 5 heures. Passez la
sauce que vous dégraissez ; ajoutez-y un roux et du jus de
citron ou un filet de vinaigre.

Bœuf Mariné.

Faites mariner un morceau de bœuf dans du vinaigre
pendant 2 ou 3 jours ; lardez-le et le mettez dans une
terrine sur des couennes et tranches de lard, échalotes, oignons, persil, laurier, girofle, sel, poivre. Couvrez et lutez
le couvercle avec de la pâte de grosse farine. Mettez au
four chaud comme pour le pain, environ 3 heures de cuisson.

Bœuf aux Oignons.

Prenez un bon morceau que vous désossez et faites cuire

avec bouillon, un litre de vin blanc, bardes de lard, quelques os ou tranches de veau, sel, poivre, bouquet garni. Quand la viande est cuite à moitié, mettez-y des oignons de Hollande ou, à défaut, de gros oignons. Servez avec la sauce liée et de belle couleur, les oignons autour.

Boeuf au Four.

Désossez, si vous voulez, le morceau de boeuf que vous avez choisi ; lardez-le ou mettez simplement des bardes de lard dessous et dessus dans la terrine où vous le placez avec assez de vin blanc pour baigner la viande, sel, poivre et autres assaisonnements. Couvrez et mettez autour du couvercle de la pâte de grosse farine. Faites cuire au four, chaleur ordinaire pendant 5 ou 6 heures, et le servez chaud avec sa sauce dégraissée et liée de fécule, ou avec un roux de farine.

Boeuf en Gelée.

Faites comme pour le boeuf au four, y mettant de plus un pied de veau afin d'obtenir de la gelée. Laissez refroidir, coupez le boeuf par tranches que vous garnissez avec la gelée

On peut aussi laisser le morceau entier et mettre la gelée autour

Autre Manière.

Pour 1 livre de viande, 1 pied de veau, faites dégorger 1 ou 2 jours dans de l'eau fraîche renouvelée matin et soir. Mettez la viande sur le feu avec 1 litre d'eau. Lorsque vous avez écumé, ajoutez 1 litre de vin, sel, poivre, oignons, girofle, persil, etc. Faites cuire 5 ou 6 heures, puis retirez. Lorsque la viande est froide, coupez-la par tranches minces et la mettez dans un plat; versez la gelée dessus après l'avoir clarifiée et passée dans un linge. — Vous trouverez à l'article Pieds de veau en gelée la manière de clarifier la gelée — On peut, au lieu de dresser simplement dans le plat, faire une gelée moulée qu'on trouvera expliquée au Fromage de cochon.

Bifteck.

Prenez du filet, de l'aloyau ou tout autre morceau qui soit tendre; coupez-le en carrés longs et minces que vous frappez fortement et que vous mettez ensuite sur un gril; faites cuire au moyen de braise très ardente; après quelques minutes retournez la viande, et la laissez encore quelques minutes, puis l'arrangez sur le plat, et saupoudrez de sel, poivre, persil haché; versez-y ensuite du beurre frais bien chaud; couvrez un instant entre deux feux;

ajoutez un filet de verjus ou de vinaigre ou du jus de citron. On sert le bifteck garni de cresson ou de pommes de terre frites.

Autre Manière.

Coupez le bœuf en tranches minces que vous passez un instant sur le gril et braise rouge ; Quand la viande a changé de couleur, couvrez-en le fond d'un plat ; mettez dessus échalotes, persil hachés mêlés à du beurre frais ; saupoudrez de sel, poivre, chapelure ; mettez de nouveau des tranches de viande, des fines herbes, etc, et ainsi de suite, observant de mettre les fines herbes et la chapelure en dernier lieu. Mettez au four assez chaud et laissez cuire environ 10 minutes ou $\frac{1}{4}$ d'heure.

Servez garni de pommes de terre frites.

Rosbif.

Prenez des basses côtelettes de bœuf et faites les rôtir, au four de préférence, avec du beurre fondu. On peut, avant de rôtir le rosbif, le piquer de gros lardons bien assaisonnés

Filet de Bœuf.

Enlevez la peau nerveuse qui recouvre le filet : pour cela commencez par la détacher avec un couteau, et tirez-la ensuite avec les doigts ; ôtez la graisse et tout ce qui empêche la bonne mine du filet que vous lardez alors. (3 rangs ordinairement).

Laissez-le dans sa longueur, ou l'arrondissez, ou encore donnez-lui la forme de S, de fer à cheval, etc. Mettez-le au four avec beurre, quelques morceaux de lard, une tranche de carotte, poireaux, échalotes, une pointe d'ail, un peu de laurier et saupoudrez de chapelure ; arrosez de son jus de temps en temps pendant la cuisson, ajoutez un peu de bouillon ou d'eau, si c'est nécessaire. Si on ne peut pas cuire le filet au four, on le met sur le feu, mais alors on couvre la casserole. Il faut 2 ou 3 heures pour le cuire : on reconnaît qu'il est assez cuit si, en le piquant, il ne sort plus de sang. Servez-le avec son jus dégraissé, y ajoutant quelques cornichons coupés en rouelles, ou un peu de crème si vous voulez, ou avec telle sauce que vous jugerez à propos : piquante, tomate, sauce au chevreuil, etc.

On peut garnir le filet de cresson ou de petites pommes de terre frites qu'on met un instant dans la casserole avec le filet pour qu'elles prennent goût.

On fait mariner le filet, si on veut, pendant plusieurs jours avec huile, oignons, persil, échalotes, jus de citron, cannelle

Autre Manière.

Préparez et lardez le filet comme ci-dessus ; mettez-le au
feu avec beurre, lard et assaisonnements ; environ 1 heure a-
près ajoutez un verre de vin blanc et un peu de bouillon ;
faites cuire en arrosant de temps en temps. Liez la sauce avec
de la fécule, ajoutez des cornichons hachés ou coupés en rouelles, jus de citron, ou faites un roux que vous mouillez de
bouillon, si vous voulez plus de sauce.

Bœuf en Salmis.

Prenez les restes d'un filet ou d'un morceau de bœuf rôti, soit
rosbif ou à la bordelaise, et coupez-le par tranches. Faites fondre un morceau de beurre dans lequel vous tournez un peu de
farine sans la laisser roussir, mouillez de vin rouge et de bouillon ou d'eau chaude, mettez des échalotes, oignons, persil hachés,
moutarde. Laissez cuire $\frac{1}{4}$ d'heure, placez-y les tranches de
viande et les faites chauffer sans cuire ; ajoutez un jus de citron
ou un filet de verjus. Servez la viande sur des croûtons de pain
grillés dans du beurre ; arrosez le tout avec la sauce.

Saucissons de tranches de Bœuf.

Coupez des tranches de bœuf de 12 à 15 centimètres de long,
7 à 8 de large et épaisses d'un centimètre environ, battez les

fortement et les aplatissez avec le couperet le plus possible. Retranchez ce qui rend les bords inégaux ; servez-vous de ces rognures en les hachant avec de la graisse de bœuf ou de veau, persil, ciboules, échalotes, un peu de lard fumé, le tout très fin, sel, poivre ; liez cette farce avec un œuf et une poignée de mie de pain pour 5 ou 6 saucissons. Étendez une cuillerée de ce hachis sur chaque tranche de viande que vous roulez dans le sens de sa longueur, de manière que les deux bouts se croisent un peu ; liez les saucissons en les entourant de fil d'un bout à l'autre. Faites cuire à petit feu avec du beurre ou de la graisse, un peu de bouillon ou d'eau, sel, poivre, oignons, carotte, et à moitié de la cuisson un verre de vin. Dégraissez la sauce que vous servez sur les saucissons dont vous avez enlevé le fil.

On peut larder les saucissons, mais il faut alors les coudre au lieu de les ficeler.

Une farce de viande quelconque, même de foie cru, de viande cuite peut remplacer celle que nous avons indiquée.

Autre Manière de cuire les Saucissons.

Faites chauffer du beurre ou de la graisse, et y mettez les saucissons préparés et ficelés comme ci-dessus; faites-les rôtir, ajoutez sel, poivre, oignon, carotte, un peu de bouillon ou d'eau : laissez cuire à petit feu, et servez-les seuls ou avec tel plat de légumies que vous voudrez.

Langue de Bœuf braisée.

Mettez la langue quelques instants dans l'eau bouillante, pelez-la ; quand elle est froide, lardez et la mettez dans une casserole avec beurre ou graisse, lard en tranches, navet, carotte, oignons, persil, ail, échalotes, laurier, girofle, sel, poivre ; faites revenir le tout sans le laisser roussir, ajoutez un verre de vin blanc et autant de bouillon. Faites cuire au four en arrosant de temps en temps avec la sauce ; on reconnaît que la langue est cuite lorsqu'on peut la sonder avec un couteau (il faut 5 ou 6 heures). Au moment de la servir, fendez-la en deux dans sa longueur, sans la détacher complètement, de sorte que le côté lardé ne soit pas coupé ; et, pour la servir, élargissez-la sur le plat. Faites un roux que vous ajoutez à la sauce de la langue avec un peu de bouillon et cornichons coupés en rouelles. Servez la langue sur cette sauce.

Lorsqu'on veut la conserver quelques jours avant de la cuire, il faut la mariner avec vin, sel, poivre, oignons en tranches, échalotes, persil, ail, etc.

Langue aux Fines Herbes.

Prenez la langue braisée desservie ou autre, pourvu qu'elle soit pelée ; coupez-la par tranches que vous mettez sur le plat de service. Hachez du persil et le mélangez à du beurre frais, sel, poivre ; couvrez chaque tranche de ce mélange. mouillez d'un peu de bouillon, saupoudrez de chapelure et mettez au four chaud quelques instants. En servant un filet de vinaigre.

Langue à l'Estragon.

Coupez-la par tranches comme pour la mettre aux fines herbes, mêlez ensemble persil, estragon hachés, beurre frais, sel, poivre, un peu de mie de pain. Couvrez chaque tranche de ce mélange, mouillez avec 3 ou 4 cuillerées de bouillon et un demi verre de vin Mettez au four chaud 7 ou 8 minutes. Pour servir, ajoutez un peu de bouillon, si la sauce est trop épaisse.

On peut faire plusieurs couches, en mettant des assaisonnements entre chaque couche et sur la dernière.

Langue en Paupiettes.

Coupez par tranches une langue braisée ou cuite dans le pot-au-feu ; couvrez chaque tranche d'une épaisseur d'un millimètre de farce de viande, unissez la surface avec un couteau trempé dans du blanc d'œuf débattu

Mettez les dans une casserole avec graisse et barde de
lard sur chaque morceau de langue ; faites rôtir et cuire à petit feu ; quand les paupiettes sont presque cuites, jetez de la chapelure sur les bardes de lard, laissez
achever de cuire et servez avec une sauce piquante.

Langue Grillée.

La langue étant cuite à l'eau ou dans le pot-au-feu,
coupez-la en deux dans sa longueur, trempez-la dans
de l'œuf battu, puis dans de la mie de pain bien fine.
Faites chauffer un peu de graisse ou de beurre foncu
dans une poêle ; mettez-y la langue que vous retournez pour la faire jaunir des deux côtés. Servez à sec
ou avec une sauce claire un peu piq.sante.

Autre Manière.

Faites cuire la langue à l'eau ou dans le pot-au-feu, coupez-la en deux dans sa longueur et la retournez dans
l'huile douce, puis faites-la rôtir sur un gril. Servez-la
avec une sauce piquante, une poivrade, une bourgeoise,
aux câpres et aux anchois, etc.

Langue Farcie.

La langue étant cuite à l'eau ou dans le pot-au-feu, en-

levez la viande de l'extrémité pour la hacher avec 60 grammes de graisse de rognon ou autre, ou lard; ajoutez 2 ou
3 oignons coupés fins et cuits avec de la graisse, une poignée de mie de pain trempée dans du bouillon chaud,
poivre, sel et 2 œufs. Coupez la langue en deux dans sa
longueur, sans la détacher, comme pour la langue braisée
et couvrez-la de cette farce que vous mettez du côté coupé;
unissez avec un couteau en faisant tomber le milieu.
Saupoudrez de chapelure et faites cuire au four dans une
tôle graissée. Servez avec telle sauce que vous voudrez.

Cœur de Bœuf farci.

Mettez le cœur dans du vinaigre pendant plusieurs
heures pour en faire sortir le sang. Préparez une farce a-
vec une poignée de mie de pain, échalotes et lard hachés
bien fins, ainsi que du persil, un peu de laurier hachés
de même, poivre, sel; mélangez, mettez dans le cœur que
vous cousez; faites cuire ensuite avec lard, graisse et un
peu de beurre, oignons coupés en tranches, sel, poivre, laurier.
Lorsque le cœur est d'un beau jaune, saupoudrez-le de
chapelure ou de mie de pain grillée; mettez du bouillon
ou de l'eau chaude, un filet de vinaigre ou jus de citron.
Lorsqu'il est cuit, servez-le avec sa sauce dégraissée.

Langue et Cœur de Bœuf.

Faites un petit roux dans lequel vous tournez la viande ; mouillez avec du bouillon ou de l'eau chaude, ajoutez sel, poivre, oignons, échalotes, ail, persil hachés ; à moitié de la cuisson, mettez un grand verre de vin rouge ; et, au moment de servir, un peu de beurre frais.

Rognons de Bœuf.

Faites blanchir les rognons quelques minutes et coupez-les en tranches minces que vous tournez sur le feu dans du beurre et du lard frit avec une pincée de farine, mouillez d'un verre de vin et autant de bouillon ; ajoutez échalotes, ail, persil hachés, sel, poivre. Laissez cuire environ 10 minutes ou $\frac{1}{4}$ d'heure et servez.

Rognons à la Bourgeoise.

Les rognons étant blanchis et coupés en tranches minces comme ci-dessus, mettez-les sur le feu avec beurre, sel, poivre, persil, ciboules, une pointe d'ail hachés menu. Laissez-les cuire un moment, puis ajoutez un filet de vinaigre ou de verjus, un peu de bouillon gras, et servez.

Rognons aux Oignons.

Faites revenir sur le feu 5 ou 6 oignons coupés fins; tournez-y les rognons coupés en tranches minces, mouillez de bouillon, ajoutez sel, poivre, et, à moitié de la cuisson, un peu de vin.

Gras-Double.

Le gras-double, après avoir été nettoyé, doit toujours se cuire à l'eau avant d'être accommodé, mais cela est ordinairement fait quand on l'achète.

Gras-double à la Sauce Robert.

Mettez sur le feu des oignons coupés en tranches et un petit morceau de beurre; lorsqu'ils sont à moitié cuits, mettez-y le gras-double coupé en carrés, sel, poivre, un peu de bouillon, un filet de vinaigre. Laissez bouillir $\frac{1}{2}$ heure, en servant, ajoutez de la moutarde.

Gras-double à la fricassée de Poulet.

Tournez sur le feu un peu de farine dans du beurre; mouillez de bouillon ou d'eau chaude; ajoutez sel, poivre échalotes, ail et un peu de persil. Laissez cuire $\frac{1}{4}$ d'heure, mettez une liaison de jaunes d'œufs, crème, fécule; servez.

Gras-double Grillé.

Mettez un peu de graisse dans une poêle sur le feu; lors-qu'elle est chaude, jetez-y le gras double coupé par morceaux et faites-le jaunir des deux côtés. En le dressant, ajoutez sel, poivre, filet de vinaigre, ou faites une sauce piquante avec mie de pain grillée dans de la graisse, sel, poivre, as-saisonnements hachés, bouillon, fil de vinaigre ou de verjus.

On peut tourner le gras-double dans de la mie de pain bien assaisonnée avant de le griller.

Pieds de Bœuf.

On les achète ordinairement tout préparés, c'est à dire cuits à l'eau après avoir été échaudés pour raser le poil.

Coupez-les alors par morceaux en ôtant les os, et les assaisonnez de sel, poivre, échalotes, huile et vinaigre comme une salade.

Cervelle de Bœuf en fricassée de Poulet.

Enlevez la peau mince qui recouvre la cervelle, et fai-tes-la ensuite dégorger plusieurs heures dans l'eau, puis cuisez-la 5 ou 6 minutes à l'eau bouillante avec sel.

poivre, persil, oignons et un peu de vinaigre. Mettez un morceau de beurre dans une casserole et y tournez une pincée de
farine ; mouillez avec du bouillon ou de l'eau ; ajoutez échalotes, une pointe d'ail, très peu de persil, sel, poivre et laissez cuire ½ d'heure ; mettez une liaison de jaunes d'œufs
avec ou sans crème, et un peu de fécule si c'est nécessaire. Dressez la cervelle sur le plat de service, versez la
sauce dessus.

Cervelle Frite.

Si la cervelle n'est point assez ferme après l'avoir fait
cuire à l'eau, mettez-la ¼ d'heure dans du vinaigre.
Quand elle est refroidie, coupez-la en morceaux que vous
tournez dans de l'œuf battu, et ensuite dans de la mie de
pain bien fine ; mettez-la alors dans de la graisse chaude,
et la retournez pour faire prendre couleur des deux côtés.
Au lieu de mettre de la graisse comme pour une friture
ordinaire, il suffit que la viande y baigne à moitié.
Il faut entretenir une chaleur modérée.

Cervelle en Beignets.

Lorsque la cervelle est cuite et coupée en morceaux comme à l'article précédent, trempez-la dans une pâte à

frire que vous ferez de cette manière : délayez deux cuillerées de farine avec 2 jaunes d'œufs et 3 ou 4 cuillerées de lait, ajoutez échalotes et persil hachés, sel, poivre ; la pâte doit être assez épaisse pour adhérer complètement à la viande ; après avoir trempé chaque morceau dans cette pâte, tournez-les dans le blanc d'œuf battu en neige et faites frire de la même manière qu'à l'article précédent.

Cervelle en Matelotte.

La cervelle étant bien dégorgée, mettez-la dans une casserole avec tranches de lard dessus et dessous, un peu de beurre frais, un verre de vin et autant de bouillon, une tranche de carotte, oignons, échalotes, persil, ciboules, laurier, girofle, poivre et sel. Laissez cuire ½ d'heure environ. Faites glacer de petits oignons entiers, (Voir oignons glacés, page 81); mettez-les autour de la cervelle dans le plat de service ; liez la sauce avec de la fécule, et un jaune d'œuf si vous voulez ; versez-la sur la cervelle. On peut dresser la cervelle sur des croûtons de pain au beurre.

Cervelle au Beurre noir.

Après avoir cuit la cervelle à l'eau bouillante, saupoudrez-la de persil haché et y mettez un fil de vinaigre, puis jetez le beurre noir dessus.

Cervelle en Gâteau.

Hachez une cervelle cuite à l'eau et mêlez-y à peu près le même volume de mie de pain trempée dans du lait tiède, persil, échalotes, un peu d'ail, le tout haché, sel, poivre, un œuf, le jaune d'abord, 2 cuillerées de jeune crème, puis le blanc de l'œuf battu en neige. On augmente ou on diminue la quantité de crème selon l'épaisseur de la pâte qui doit être un peu coulante. Beurrez ou graissez un moule uni et mettez dans le fond un papier également beurré; versez la pâte dans le moule et faites cuire au four, chaleur ordinaire. Pour servir, arrosez de jus de viande, ou d'une italienne que vous trouverez au chapitre des Sauces, ou encore d'une sauce faite de beurre, crème douce et cornichons hachés.

Cervelle en Saucisses.

Faites cuire 5 ou 6 pommes de terre en robe de chambre, écrasez-les, ou quand elles sont refroidies, râpez-les. Mettez dans une casserole 60 grammes de beurre frais, une cuillerée de farine, 2 ou 3 échalotes et du persil hachés, délayez avec $\frac{1}{2}$ litre de bouillon bien chaud; mettez-y une cervelle;

laissez cuire jusqu'à ce qu'on puisse l'écraser : ajoutez un peu de sel et de poivre. Lorsque la cervelle est bien écrasée, vous y mettez une liaison de 3 jaunes d'œufs débattus avec un peu d'eau. Retirez du feu, mêlez les pommes de terre à la cervelle, de manière à former une pâte ferme. Si on n'a pas assez de pommes de terre, on ajoute un peu de farine. Versez la pâte sur une planche, et la travaillez avec le talon de la main en saupoudrant de farine. Partagez-la par petits morceaux de la grosseur et de la longueur d'un doigt ; roulez-les en forme de petites saucisses. Mettez dans une poêle un peu de beurre fondu : lorsqu'il est bien chaud, placez-y les saucisses que vous faites cuire à feu modéré et colorer des deux côtés. Il ne faut pas mettre trop de beurre car les saucisses se dérouleraient.

Mou de Bœuf.

On fait bien, avant d'accommoder le mou de bœuf, de le passer quelques tours à l'eau bouillante ou dans le pot-au-feu. On peut même le cuire de cette manière complètement ou à moitié : il aura alors servi à bonifier le bouillon, et pourra être accommodé ensuite en fricassée de poulet ou au roux.

Mou en fricassée de Poulet.

Tournez un peu de farine dans du beurre sur le feu, et ensuite le mou coupé par morceaux ; mouillez de bouillon ou d'eau qui doit s'élever à peu près à la hauteur de la viande ; ajoutez échalotes, ail, un peu de persil et de laurier, poivre, sel ; laissez cuire plus ou moins selon que vous avez passé le mou plus ou moins de temps dans le pot-au-feu. Au moment de servir, ajoutez une liaison de jaunes d'œufs avec crème et un peu de fécule.

Mou au Roux.

Faites un roux dans lequel vous tournez le mou coupé par morceaux, mouillez avec moitié vin, moitié bouillon ou eau ; ajoutez échalotes, ail, persil, laurier, girofle .. Laissez cuire et servez ; si la sauce n'est pas assez épaisse, mettez un peu de fécule.

Mou à l'Etouffée.

Faites blanchir, puis lardez un mou ou un morceau de mou de bœuf que vous avez laissé refroidir ; mettez-le dans une terrine ou une casserole avec tranches de lard dessous, sel, poivre, oignons, échalotes, ail coupés, persil.

laurier, girofle. Couvrez et soudez les bords du couvercle a-
vec de la pâte de grosse farine. Mettez au four à peu près
aussi chaud que pour le pain, et laissez environ 2 ou 3
heures. Dressez sur un plat ; servez chaud après avoir
dégraissé le jus, si c'est nécessaire.

Mou en Matelotte.

Faites revenir dans du beurre ou du lard fondu et un
peu de farine, carottes, navets coupés par morceaux, ensuite le mou, puis mouillez avec 2 verres de vin, autant
de bouillon ou d'eau ; ajoutez persil, oignons, ciboules, é-
chalotes, ail, laurier, girofle, sel, poivre. Faites cuire à
petit feu, dégraissez la sauce, et mettez de la fécule s'il
faut épaissir.

Pour servir, garnissez le plat de petits oignons glacés.

Mou en Gâteau.

Faites cuire le mou dans le Pot-au-feu, ou à l'eau
pendant $\frac{1}{2}$ heure ; hachez-le bien fin avec un même
volume de lard ; ajoutez aussi le même volume de mie de
pain trempée dans du lait tiède, sel, poivre, échalotes
et persil hachés, des œufs (1 pour 2 ou 3 personnes) et 2
ou 3 cuillerées de jeune crème par œuf ; éclaircissez

avec du lait, jusqu'à ce que vous ayez obtenu une pâte un peu coulante que vous mettez dans un moule graissé. Laissez cuire au four 1 heure ou 1 heure ½, selon la grosseur du gâteau. Renversez le moule sur le plat de service et servez le gâteau avec une sauce italienne, ou autre, selon le goût.

On peut battre le blanc d'œuf en neige.

Cette manière d'accommoder le mou est avantageuse.

Boudin de Mou.

Hachez bien fin le mou que vous aurez cuit ½ heure à l'eau ou dans le pot-au-feu. Mettez sur le feu de la graisse de porc et des oignons, le tout coupé menu, et autant de chaque sorte que de mou. Quand les oignons sont un peu tendres, ajoutez-y le mou que vous laissez environ ¼ d'heure, en le retournant de temps en temps avec une cuiller de bois. Retirez du feu et éclaircissez avec du bouillon ou du lait, de manière à obtenir une pâte coulante, vous pouvez ajouter quelques œufs. Mettez dans de petits boyaux de porc, ne les remplissant qu'aux ¾, et faites-les cuire à l'eau bouillante 5 ou 6 minutes. En les tirant, ne les mettez pas l'un sur l'autre; quand ils sont refroidis, faites les rôtir sur un gril que vous chauffez d'avance. Servez chaud.

Foie de Bœuf.

Coupez le foie par filets minces que vous passez quelques minutes dans du beurre ou de la graisse sur un feu vif ; sel, poivre, persil, ciboules, une pointe d'ail, le tout haché. Quand il est cuit, mettez-y un fil de vinaigre, un peu de jus de viande ou de bouillon gras, et ne laissez plus bouillir car le foie se durcirait. On peut aussi faire une sauce piquante.

Foie en Gâteau.

Préparez du foie, du lard, de la mie de pain, volume égal de chaque chose. Hachez le foie et le lard bien fin ; faites tremper la mie de pain dans du lait tiède ; mêlez le tout ajoutant ail, échalotes, persil hachés ; sel, poivre, mettez un jaune d'œuf que vous mêlez, puis un autre, ainsi de suite (un œuf par livre de foie). Battez les blancs en neige et les ajoutez en remuant doucement pour ne pas briser la neige ; mettez du lait en quantité suffisante pour former une pâte coulante. Beurrez un moule et un rond de papier que vous placez dans le fond du moule : versez-y le mélange. Faites cuire au bain-marie entre deux feux, une demi-heure suffit. Démoulez. Servez avec une sauce brune au jus, une italienne, ou sauce piquante, etc.

Fromage d'Italie.

Hachez le foie très fin, de manière qu'il soit comme en bouillie ; hachez de même autant de lard frais (ou sec, à défaut du frais), ou un peu moins si vous ajoutez des restes de viande cuite que vous hachez de même. Mélangez le tout ; prenez pour 4 livres de foie, 4 œufs, de la farine ce qu'il en faut pour lier, sel, poivre, très peu de muscade, 2 gros oignons pilés, piment, peu de laurier. Graissez un moule que vous couvrez de bardes de lard de l'épaisseur d'un doigt, mettez une couche de hachis un peu plus épaisse que le lard; du lard, du hachis, ainsi de suite jusqu'à ce que le moule soit rempli mettant le lard en dernier lieu. Faites cuire à four modéré, environ 1 heure $\frac{1}{2}$; et, pour faire rentrer la graisse, laissez refroidir dans le moule que vous mettez un instant dans l'eau chaude lorsque vous voulez le vider ; renversez le fromage sur un plat, et le coupez par tranches pour le servir.

Le fromage d'Italie peut se faire avec n'importe quelle espèce de foie.

Manière de conserver les boyaux de Bœuf.

On se sert des boyaux pour faire des saucisses et il n'est

pas toujours possible de s'en procurer de frais, mais on peut les conserver en les séchant. Il faut d'abord les bien râcler, les lier à un bout et les remplir d'air en soufflant par l'autre bout qu'on lie aussitôt. On les suspend ensuite dans une chambre où on fait du feu, et, lorsqu'ils sont secs, on les conserve dans un lieu qui ne soit pas humide. Pour s'en servir, on les fait tremper quelques heures à l'avance dans de l'eau tiède.

Manière de préparer la viande de Bœuf pour Pâtés.

Coupez la viande par petits morceaux, et faites-la revenir avec graisse; couvrez et laissez cuire entre deux feux, plus ou moins de temps selon que la viande est dure : de manière qu'elle soit complètement cuite quand on sortira le pâté du four, sans qu'on soit obligé de l'y laisser plus longtemps qu'à l'ordinaire. Laissez-la refroidir et l'assaisonnez avec échalotes et un peu de persil hachés, sel, poivre, puis la mettez sur la pâte avec de petits morceaux de lard par-dessus.

On peut mariner cette viande avec sel, persil, vin rouge, un ou plusieurs jours à l'avance, même huit jours; mais il faut alors faire attention quand on s'en sert de ne la point trop épicer puisqu'elle l'est déjà.

Si la viande jette beaucoup de jus en cuisant, faites-le réduire pour le jeter sur la viande pendant qu'elle est encore
chaude.

Manière d'accommoder le Bœuf bouilli.

Le bœuf bouilli desservi ou autre peut être apprêté de différentes manières que nous allons indiquer.

On trouvera de plus à la fin de ce chapitre la manière
de faire des hachis, des croquettes, des rissoles et des beignets
pour lesquels le bœuf bouilli peut être employé ainsi que
toutes les autres viandes cuites.

Bœuf bouilli aux Fines Herbes.

Coupez le bœuf en tranches que vous mettez dans une
tôle ou sur le plat de service. Hachez du persil, mêlez-le
à du beurre frais, sel, poivre ; couvrez chaque morceau de
viande d'une couche de ce mélange ; mouillez avec quelques cuillerées de bouillon, saupoudrez de chapelure et mettez au four
chaud, environ 10 minutes. Pour servir, ajoutez un fil de
vinaigre. Cette viande doit être surprise par la chaleur,
mais ne la laissez pas trop longtemps, car elle se
dessècherait.

Bœuf bouilli aux Oignons.

Faites revenir dans du beurre des oignons coupés en tranches ; couvrez en la viande disposée dans le plat de service. Mettez au four 8 ou 10 minutes et servez.

Bœuf bouilli sur le Plat.

Faites fondre un peu de lard coupé par morceaux ; mettez-en une partie avec autant de beurre frais dans le fond d'un plat supportant le feu ; ajoutez oignons, échalotes, ail, persil hachés, sel, poivre. Arrangez le bœuf coupé en tranches et remettez ensuite les mêmes assaisonnements, beurre frais et le reste du lard fondu ; mouillez de bouillon ou d'eau et d'un peu de vin. Saupoudrez de chapelure, laissez cuire au four bien chaud ¼ d'heure. Si on n'a pas mis de vin, on ajoute un fil de vinaigre au moment de servir. On peut ne pas mettre de lard, mais il faut alors plus de beurre.

Bœuf bouilli au Roux.

Tournez dans un roux des tranches de bœuf bouilli ; mouillez moitié vin, moitié eau ou bouillon ; mettez sel, poivre, oignon, échalotes, ail, persil, laurier. Laissez cuire ½ d'heure. Si la sauce n'est pas assez liée, mettez un peu de fécule et servez.

Bœuf bouilli aux Pommes de terre.

Pelez des pommes de terre et coupez-les le plus mince possible. Mettez de petits morceaux de beurre et de lard dans le fond d'un plat qui endure le feu ; garnissez-le d'une couche de pommes de terre, sel, poivre ; placez ensuite le bœuf bouilli et coupé en tranches. Hachez une bonne quantité d'échalotes, oignons, persil et un peu d'ail ; couvrez en le bœuf, ajoutez de petits morceaux de beurre et de lard ; mettez du bouillon ou de l'eau jusqu'à la hauteur de la viande, saupoudrez de chapelure ou de mie de pain très fine. Faites cuire au four bien chaud, et servez quand les pommes de terre seront cuites : il faut environ 1 heure.

Bœuf bouilli à l'Estragon.

Coupez le bœuf par tranches que vous mettez dans le plat de service, et couvrez d'un mélange de beurre, persil, et estragon hachés, sel, poivre, un peu de mie de pain. Mouillez de quelques cuillerées de bouillon et autant de vin. Mettez au four chaud 7 ou 8 minutes ; si la sauce est trop épaisse, remettez un peu de bouillon.

On peut faire plusieurs couches de viande, en mettant des assaisonnements entre chaque couche et sur la dernière.

Bœuf bouilli à la Pélerine.

Passez le bœuf coupé par tranches sur un feu vif, de manière que la viande soit saisie. Retirez-la ; mettez dans le beurre qui aura servi, des oignons entiers auxquels vous ajoutez un peu de sucre en poudre, et vous les mettez dans un four bien chaud. Lorsque les oignons ont pris une belle couleur, mettez-y, pour un plat de 5 ou 6 personnes, un verre de vin, autant de bouillon ou d'eau, sel, poivre, un peu de persil et de laurier ; laissez mijoter jusqu'à ce que les oignons soient cuits ; placez un instant la viande dans la sauce pour la chauffer. Dressez sur un plat, les oignons autour. Liez la sauce avec un peu de fécule et deux jaunes d'œufs ou simplement de la fécule.

Bœuf bouilli au Lard.

Coupez du lard en petits carrés et faites le frire ; lorsqu'il a jeté de la graisse et qu'il est de belle couleur, mettez-de dans les tranches de bœuf bouilli refroidi, faites-les chauffer et rissoler des 2 côtés ; ajoutez un peu d'eau et un filet de vinaigre ou de verjus, du poivre et du sel, s'il en faut.

Bœuf bouilli au Vinaigre.

Le bœuf bouilli étant refroidi, coupez-le par tranches et l'assaisonnez, 1 heure avant le repas si c'est possible, de sel, poivre, huile et vinaigre.

On peut aussi le servir froid et coupé en tranches avec une sauce à la moutarde, à l'estragon, une ravigote ou autre que l'on sert séparément.

Bœuf bouilli à différentes sauces.

Après avoir coupé le bœuf en tranches, chauffez-le dans une blanquette, ou une sauce robert, tomate, piquante, ou telle autre sauce que vous choisirez au chapitre des Sauces.

Veau.

Connaissance du bon Veau.

Le veau trop jeune n'a ni suc ni saveur; trop vieux, il est dur et n'est pas si délicat : il faut le choisir blanc et gras.

Conservation du Veau.

On peut conserver le veau plusieurs jours en le marinant

comme il a été indiqué aux explications générales.

Une autre manière, c'est de le suspendre enveloppé d'un linge très propre qu'on a mouillé de vinaigre et saupoudré de sel. Trempez de nouveau le linge dans le vinaigre une fois par jour, si le temps est très chaud.

Veau rôti.

La rouelle, la longe, les rognons et l'épaule sont les meilleurs morceaux pour rôtir. Mettez du beurre ou de la graisse dans une casserole et faites bien chauffer sur un feu vif, puis placez-y le morceau de veau que vous retournez pour lui faire prendre couleur des deux côtés; ajoutez alors sel, poivre, oignon, carotte et une pointe d'ail. Couvrez la casserole que vous retirez sur un feu doux ou au four, de manière que le veau jette bien son jus. Quand il est cuit, dégraissez ce jus si c'est nécessaire, et versez-le sur le veau dans le plat de service.

Si l'on est obligé de faire cuire le veau plus vite, il faut mettre un peu d'eau, car le jus brûlerait.

Lorsqu'on veut réchauffer un rôti de veau, on y ajoute quelques cuillerées d'eau fraîche, en le mettant sur le feu avec son jus; on peut aussi, en le dressant, y jeter un peu de beurre frais bien chaud dans lequel on a fait frire une échalote et un ail hachés.

Veau à la Bourgeoise.

Mettez la viande dans une terrine avec les assaisonnements suivants : 3 ou 4 cuillerées d'eau, une de vinaigre
par livre de veau, sel, poivre, ciboules, ail, carottes coupées en tranches, oignon piqué d'un clou de girofle, un
morceau de beurre frais. Couvrez la terrine et soudez les
bords du couvercle avec de la grosse farine délayée dans un
peu d'eau ; faites cuire au four après le pain pendant 2
ou 3 heures, selon la grosseur du morceau de viande.
Servez avec la sauce dégraissée et passée. On peut conserver la terrine sans l'ouvrir 5 ou 6 jours ; mais si on
voulait la garder plus longtemps, il faudrait ne la faire
cuire qu'à moitié la première fois, et l'achever quelques
jours plus tard.

Veau à la Minute.

Coupez des tranches minces de veau ; battez-les fortement ;
faites bien chauffer de la graisse ou du beurre où vous
mettez griller et cuire la viande. Dressez-la sur un plat ;
ajoutez au jus, échalotes et persil hachés, retournez-les un
instant, et couvrez en les tranches de veau.

Autre Manière.

Mettez du beurre au fond d'une casserole, saupoudrez le de ciboules, échalotes, persil hachés et mêlés à un peu de farine. Placez-y des tranches de veau coupées minces et que vous avez battues pour les attendrir ; mettez dessus les mêmes assaisonnements que dessous ; terminez par quelques morceaux de beurre frais. Mettez au four chaud environ ¼ d'heure, au plus ½ heure. Pour servir, renversez la casserole sur le plat de service, et détachez avec un peu de bouillon ce qui resterait au fond. Arrosez d'un jus de citron.

On peut faire cuire dans le plat de service s'il est de nature à supporter le feu.

Si on veut avoir un peu de sauce, on met quelques cuillerées de bouillon un peu avant la cuisson complète, ou on écrase un jaune d'œuf dur avec du vinaigre et du persil haché que l'on verse dessus.

Veau en Bifteck.

Coupez des tranches minces de rouelle de veau, battez-les et les faites cuire absolument comme le bifteck de bœuf, page 95.

Veau à l'Italienne.

Prenez une livre de veau ; faites-le mariner pendant 1 jour

avec 5 cuillerées de bonne huile, 2 de vinaigre, sel, poivre, en le retournant 1 ou 2 fois. Mettez au fond d'une casserole un peu de beurre frais, couvrez de tranches minces de lard et placez la viande dessus, saupoudrez-la de mie de pain, puis de chapelure ; ajoutez-y un verre de bouillon ; couvrez et faites cuire à petit feu, ordinairement 1 heure ou 1 h. ½. Prenez 2 jaunes d'œufs cuits durs que vous délayez avec la marinade, puis avec le jus dégraissé et, si c'est nécessaire un peu de bouillon ; sel, poivre. Versez cette sauce sur le plat de service, et placez-y le morceau de viande.

Saucissons de tranches de Veau.

Coupez des tranches de veau larges de deux doigts et longues de trois ou quatre. Aplatissez-les avec le couperet qu'elles soient très minces ; étendez sur chaque tranche une bonne farce de viande quelconque et roulez-les ; mettez sur chacune une barde de lard, et les ficelez pour que le hachis ne sorte pas. Faites-les cuire comme un rôti de veau ; quand elles sont cuites, dressez-les sur le plat, enlevez le fil et saupoudrez de chapelure, si vous voulez, le dessus des bardes.
Servez avec une sauce claire et de bon goût.

Autre Manière de cuire les Saucissons.

Lorsqu'ils sont roulés comme ci-dessus, vous les ficelez

sans lard, mais vous foncez une casserole de bardes de lard et vous y placez les saucissons avec vin blanc, puis autant de bouillon, de manière que le liquide arrive presque à la hauteur de la viande, un peu de sel, poivre. Faites cuire à petit feu; dressez-les, dégraissez la sauce et passez-la en la versant sur les saucissons.

Veau Grillé ou Escalopes de Veau.

Coupez des tranches minces de rouelle de veau, battez-les fortement et tournez chaque tranche dans de l'œuf bien débattu, puis dans la mie de pain de manière que la viande en soit couverte des deux côtés. Faites griller sur un feu modéré dans de la graisse ou du beurre fondu bien chaud et qui doit être en quantité suffisante pour baigner à moitié les tranches de veau; lorsqu'elles ont pris couleur d'un côté, retournez-les. Servez à sec, ou avec beurre frais que vous faites chauffer et dans lequel vous jetez du persil haché; ajoutez du jus de citron. Dressez les escalopes en couronne et par escaliers, posant le 2e rang jusqu'à moitié du premier, ainsi de suite.

Poitrine de Veau au Roux.

Faites roussir de la farine dans du beurre, et tournez-y

la viande coupée par morceaux, ou faites rôtir la viande que vous saupoudrez de farine ; mouillez avec quantité égale de bouillon et de vin, presque à la hauteur de la viande ; ajoutez oignon, échalotes, ail, persil hachés, sel, poivre, achevez de faire cuire doucement.

On peut garnir de petits oignons glacés (voir Oignons glacés, page 81), ou de petits oignons que l'on a fait cuire avec la viande, leur faisant prendre couleur dans le roux ou dans le beurre avant d'y mettre la viande.

Veau en Fricassée de Poulet.

La poitrine et le cou sont les morceaux qui conviennent le mieux pour cette manière d'accommoder le veau.

Coupez-le par morceaux et faites-le dégorger pendant plusieurs heures. Mettez sur le feu du beurre frais dans une casserole avec une cuillerée de farine ; lorsque celle-ci est d'un beau jaune, tournez-y les morceaux de veau, mouillez de bouillon ou d'eau que vous prenez en quantité suffisante pour baigner la viande ; ajoutez sel, poivre, échalotes, une pointe d'ail, un peu de laurier et de persil. Laissez cuire doucement ; un peu avant de servir, retirez la viande, passez la sauce et la remettez sur le feu ; quand elle cuit, mettez-y une liaison de jaunes d'œufs avec crème.

Arrangez la viande sur le plat de service et versez la sauce
dessus.

Poitrine de Veau farci.

Laissez en entier un côté de poitrine de veau, ou coupez-
en le morceau que vous voulez farcir. Détachez la peau
de la viande en commençant par un bout et passant le
couteau entre la peau et la viande, ayant soin de laisser
sans séparer, la largeur d'un doigt de chaque côté, et de ne
pas percer l'autre bout. Faites une bonne farce de viande
avec lard, échalotes, ail, persil hachés, sel, poivre, mie de
pain trempée dans du lait chaud, 5 ou 6 œufs pour un
côté de poitrine, quelques cuillerées de jeune crème : ce
hachis doit être épais. Introduisez-le dans la poitrine
par l'ouverture que vous avez faite et que vous cousez
ensuite, afin que la farce ne sorte pas. Faites cuire entre deux
feux dans une tôle ou une tourtière avec beurre frais, lard,
sel, poivre, échalotes, ail, oignons, persil ; lorsque la viande est de belle couleur des deux côtés, ajoutez un bon verre de vin et autant d'eau ; couvrez et laissez cuire en arrosant de temps en temps. Avant de dresser, ajoutez un peu
de moutarde délayée avec de l'eau, quelques cornichons
confits coupés en rouelles

Si on ne met pas de vin, on le remplace par du vinaigre, mais alors seulement au moment de servir.

Poitrine de Veau aux Petits Pois.

Coupez une poitrine de veau par morceaux que vous faites revenir sur le feu avec beurre et lard; saupoudrez de
farine, sel, poivre; ajoutez un bon verre de bouillon et laissez cuire pendant une heure. Mettez alors les pois avec
la viande, un morceau de sucre gros comme une noisette;
quand le tout sera cuit, servez la viande sur les pois et
arrosez de la sauce dégraissée.

Pâté de Terrine.

Désossez, puis coupez la viande par tranches de la largeur, de l'épaisseur d'un doigt, longues à volonté; assaisonnez de sel, poivre, beaucoup d'échalotes, quelques ails
hachés; mélangez bien, puis arrangez la viande dans
un moule ou un vaisseau en terre de Champagne, en
mettant des tranches de lard au fond, dans le milieu et
à la fin, observant de placer la viande toujours dans
le même sens. Lorsque le moule est rempli aux $\frac{3}{4}$
achevez avec du vin blanc, ayant soin de soulever
pour faire pénétrer le vin partout; terminez par un

pied ou un jarret de veau découpé, une carotte, une branche de persil, un peu de jus de viande et quelques cosses de pois ou autre substance propre à colorer la gelée.

Couvrez la casserole et soudez le couvercle avec de la pâte de grosse farine ; faites cuire au four chaleur ordinaire, 2 ou 3 heures, plus ou moins selon la grosseur du moule ; lorsque le four est trop chaud, la gelée est trouble. En retirant du four, il faut avoir soin de ne pas trop agiter le moule que vous placez en lieu frais afin que la gelée se prenne bien. Le jour où vous voulez vous en servir, enlevez le couvercle et coupez la viande par tranches dans le sens opposé à la longueur de la viande et arrangez-les l'une à côté de l'autre sur le plat de service, partageant également la gelée.

Il faut cuire la viande au moins la veille du jour où on doit la manger, afin de donner le temps à la gelée de s'affermir ; on peut la conserver pendant 8 jours si on laisse la casserole bien fermée, mais quand on l'a ouverte, la viande se garde peu.

Fricandeau.

Coupez un bon morceau de rouelle de veau, de l'épaisseur de deux doigts et sans os ; lardez-le mettant les lardons tout près les uns des autres, et sur toute la surface du fricandeau que vous mettez au four avec graisse dans le fond de la casserole, épices entières et un peu de beurre frais sur la viande. Lorsque celle-ci a une belle couleur, mettez un peu de bouillon, couvrez et laissez cuire en l'arrosant de temps en temps de son jus. Servez au naturel, ou sur des épinards, de l'oseille, de la chicorée, des nouilles, etc.

Côtelettes de Veau.

Troussez les côtelettes, c'est-à-dire lorsqu'elles sont coupées une à une, séparez l'os de la viande par le haut d'une longueur d'environ 5 centimètres ; coupez avec le couperet 2 ou 3 centimètres de l'os ; faites un trou dans la viande détachée et enfilez l'os dans ce trou ; aplatissez vos côtelettes en frappant avec le plat du couperet sur les deux côtés de chacune d'entre elles posée sur une table.

Un moyen d'arriver sans peine à détacher la viande de l'os des côtelettes, c'est de frapper un coup sec avec le revers d'un couperet entre chaque côtelette, avant de les séparer l'une de l'autre : de cette manière on a de la prise et par là même plus de facilité.

Le plus souvent les bouchers se chargent de cette besogne.

Faites ensuite rôtir les côtelettes comme il est indiqué à

l'article Veau rôti, page 122, ou accommodez-les à l'une des manières suivantes.

Côtelettes de Veau à la Mie de Pain.

Trempez ou non les côtelettes dans de l'huile d'olive ou du beurre chaud, après quoi tournez-les dans de la mie de pain à laquelle vous avez mêlé sel, poivre, persil, échalotes, ail hachés, et, si l'on veut, lard haché aussi. Mettez alors les côtelettes dans une tôle ou une tourtière au four, et faites les cuire doucement, les arrosant de temps en temps d'un peu d'eau ou de bouillon. Lorsqu'elles sont cuites, dressez-les ; détachez la sauce de la tôle en y mettant un peu de bouillon ou d'eau chaude ; ajoutez des cornichons coupés par petits morceaux et un fil de vinaigre ou de verjus.

Côtelettes de Veau au petit Lard.

Mettez du beurre frais dans une tôle, et les côtelettes dessus ; couvrez-les de petits morceaux de lard, faites cuire au four. Lorsqu'elles ont pris couleur et qu'elles sont cuites aux $\frac{2}{6}$, ajoutez des échalotes, du persil hachés bien fin, un peu d'eau et de vin blanc. Laissez achever de cuire. Arrangez les côtelettes sur le plat de service avec ou sans le lard ; dégraissez et mettez dans la sauce une liaison de jaunes d'œufs débattus avec un peu d'eau (1 jaune d'œuf par livre de viande) quelques câpres entières ou cornichons hachés. Versez cette sauce sur les côtelettes.

Côtelettes à la Chapelure.

Tournez les côtelettes dans du blanc d'œuf battu en neige, puis dans de la chapelure de gâteau à laquelle on a mélangé toutes sortes d'assaisonnements hachés, sel et poivre. Faites leur prendre couleur des deux côtés dans de la graisse ou du beurre fondu bien chaud; ajoutez un peu d'eau et laissez cuire doucement. Dégraissez, si c'est nécessaire, et les servez avec leur jus.

Côtelettes de Veau au Vert Pré.

Mettez les côtelettes sur le feu avec beurre frais et une pincée de farine par côtelette; tournez-les un instant, laissez prendre couleur, mouillez avec du bouillon et un peu de vin si vous voulez; mettez sel, poivre, oignon, échalotes, ail, persil, très peu de laurier. Couvrez la casserole. Faites cuire doucement soit au four, soit sur le feu; dégraissez, ajoutez encore un peu de bon beurre frais et des ciboulettes coupées fines.

Côtelettes de Veau farcies.

Faites un bon hachis de viande, étendez-en une cuillerée sur chaque côtelette, unissez avec un couteau trempé dans l'eau fraîche, saupoudrez de chapelure. Placez les côtelettes (le côté farci en haut) sur une tôle beurrée; faites-les cuire entre deux feux, les arrosant une ou deux fois de leur jus. Servez sur des épinards ou dressez-les sur un plat; mettez un peu de bouillon avec un filet de vinaigre dans la tôle et versez sur les côtelettes.

Côtelettes en Papillotes.

Coupez-les un peu minces, puis tournez-les dans des échalotes, un peu d'ail et persil hachés, sel, poivre. Graissez de beurre frais deux feuilles de papier pour chaque côtelette; posez chacune d'entre elles sur l'une des feuilles et la recouvrez avec l'autre; tortillez les bords que vous avez eu soin de ne pas graisser, et n'enveloppez pas le haut du manche de la côtelette. Faites cuire sur le gril à petit feu environ $\frac{3}{4}$ d'heure; il faut les retourner lorsqu'elles sont cuites d'un côté.

Servez-les avec le papier qui les enveloppe et qui a dû être préservé par une autre feuille de papier posé sur le gril.

Grenadines de Veau.

Coupez de la rouelle de veau en tranches aussi minces que possible, battez-les pour attendrir la viande.

Mettez un peu de graisse dans une poêle sur le feu, faites griller dans cette graisse des tranches de pain de même grandeur que les tranches de viande : retirez le pain, mettez la viande en place. Quand elle est rôtie et cuite, dressez-la sur le pain, et saucez le tout d'une blanquette où vous avez mis le jus que la viande a jetée en rôtissant.

Tête de Veau.

La tête de veau peut être apprêtée de différentes manières toutes présentables. Il faut avoir soin d'épicer fortement sa cuisson. Il n'y a que pour la tête de veau au naturel qu'on conserve la peau.

Tête de Veau au Naturel.

Faites détacher la tête avant de dépouiller le veau, on ôte ordinairement la langue. Jetez de l'eau bouillante sur la tête et rasez le poil suivant la manière usitée pour les porcs ; frottez ensuite le mufle avec du sel, lavez proprement la tête et la mettez dégorger pendant plusieurs heures afin qu'elle soit d'un beau blanc. Cousez-la alors dans une serviette que vous placez sur le feu avec de l'eau froide qui doit la baigner complètement.

Quand elle cuit, écumez ; ajoutez 2 litres de vin ou ½ litre de vinaigre, sel, poivre en grains, laurier, girofle, céleri, oignons, échalotes, etc.— Lorsque la tête est cuite, sortez-la de la serviette, posez-la sur le plat de service et garnissez de persil.

Servez à part une sauce au citron, ou une sauce aux œufs durs, une poivrade, ou telle autre sauce piquante que vous voudrez. On peut la colorer.

Tête de Veau à la Daube.

Faites-la blanchir ¼ d'heure, puis la mettez cuire dans un roux avec lard, sel, poivre et beaucoup d'assaisonnements, 2 verres de vin, et du bouillon, ce qu'il en faut pour la sauce. Fermez la casserole ; laissez cuire à petit feu 2 ou 3 heures. Servez la tête entière, et la sauce autour.

Tête de Veau en Fricassée de Poulet.

Faites blanchir la tête comme pour la mettre à la daube. Mettez du beurre frais dans une casserole et y tournez deux bonnes cuillerées de farine ; mouillez d'eau chaude et y placez la tête qui doit baigner dans l'eau ; ajoutez sel, poivre, échalotes, ail, un peu de laurier et de persil ; faites cuire à petit feu, et lorsque la tête est dressée, mettez une liaison dans la sauce que vous verserez autour de la tête.

Tête de Veau à la Ste Menehould.

Ôtez les mâchoires et coupez le mufle jusqu'auprès des yeux. Faites cuire cette tête dans le pot-au-feu, puis la bien égouttez, enlevez les os qui sont sur la cervelle, dressez-la sur un plat beurré et la couvrez d'une sauce faite de cette manière : mettez dans une casserole un morceau de beurre un peu plus gros qu'un œuf, 2 bonnes pincées de farine, ½ verre de bouillon, 3 jaunes d'œufs, 2 cuillerées de vinaigre ; faites lier cette sauce sur le feu : elle doit être très épaisse afin de tenir sur la tête. Panez de mie de pain que vous arrosez de beurre chaud ; faites prendre couleur entre deux feux. Préparez une sauce à l'échalote dans le plat de service et placez-y la tête.

Tête de Veau Grillée.

La tête étant cuite dans le pot-au-feu, laissez-la entière, et la faites rôtir au four ou sur un gril. Servez-la paivé de mie de pain grillée dans du beurre.

Tête de Veau Frite.

Désossez une tête cuite dans le pot-au-feu et coupez-en la chair par morceaux que vous tournez dans de l'œuf battu, puis dans de la mie de pain bien assaisonnée. Faites chauffer du beurre fondu ou de la graisse dans une poêle, mettez-y les morceaux de viande qui doivent y baigner à peu près à moitié ; faites prendre couleur des deux côtés. Servez à sec ou avec une sauce piquante.

On en fait aussi des beignets comme il a été expliqué à l'article Cervelles en Beignets, page 107.

Tête de Veau aux Fines Herbes.

Faites-la cuire dans le Pot-au-feu ; désossez-la et la coupez par petits morceaux que vous mettez sur le feu avec beurre frais, beaucoup d'échalotes et d'ail hachés, sel, poivre. Faites chauffer et ajoutez, en servant, un fil de vinaigre.

Tête de Veau à la Vinaigrette.

Otez les mâchoires de la tête que vous faites dégorger pendant 12 heures. Délayez une poignée de farine avec

un peu d'eau que vous ajoutez à de l'eau bouillante et tournez jusqu'à ce qu'elle cuise de nouveau. Mettez-y alors
la tête avec beaucoup d'assaisonnements ; quand elle est
cuite, faites-la égoutter, découvrez la cervelle, et la servez
soit avec une sauce vinaigrette, ou une ravigote, une poivrade, une sauce aux œufs durs, une italienne, etc.

Cœur de Veau farci.

Comme le cœur de bœuf, page 103.

Langue de Veau.

Comme la langue de bœuf, page 100 et suivantes.

Foie de Veau haché.

Hachez un foie, bien fin ainsi qu'une demi-livre de
lard, des échalotes et y ajoutez 2 ou 3 poignées de mie de pain,
3 cuillerées de farine, 4 ou 5 œufs, un peu de jeune crème,
du sel et du poivre. Mêlez le tout ensemble et l'enveloppez
dans la toilette que vous avez auparavant trempée dans
l'eau. Cousez cette toilette sans trop serrer le fil et de manière à ne point laisser d'ouverture : si le foie est gros, il
faut en faire deux morceaux. Mettez rôtir avec de la graisse et du lard entre deux feux ; faites un roux à part et

mettez-le avec le foie lorsque celui-ci a pris couleur; mouillez avec du bouillon, 2 verres de vin, et tournez en même
temps pour délayer le roux ; le liquide doit arriver à peu
près à la hauteur de la viande. Ajoutez échalotes, ail,
oignons, persil hachés, sel, poivre, laissez cuire doucement
environ 1 heure ou 1 heure $\frac{1}{2}$. Coupez le foie en tranches
que vous arrangez sur un plat ; mettez, si vous voulez,
des cornichons coupés par rondelles dans la sauce, et versez-
la sur les tranches de foie.

Foie de Veau à l'Étuvée.

Lardez tout le dessus d'un foie de veau avec des lardons
tournés dans des fines herbes, sel et poivre. Lavez la toilette dans l'eau tiède afin de pouvoir l'étendre sans la dé-
chirer ; enveloppez le foie dedans, liez-le et le mettez dans
une casserole foncée de bardes de lard avec sel, poivre,
oignon, bouquet de persil. Couvrez et laissez cuire à petit feu ; à moitié de la cuisson, ajoutez un verre de vin
rouge. Il faut à peu près 2 heures pour le cuire.

Autre Manière.

Lardez le foie et le mettez dans une casserole foncée
de bardes de lard ; saupoudrez-le de chapelure ; ajoutez
des échalotes hachées, 1 feuille de laurier, 2 clous de giro-

fle, un peu de citron, si on en a, du poivre et du sel; faites cuire à l'étouffée; ¼ d'heure après, c'est-à-dire lorsque le foie est bien revenu, versez-y du bouillon et un verre de bon vin rouge; laissez cuire à peu près ½ heure. Dressez-le entier sur le plat de service, et l'arrosez de sa sauce, en la passant.

Foie de Veau frit.

Faites blanchir le foie quelques minutes, coupez-le ensuite par morceaux ou tranches, le plus mince possible que vous faites tremper dans du lait pendant une heure. Egouttez, essuyez chaque morceau avec un linge Faites cuire dans une friture chaude sur un feu vif, ne faites que les passer, et les dressez sur le plat. Saupoudrez de sel fin, poivre, mettez de petits morceaux de beurre frais, un fil de vinaigre et couvrez un instant entre deux-feux.

Foie de Veau frit à la Sauce.

Mettez le foie en tranches minces dans une friture bien chaude sur un feu vif; il ne faut que l'y passer pour qu'il soit cuit et tendre, et qu'il ait un goût très délicat. Prenez un morceau de beurre dans une casserole avec ½ cuillerée de farine, quelques échalotes hachées que vous tournez un instant sur le feu; ajoutez sel, poivre, vin et eau ou bouillon; laissez cuire ¼ d'heure et mettez le foie que vous laissez 2 minutes. Servez immédiatement.

Foie de Veau au Lard.

Lardez le foie et le mettez sur le feu dans une casserole avec beurre, graisse, sel, poivre, échalotes hachées. Quand il a de la couleur, ajoutez un peu d'eau ou de bouillon. Faites cuire à petit feu; servez avec son jus ou sur une italienne que vous trouverez au chapitre des Sauces.

Foie de Veau en Bifteck.

Coupez le foie en tranches le plus mince possible; faites-les cuire sur le gril placé sur de la braise bien ardente; laissez-les environ 5 minutes de chaque côté. Dressez sur le plat, saupoudrez de persil haché, sel, poivre; couvrez un instant entre deux feux, ajoutez un filet de verjus ou de vinaigre, ou jus de citron.

Foie de Veau à la Bourgeoise.

Coupez-le par tranches minces, et le mettez dans une casserole avec échalotes, ciboules, persil hachés, un morceau de beurre frais, une pincée de farine, un verre d'eau, autant de vin blanc, sel, poivre. Laissez cuire ½ heure, dressez le foie, et ajoutez une liaison de 3 jaunes d'œufs.

Foie de Veau à la Poêle.

Mettez des tranches minces de foie dans une poêle sur un feu vif avec beurre, beaucoup d'échalotes hachées, sel, poivre. Faites cuire ¼ d'heure au plus, et ajoutez un filet de verjus ou de vinaigre.

Foie de Veau aux Fines Herbes.

Coupez-le mince; hachez bien fin toutes sortes d'assaisonnements. Mettez dans une casserole une couche de foie, puis sel, poivre, beurre, un peu des assaisonnements, ainsi jusqu'à la fin. Fermez hermétiquement, faites cuire doucement au four pendant ¾ d'heure; dégraissez la sauce et la liez, puis mettez un filet de vinaigre et un peu de jus de viande ou de bouillon.

Foie de Veau à la Cuisinière.

Foncez une casserole de bardes de lard sur lesquelles vous placez le foie avec carotte, oignon piqué de girofle, échalotes, ail, laurier, débris de veau si vous en avez, ½ litre de vin et autant de bouillon; couvrez de bardes de

lard, fermez hermétiquement la casserole, et faites cuire dou
cement au four. Lorsqu'il sera cuit, passez la sauce et la
liez avec de la fécule; ajoutez un morceau de beurre
frais, puis versez sur le foie.

Foie de Veau au Vin.

Lardez le foie ou une partie du foie, si vous ne le vou
lez pas entier, et placez-le dans une casserole avec sel,
poivre, un oignon haché fin, du vin à la hauteur du
foie que vous saupoudrez de chapelure. Faites cuire en
tre deux feux.

Foie de Veau en Gâteau.

Comme le foie de boeuf en gâteau, page 114.

Mou de Veau.

Comme le mou de boeuf, page 110 et suivantes.

Pieds de Veau.

On s'en sert dans les gelées où ils sont presque toujours
nécessaires pour leur donner de la consistance. On peut
ensuite les faire frire si on ne veut pas les servir avec
la gelée; toutefois les pieds de veau en gelée constituent à

eux seuls un bon mets froid.

Pieds de Veau en Gelée.

Faites les bien dégorger, puis mettez-les sur le feu avec de l'eau
et du vin blanc, autant de l'un que de l'autre, la viande
doit être couverte par le liquide. Écumez, après quoi mettez du sel, du poivre, un oignon piqué de girofle, ail, laurier, et laissez cuire à petit feu jusqu'à ce que la viande se
détache facilement des os. Otez les plus gras, et coupez les
pieds par morceaux que vous arrangez sur le plat de service. Si vous avez trop de gelée, laissez-la réduire, dégraissez,
clarifiez, passez au travers d'un linge mouillé et la versez
sur la viande. Mettez au frais, pour que la gelée s'affermisse.

Le vin rouge produit une gelée aussi bonne, mais beaucoup moins belle que le blanc.

Manière de clarifier la Gelée.

Lorsqu'on veut avoir une gelée très claire, on commence
d'abord, lorsque la viande est dégorgée, à l'envelopper dans
un linge qu'on coud et on la fait cuire à petit feu comme ci-dessus. Lorsque la viande est cuite, sortez-la de la
casserole; lorsque le liquide est un peu refroidi, mettez-y

par litre de gelée, un blanc d'œuf avec sa coquille que vous écrasez dans la main, le tout débattu pendant quelques minutes. Remettez sur le feu en tournant ; quand cela cuit, retirez de nouveau, laissez déposer quelques instants, passez au travers d'un linge mouillé ; placez de nouveau sur le feu, débattez le jaune d'œuf et l'ajoutez à la gelée que vous tournez. Après quelques bouillons, laissez déposer, passez de nouveau dans un linge mouillé tandis que la gelée est encore chaude, la laissant s'écouler d'elle-même dans un lieu chaud, car si elle refroidissait elle ne passerait plus. Si elle n'est pas très claire, passez-la une 3e fois : presque toujours celle qui coule la première doit être remise dans le linge.

Il faut goûter la gelée avant de la clarifier pour y remettre du sel si c'est nécessaire, et si on ne la trouvait pas assez forte de vin, on pourrait y suppléer par un peu de vinaigre ou de jus de citron.

En été, alors que la gelée est plus difficile à réussir, et chaque fois qu'on a lieu de craindre qu'elle ne soit pas assez ferme, on peut y ajouter de la gélatine que l'on achète préparée par feuillets minces. Elle se conserve longtemps, et devient par là même d'un usage quelquefois plus commode que les pieds de veau. Pour vous en servir, faites la tremper une heure dans l'eau froide, ensuite bouillir, aussitôt qu'elle est fondue, versez-la dans la gelée, dès que celle-ci est cuite.

Pieds de Veau frits.

Faites les cuire dans le pot-au-feu ou à l'eau avec sel, poivre, oignons, persil, laurier. Quand ils sont cuits et refroidis, désossez-les et les coupez en trois. Tournez chaque partie dans de l'œuf débattu (il faut un œuf pour chaque pied) ensuite dans de la mie de pain bien fine à laquelle vous avez mêlé échalotes et persil hachés, sel, poivre ; puis on les met dans du beurre fondu ou de la graisse ; il suffit que la viande baigne à moitié, on la retourne pour faire prendre couleur des deux côtés. Servez à sec ou avec une sauce piquante.

Pieds en Fricassée de Poulet.

Cuisez-les presque complétement dans le pot-au-feu, coupez-les par morceaux que vous tournez sur le feu avec du beurre et un peu de farine ; mettez du bouillon ou de l'eau de manière à baigner les pieds, sel, poivre, échalotes, un peu de persil et de laurier, une

pointe d'ail. Laissez cuire ½ heure, puis ajoutez une liaison de jaunes d'œufs avec crème et fécule.

Pieds de Veau au Vin.

Faites un roux, tournez-y les pieds; mouillez avec
bouillon ou eau ; mettez sel, poivre, assaisonnements
hachés et, à moitié de la cuisson un verre de vin : le
liquide doit arriver à la hauteur de la viande; au moment de servir, un peu de beurre frais.

Autre Manière.

Les pieds étant nettoyés proprement, faites-les cuire
dans le Pot-au-feu ; ôtez les os. Faites revenir échalotes,
persil hachés, une cuillerée farine ; mouillez de bouillon ou d'eau, un bon verre de vin. Mettez-y les pieds
que vous faites cuire quelques instants pour qu'ils prennent goût.

Pieds de Veau au Jus.

Les pieds étant cuits à l'eau, arrosez-les de jus de viande.
De cette sorte ils sont très légers pour les malades.

Pieds à la Sauce Robert.

Lorsque les pieds de veau sont cuits dans le Pot-au-feu.

coupez-les par morceaux et accommodez-les comme le gras-double à la Sauce Robert, page 105.

Ris ou Blanc de Veau.

Quelle que soit la façon à laquelle on se propose de l'accommoder, il faut toujours le dégorger à l'eau tiède, puis le blanchir quelques minutes dans l'eau bouillante ou dans le Pot-au-feu.

Ce mets est léger pour les malades.

Ris de Veau en Fricassée de Poulet.

Mettez un morceau de beurre frais dans une casserole, tournez-y une cuillerée de farine, puis le ris de veau, mouillez de bouillon ou d'eau, ajoutez sel, poivre, échalotes, une pointe d'ail, peu de persil ; laissez cuire $\frac{1}{4}$ d'heure ou 20 minutes. Dressez le ris de veau, passez la sauce et remettez-la sur le feu ; quand elle cuit, ajoutez une liaison d'un jaune d'œuf délayé avec une cuillerée de crême. Si c'est pour garniture de vol au vent, faites la sauce plus épaisse.

Ris de Veau au Vin.

Mettez le blanc de veau sur le feu avec beurre frais et le saupoudrez d'une bonne pincée de farine ; retournez-le de temps en temps : quand il a pris couleur, ajoutez bouillon, vin, sel, poivre, oignon, échalote, pointe d'ail, très peu de laurier, de persil ; faites cuire, et en servant, arrosez d'un peu de jus de viande si vous voulez.

Ris de Veau au Lard.

Le ris étant blanchi et refroidi, lardez-le avec une brochette bien fine et le mettez dans une casserole avec graisse au fond, oignons, échalotes, ail, laurier, carottes, navets, poireaux, etc, un peu de beurre frais. Lorsqu'il a pris une belle couleur, mouillez de quelques cuillerées de bouillon, et laissez cuire en l'arrosant de temps en temps de son jus. On peut le servir seul ou autour d'un gâteau d'endives, de choux-fleurs, ou encore avec telle sauce que l'on voudra.

Ris de Veau en Papillotes.

Retournez le ris dans de la mie de pain assaisonnée de persil, échalotes, un peu d'ail hachés, sel, poivre. Enveloppez-le dans une feuille de papier graissé, roulez les bords que vous n'avez pas graissés. Posez une autre feuille graissée sur le gril, et le ris de veau dessus.

Il faut environ une demi-heure pour le cuire à petit feu.

Ris de Veau aux fines Herbes.

Hachez des échalotes, cerfeuil, ciboules, persil, un peu d'ail, y ajoutant sel et poivre, beurre frais; piquez le blanc de veau en différents endroits pour y faire entrer le beurre et les fines herbes; mettez-le dans une casserole avec quelques tranches de lard, ½ verre de vin blanc, autant de bouillon, un peu de farine; faites cuire à petit feu; dégraissez, et si vous avez du jus de viande, ajoutez-en une cuillerée ou une liaison de deux jaunes d'œufs.

Ris de Veau frit.

Coupez-le en trois et le faites mariner 1 heure ou 2 dans du beurre que vous mettez sur le feu pour le fondre et y tourner une pincée de farine, ½ verre de vinaigre, un verre d'eau, des clous de girofle et autres assaisonnements. Faites égoutter, essuyez, farinez et le jetez dans une friture où il baigne à moitié, sur un feu vif. Servez garni de persil frit.

Ris de Veau en Croquettes.

Coupez le ris par morceaux; faites une blanquette que vous trouverez au chapitre des Sauces; jetez-y la viande et laissez refroidir; retirez-la, tournez-la dans de l'œuf battu

t panez de mie de pain , puis jetez dans une friture chaude, sur un feu vif.

Autre Manière.

Trempez chaque morceau dans une pâte comme celle
qui est indiquée à l'article Cervelle en Beignets, page 107,
et faites frire de même.

Ris de Veau au Gratin :

Coupez-le en tranches que vous rangez en couronne sur
le plat de service ; garnissez les vides avec un bon hachis
de viande. Mouillez avec 2 ou 3 cuillerées de jus ou de
bouillon ; saupoudrez le tout de chapelure et faites cuire
entre deux feux.

Ris de Veau en Gâteau.

Hachez-le avec persil, échalotes, peu d'ail ; ajoutez de la mie
de pain trempée dans du lait ; des œufs : le jaune d'abord,
1 ou 2 cuillerées de jeune crème par œuf, plus ou moins
selon que la pâte est épaisse, puis les blancs d'œufs battus
en neige. La pâte doit être un peu coulante. Beurrez un
moule au fond duquel vous placez un papier beurré aussi ;
et le hachis ensuite ; faites cuire au four, chaleur ordinaire. Pour servir, arrosez de jus de viande.

Ces quatre dernières manières sont propres à utiliser les blancs de veau déjà servis.

Oreilles de Veau.

Faites-les cuire avec bon bouillon, vin blanc, un peu de citron ou de vinaigre, bouquet garni, sel, poivre, lard. Servez avec la sauce dégraissée et liée, ou avec un ragoût de petits pois.

Oreilles de Veau farcies.

Faites un bon hachis de viande, et remplissez-en les oreilles cuites dans le Pot-au-feu ; ficelez-les, puis faites cuire avec beurre frais et lard.

Oreilles à la Sauce Robert.

Faites cuire les oreilles à l'eau ou dans le Pot-au-feu, et les accommodez comme le Gras-double à la sauce Robert, page 105.

Oreilles de Veau frites.

Coupez par tranches des oreilles cuites à l'eau et refroidies : achevez comme pour les Pieds de Veau frits, page 147.

Cervelle de Veau.

Comme celle de bœuf, page 106, seulement il ne faut

que la moitié de temps pour la cuire.

Fraise de Veau.

Avoir soin quand on l'achète de la choisir fraîche, bien
grasse, et d'un beau blanc. Frottez-la avec du sel plusieurs
fois, et la lavez à 5 ou 6 reprises dans de l'eau où vous la
laissez ensuite tremper, pour qu'elle perde son odeur désagréable.

Fraise de Veau en Fricassée de Poulet.

Mettez du beurre sur le feu, tournez-y une grosse cuillerée de farine, puis la fraise déjà cuite à l'eau assaisonnée,
mouillez de bouillon ou d'eau chaude, ajoutez échalotes, gousses d'ail, un peu de persil, très peu de laurier. Quand la
fraise a pris goût, dressez-la dans le plat au fond duquel
vous pouvez mettre des tranches de pain grillées. Passez la
sauce et ajoutez une liaison de 3 jaunes d'œufs avec crême, fécule s'il en faut : versez sur la fraise.

Fraise de Veau frite.

Faites-la cuire à l'eau assaisonnée, coupez-la par morceaux, et faites-la frire comme les Pieds de Veau frits,
page 147.

Autre Manière.

Trempez chaque morceau dans une pâte comme celle de la Cervelle en Beignets, et achevez comme il est indiqué à cet article, page 107. Servez bien chaud.

Fraise de Veau au Gratin.

Mettez sur le feu un morceau de beurre avec des oignons coupés fins ; lorsqu'ils sont cuits et qu'ils commencent à se colorer, ajoutez une pincée de farine, un verre de bouillon, sel, poivre, une cuillerée de vinaigre. Mettez la fraise et laissez mijoter jusqu'à ce que la sauce soit bien liée. Dressez sur le plat de service ; placez autour de la fraise de petits morceaux de pain, longs, larges d'un doigt et grillés au beurre ; masquez le tout d'une sauce bien liée que vous faites avec beurre frais, farine, bouillon, moutarde. Saupoudrez de chapelure et servez.

Fraise de Veau aux Fines Herbes.

Cuisez la fraise à l'eau bien assaisonnée ; faites-la égoutter et la coupez par petits morceaux que vous mettez sur le feu avec du beurre frais, beaucoup d'échalotes et d'ail hachés. En dressant vous pouvez ajouter un filet de vinaigre.

Fraise de Veau au Vin.

Foncez une terrine de bardes de lard sur lesquelles vous placez la fraise cuite à l'eau et égouttée, carotte, oignons, sel, poivre, persil, ciboules, ail, échalotes : si vous avez quelques débris de viandes crues, veau, jambon ou autres, mettez-les avec la fraise. Mouillez largement de vin et d'un peu d'eau : le liquide doit s'élever au moins à la hauteur de la viande que vous couvrez de tranches de lard. Fermez hermétiquement avec de la pâte autour du couvercle et faites cuire au four (chaleur ordinaire). Servez chaud avec la sauce dégraissée et liée de fécule.

On peut se servir d'une tourtière qui couvre bien et ne pas mettre de pâte.

Rognons de Veau.

Rôti avec la longe, on s'en sert pour de bonnes farces, pour des omelettes au gras, et on le met en gâteau.

Rognons de Veau au Vin.

Hachez bien fin un rognon qui a été rôti avec le morceau de veau auquel il tient ; ajoutez-y quelques débris de viande, persil, ciboules, échalotes aussi hachés. 3 œufs entiers, sel, poivre, de la crème douce ce qu'il en faut pour faire une pâte un peu coulante. Beurrez un moule dont vous couvrez ensuite le fond de minces tranches de pain, mettez du brebis, des tranches de pain, ainsi de suite en terminant par le pain que vous parsemez de petits morceaux de beurre. Faites cuire entre deux feux, environ 1 heure, renversez le moule sur le plat de service, et servez ainsi, ou avec une sauce piquante, une italienne, etc.

Rognons de Veau au Vin.

Coupez-le en tranches minces que vous tournez sur le feu avec du beurre et 1 cuillerée de farine ; mouillez d'un verre de vin rouge, ajoutez échalotes et persil hachés, sel, poivre. Laissez cuire 1 d'heure ; servez ensuite.

Manière d'utiliser les restes de Veau.

Le veau rôti qui ne peut plus être présenté comme tel, est accommodé de nouveau et servi sous une autre forme : c'est ce que l'on apprendra par les recettes suivantes.

On fait en outre avec le veau desservi d'excellents hachis, des croquettes, des beignets, des rissoles dont on trouvera l'explication à la fin de ce chapitre.

Veau rôti au Roux.

Faites un roux que vous mouillez avec du bouillon, un peu de vin, et ajoutez échalotes, ail, persil hachés, sel, poivre, laissez cuire ; versez sur le morceau de veau, s'il est très-cuit rôti ; sinon, coupez la viande par tranches que vous chauffez dans le roux.

Veau rôti en Blanquette.

Faites une blanquette comme elle est indiquée au chapitre des sauces, et faites-y chauffer les tranches de veau.

Veau rôti aux Fines Herbes.

Coupez-le par tranches et le préparez comme le bœuf aux fines herbes, page 117.

Veau rôti Grillé.

Coupez par tranches et achevez comme pour le veau grillé, page 126. Servez de même.

Veau rôti à différentes Sauces.

Faites-le chauffer dans telle sauce que vous choisirez au chapitre des Sauces ; sauce piquante, au petit-maître, à l'anglaise, italienne, etc.

Veau rôti en Vinaigrette.

Le rôti est bon froid avec sel, poivre, huile et vinaigre ; ou avec une sauce aux œufs durs, à la moutarde, à l'estragon, une ravigote, etc.

Ragoût de Veau desservi.

Grillé. Chauffez un peu le ragoût afin de pouvoir tourner chaque morceau dans sa sauce ; posez-les ensuite sur une assiette ; laissez refroidir, trempez dans de l'oeuf battu, panez de mie de pain, et faites cuire comme le veau grillé, page 126.

Servez garni de persil.

A la Bourdois. Mettez la fricassée dans le plat de service, panez de mie de pain, parsemez ensuite de petits morceaux de beurre frais gros comme un pois. Faites chauffer et prendre couleur entre deux feux, ayant soin de ne pas faire cuire.

Du Mouton.

Le mouton et la brebis surtout fournissent une viande propre à faire de la soupe où l'on met des légumes comme dans la Soupe au Lard ; on choisit alors la poitrine, le collet et les moindres morceaux ; puis, lorsqu'ils sont cuits on les rôtit sur un gril ou au four sur une tôle. Grillée de cette sorte la viande est tendre et de bon goût. Avant de la griller, on peut la tourner dans de la graisse chaude, puis dans la mie de pain mêlée à des ci-

boulés, persil hachés, sel, poivre. Vous pouvez servir avec
une sauce au verjus ou autre sauce piquante.

Le mouton doit être servi bien chaud.

Mouton Rôti.

Le gigot et l'épaule sont les morceaux les plus convenables
pour un rôti. Le mouton doit toujours être assaisonné d'ail:
on en pique dans la viande au moyen d'un couteau à des
distances assez rapprochées. Lardez ou non, à volonté.

Faites chauffer de la graisse ou du beurre fondu, et mettez-y le mouton sur un feu plus vif que pour le veau, lorsqu'il a pris couleur, ajoutez un peu d'eau; couvrez la casserole, laissez cuire. Salez et servez, avec le jus dégraissé,
ou entouré de légumes que vous avez cuits à l'eau et mis ensuite un instant dans la casserole avec le mouton pour leur
faire prendre goût. Il n'y a guère que les pommes de terre,
les petits pois que l'on cuit complètement avec le mouton,
les mettant environ ½ heure avant la cuisson complète de
la viande. Les choux-fleurs ne doivent pas être mis sur
le feu avec le mouton, ils se briseraient; on les arrange
sur le plat de service autour de la viande, et on les arrose du jus où on a mis sel et poivre.

Tous les légumes sont bons avec le mouton, principalement les pommes de terre.

Des nouilles, macaronis, cuits à l'eau, assaisonnés de sel, de poivre, servis autour d'un rôti de mouton et arrosés de son jus, sont excellents.

Pour servir le gigot rôti, entourez le manche d'un papier frisé, ou mettez-le dans un manche à gigot, à ce destiné.

Côtelettes de Mouton au Roux.

Faites mariner le gigot pendant plusieurs jours dans une forte marinade au vinaigre rouge avec sel, poivre, une poignée de graines de genièvre. Lardez si vous voulez, et le faites rôtir. Servez avec une sauce poivrade ou une sauce de gibier.

Côtelettes de Mouton à la Marinière.

Piquez d'ail le gigot que vous lardez ou non, mettez-le dans une casserole avec beurre et graisse, lard, tranches de carotte, de navet, d'oignons, persil, échalotes, sel, poivre. Faites revenir le tout et ajoutez un verre ou deux de vin blanc, un peu de bouillon. Couvrez la casserole et faites cuire au four en arrosant de temps en temps la viande de son jus. Dressez sur le plat, ajoutez au jus dégraissé un peu de beurre frais et de fécule, versez sur le gigot.

Gigot à l'Eau.

Lorsque le gigot est piqué d'ail, mettez-le dans une marmi
te avec assez d'eau pour qu'il y baigne, ajoutez sel, poivre.
Laissez cuire à petit feu jusqu'à ce que l'eau soit réduite et
le gigot assez cuit : il faut environ 4 heures. Laissez alors
roussir le gigot, puis dressez-le. Détachez le jus avec un peu
d'eau chaude ; dégraissez et servez.

Si vous désirez une sauce, saupoudrez de farine le gigot
lorsqu'il a de la couleur, retournez, mouillez de bouillon
ou d'eau, ce qu'il en faut pour la sauce ; laissez environ ½
d'heure, dégraissez, ajoutez un morceau de beurre frais, un
fil de vinaigre.

La poitrine et l'épaule peuvent s'accommoder de même.
Cette manière de cuire le mouton est très bonne, surtout
lorsqu'il est dur.

Gigot à l'Anglaise.

Piquez d'ail le gigot et l'enveloppez dans un linge avec
sel, poivre, laurier et autres épices. Faites-le cuire à l'eau
bouillante pendant autant de demi-heure que le gigot pèse
de kilogr. Retirez-le du linge et le servez avec une sauce aux
œufs et aux câpres, ou aux câpres et aux anchois. (Voir au

Chapitre des Sauces.

Epaule de Mouton.

On peut l'accommoder comme il vient d'être indiqué pour le gigot et de plusieurs autres manières.

Epaule de Mouton farcie.

Détachez la peau de la chair en passant un couteau comme pour la poitrine de veau farcie ; introduisez-y une bonne farce bien assaisonnée, cousez l'ouverture et faites cuire comme la poitrine de veau farcie, page 128.

Epaule de Mouton au Four.

Lardez-la si vous voulez et la mettez dans une terrine avec des oignons coupés en tranches, une carotte, un navet, 2 clous de girofle, $\frac{1}{2}$ feuille de laurier, un ou deux verres d'eau, sel, poivre. Mettez le couvercle et soudez-en les bords avec de la pâte de grosse farine ; faites cuire au four. Pour servir, passez la sauce et pressez fort les légumes, afin qu'ils fassent une purée claire pour lier la sauce qui doit être dégraissée.

Epaule à la Ste Ménéhould.

Faites-la cuire avec un peu de bouillon et assaisonnements

-ntiers ; égouttez-la, puis la mettez sur le plat de service. Préparez une sauce bien liée en prenant un morceau de beurre, 1 cuillerée de farine, quelques cuillerées de la cuisson de l'épaule, 3 jaunes d'œufs ; versez cette sauce sur l'épaule, puis la panez de mie de pain et arrosez doucement avec du beurre. Faites prendre couleur, laissez couler la graisse et servez sur une sauce à l'échalote, ou simplement du jus, du sel et du poivre.

Saucisson d'une Épaule de Mouton.

Désossez l'épaule que vous étendez ensuite le plus possible en l'aplatissant avec un couperet, couvrez le côté intérieur d'une bonne farce de viande sur laquelle vous arrangez des cornichons et du jambon coupés en filet, remettez un peu de farce seulement pour couvrir les cornichons et le jambon. Roulez l'épaule et l'enveloppez bien serrée dans un linge que vous cousez ; faites cuire avec un peu de bouillon, un bouquet garni, une gousse d'ail, trois clous de girofle, oignons, carottes, navets, sel, poivre. Lorsque l'épaule est cuite, dégraissez la sauce et la passez ; faites-la réduire s'il y en a trop ; ajoutez une cuillerée de jus de viande avec un peu de fécule. Servez le tout bien chaud.

Poitrine de Mouton braisée.

Coupez-la par morceaux que vous placez dans une casserole avec bardes de lard dessus et dessous ; ajoutez 2 carottes, 3 ou 4 oignons coupés en tranches, laurier, ail, persil. Versez-y du bouillon, faites mijoter pendant 3 heures entre deux feux. Vous pouvez dresser en couronne avec des épinards, de l'oseille ou de l'endive au milieu.

Poitrine de Mouton farcie.

Comme la poitrine de veau farcie, page 128.

Poitrine de Mouton au Roux.

Comme la poitrine de veau au roux, page 126.

Côtelettes de Mouton Grillées.

Faites-les cuire sur le gril à feu vif ; quand elles sont cuites d'un côté, retournez-les, ½ d'heure environ suffit. Dressez-les sur le plat, en y ajoutant, si vous voulez, un peu de beurre frais. On peut les mettre sur épinards, oseille, etc.

Côtelettes de Mouton panées et grillées.

Trempez chaque côtelette dans du beurre frais chauffé de manière à être coulant, et où vous avez mis persil, ciboules hachées, sel, poivre, panez ensuite les côtelettes de mie de pain et les faites cuire sur le gril. Il est bon de les arroser avec un peu de beurre pendant qu'elles cuisent, elles seront moins sèches. — Servez-les seules, ou avec une sauce piquante, telle que sauce à la moutarde, ravigote, etc.

Côtelettes de Mouton au Beurre.

Mettez les côtelettes dans une casserole avec un morceau de bon beurre ; passez-les sur un petit feu en les retournant de temps en temps, jusqu'à ce qu'elles soient cuites ; retirez-les de la casserole où vous laissez environ ½ cuillerée de graisse et y mettez un verre de bouillon, de l'échalote hachée, sel, poivre ; faites cuire quelques minutes ; ajoutez une liaison de 2 ou 3 jaunes d'œufs, un peu de muscade et du jus de citron ou un filet de vinaigre.

Autre Manière.

Mettez du beurre fondu dans une poêle et lorsqu'il est bien chaud, faites-y rôtir les côtelettes. Quand elles sont d'un beau jaune, ajoutez poivre, sel ; couvrez-les afin qu'elles soient plus tendres. Dressez-les dans le plat que vous couvrez aussi pour conserver les côtelettes chaudes ; mettez du persil haché dans la poêle avec le reste du beurre, et versez sur les côtelettes.

Côtelettes de Mouton à la Ravigote.

Mettez-les dans une casserole avec du beurre, passez-les

sur le feu et y mettez une pincée de farine, mouillez d'un peu de bouillon, ajoutez un bouquet garni, ail, girofle. Faites cuire à petit feu ; dégraissez, débattez 1 ou 2 jaunes d'œufs avec un peu d'eau et les mettez dans la sauce comme une liaison avec cerfeuil, estragon, civette, cresson, etc, hachés.

Côtelettes de Mouton au Roux.

Battez-les et les faites cuire à moitié sur le gril ou dans une poêle avec graisse ou beurre fondu. Préparez ensuite une sauce : pour 1 livre de côtelettes, 30 grammes de beurre dans lequel vous faites jaunir 1 cuillerée de farine, échalotes, ail ; mouillez d'eau et d'un verre de vin ; sel, poivre, girofle, laurier ; mettez-y les côtelettes et laissez achever de cuire, environ $\frac{1}{2}$ heure.

Côtelettes de Mouton à la Marinière.

Coupez-les épaisses et assez courtes ; mettez-les dans une casserole avec un peu de beurre. Lorsqu'elles sont colorées, mouillez d'un verre de vin blanc, faites cuire à petit feu avec une douzaine de petits oignons blancs : $\frac{1}{2}$ heure après ajoutez du lard, une carotte, un panais ou un navet, le tout coupé en tranches minces, étroites, longues de deux ou trois centimètres, persil haché, sel, poivre, un fil de vinaigre. Lorsque les côtelettes sont cuites, dressez-les avec les oignons autour, le lard et les racines dessus.

Côtelettes de Mouton farcies.

Faites-les cuire avec de l'eau, du sel, des épices; laissez réduire l'eau et roussir les côtelettes. Retirez-les, et lorsqu'elles sont refroidies, enveloppez chaque côtelette d'une bonne farce de viande que vous unissez avec le couteau; mettez-les dans une tourtière et les panez de mie de pain bien fine; faites-les cuire au four ou dans une friture chaude. Servez sur une sauce claire.

On peut utiliser de cette manière des côtelettes grillées et desservies.

Autre Manière.

Comme les Côtelettes de Veau farcies, page 134.

Haricot de Mouton.

Coupez une épaule ou une poitrine de mouton par morceaux, ou prenez des côtelettes courtes et épaisses. Faites un roux avec du beurre et une cuillerée de farine; lorsqu'il a assez de couleur, mettez-y la viande, lui faisant faire 5 ou 6 tours, mouillez avec environ ½ litre d'eau chaude que vous versez peu à peu, en remuant toujours le roux afin qu'il soit bien délayé sans grumeaux ; ajoutez sel, poivre, bouquet garni, une feuille de laurier, un oignon piqué de girofle, une gousse d'ail ; faites cuire à petit feu. Epluchez des navets tendres et les coupez par tranches fines ou en forme de bâtonnets ; faites-les revenir dans de la graisse sur le feu jusqu'à ce qu'ils aient une belle couleur ; mettez-les avec la viande lorsque celle-ci est cuite aux ¾ ; laissez achever de cuire, et servez les navets autour de la viande.

On fait aussi le haricot avec des carottes ou des pommes de terre, ou même avec ces légumes réunis.

Le nom donné à ce mets vient de ce qu'autrefois il se faisait avec des haricots.

Il faut toujours le servir très chaud.

Mouton au Riz.

Faites revenir dans de la graisse une épaule ou autre morceau de mouton, puis le faites cuire avec eau, sel, poivre, bouquet garni, une gousse d'ail, ½ feuille de laurier, 2 oignons, des clous de girofle. Une heure avant la cuisson complète de la viande, mettez-y du riz lavé 3 ou 4 fois dans de l'eau tiède. Dressez la viande sur le plat et le riz autour.

Mouton à la Sauce.

Prenez de la poitrine, des côtelettes, ou tel autre morceau

que vous voudrez ; mettez-le dans une casserole avec assez
d'eau pour le couvrir, puis un verre de vin, ou jus de citron,
sel, poivre, laurier, girofle, bouquet de persil. Couvrez, faites cuire. Dressez la viande sur un plat ; ajoutez du persil
haché à la sauce, et liez-la avec de la fécule. On peut
encore mettre des câpres, si on les aime, et en place de fécule une croûte de pain que l'on a fait cuire avec la viande
et que l'on écrase dans la sauce.

Mouton au Four.

Lardez, si vous voulez, une épaule ou autre morceau que
vous avez choisi. Mettez dans une terrine 2 ou 3 oignons,
une carotte, un panais, ou à défaut un navet, le tout coupé en tranches, 2 clous de girofle, ½ feuille de laurier, 1
ou 2 verres d'eau, sel, poivre ; placez ensuite la viande.
Couvrez et soudez les bords du couvercle avec de la pâte de
grosse farine ; faites cuire au four. Pour servir, passez la
sauce, et pressez fort les légumes afin qu'ils fassent une
purée claire pour lier la sauce qui doit être dégraissée.

Mouton à la Daube.

Coupez la viande par morceaux et la faites roussir dans
du beurre fondu ou de la graisse ; tournez-y ensuite un peu

de farine ; ajoutez échalotes, ails, oignons hachés bien fins , sel,
poivre, bouillon ou eau, et à moitié de la cuisson un peu
de vin ou un fil de vinaigre. Laissez cuire et servez chaud.

On peut encore accommoder le mouton en bœuf à la mode.

Langue de Mouton.

Il faut toujours la faire cuire à l'eau et la peler; on l'accommode ensuite. Elle est meilleure que celle de veau, on
peut l'apprête de même. Voir Langue de Bœuf, page 150.
et suivantes.

Langue de Mouton Grillée.

Fendez la langue en deux et faites-la mariner avec de
l'huile ou de la graisse de pot-au-feu, persil, ciboules, une
pointe d'ail, le tout haché, sel, poivre ; panez de mie de
pain et faites cuire sur le gril. Servez avec une sauce
claire et piquante, ou une sauce mêlée (Voir au chapitre des Sauces).

Langue de Mouton en Papillotes.

Coupez-la en deux et la marinez comme ci-dessus; mettez chaque partie de la langue dans une feuille de papier
blanc graissée, avec assaisonnements et bardes de lard
dessus et dessous ; tortillez les bords du papier de manière
qu'il ne s'échappe rien en cuisant. Posez une autre feuil-

le de papier sur le gril où vous faites cuire à petit feu, servez avec le papier qui sert d'enveloppe. Il faut avoir eu
soin de n'en pas graisser les bords.

Langue de Mouton à la Flamande.

Epluchez et coupez en tranches 2 ou 3 oignons que vous
passez sur le feu dans du beurre jusqu'à ce qu'ils commencent à se colorer, saupoudrez-les d'une pincée de farine et
mettez un verre de vin blanc, échalotes, ciboules, persil
hachés très-fin, sel, poivre, un fil de vinaigre. Faites bouillir jusqu'à ce que les oignons soient cuits ; mettez-y les
langues fendues en deux, sans être séparées ; laissez cuire
$\frac{1}{4}$ d'heure, puis servez.

Langue de Mouton à la Gasconne.

Coupez une langue en 5 ou 6 morceaux ; prenez un plat
qui endure le feu, et mettez dans le fond un peu de beurre mêlé à du persil, ciboules, ail, le tout haché bien
fin, sel, poivre ; arrangez dessus les morceaux de langue
et les couvrez des mêmes assaisonnements qui sont
dessous ; saupoudrez de mie de pain, parsemez de petits
morceaux de beurre gros comme des pois. Faites prendre couleur et cuire entre deux feux.

Manière de conserver les Boyaux de Mouton.

On emploie les boyaux de mouton pour les petites saucisses, et il n'est pas toujours facile d'en trouver de frais. On peut en conserver pendant une année par le procédé suivant: Après les avoir nettoyés, formez-en de petits rouleaux en les tournant autour de la main; arrêtez le dernier bout et le laissez dépasser pour plus de facilité à les dérouler plus tard. Posez-les sur une planchette, couvrez-les de sel et les tenez en lieu bien chaud. 8 jours après, retournez-les et remettez du sel. Une fois secs, conservez-les à l'abri de l'humidité.

Quand on veut s'en servir, on les fait tremper la veille dans de l'eau tiède.

Manière d'utiliser les restes de Mouton.
En Salmis.

Faites fondre un morceau de beurre et tournez-y un peu de farine que vous ne laissez pas roussir; mouillez de vin rouge et de bouillon ou d'eau chaude; mettez des échalotes, persil, oignons hachés, moutarde, les os de la viande que vous voulez chauffer et que vous avez coupée par tranches. Laissez cuire $\frac{1}{2}$ heure.

passez la sauce où vous jetez les morceaux de viande et les faites chauffer sans cuire ; ajoutez un jus de citron où un filet de verjus. Servez sur des croûtons de pain grillés dans du beurre, et arrosez le tout avec la sauce.

Au Roux.

Coupez par tranches minces les restes d'un morceau rôti. Faites un roux que vous mouillez de bouillon, salez, poivrez laissez cuire quelques instants ; mettez un morceau de beurre frais et le mouton. Laissez chauffer ; en servant ajoutez cornichons hachés et filet de vinaigre.

Autre Manière.

Mettez les tranches de viande dans la casserole avec oignons, échalotes, persil hachés, farine, une tranche de citron ; mouillez avec autant de vin que d'eau ; laissez cuire $\frac{1}{4}$ d'heure, ajoutez un peu de beurre frais et servez.

En Haricot.

Vous pouvez remettre du mouton rôti en haricot, de cette manière : faites revenir des navets dans du beurre et du lard ; quand ils sont de belle couleur, jetez-les dans un roux ; $\frac{1}{4}$ d'heure après ajoutez la viande coupée par morceaux. Lorsque les navets sont cuits, servez les autour de la viande.

En Crépine.

Coupez en tranches du mouton rôti. Faites cuire avec un

morceau de beurre des oignons coupés (1 oignon pour chaque morceau de viande). Quand les oignons sont cuits, ajoutez sel, poivre, jus de viande ou bon bouillon gras, en quantité suffisante pour former un hachis assez épais. Prenez de la crépine ou toilette de porc, faites-la tremper dans l'eau afin qu'elle puisse s'étendre; coupez-la en autant de parties que vous avez de morceaux de viande; placez sur la crépine une tranche de viande entre 2 couches de hachis. Enveloppez le tout avec la crépine, et collez-en les bords avec du blanc d'œuf; trempez dans de l'œuf bien débattu, panez de mie de pain; arrangez sur une tôle la viande ainsi préparée: arrosez le dessus de bonne graisse ou d'huile d'olive; faites cuire entre deux feux. Servez avec une sauce piquante.

On peut accommoder de cette manière des côtelettes desservies.

Gigot Haché.

Prenez un gigot rôti et desservi, enlevez-en toute la chair et râclez l'os afin qu'il soit net et blanc. Faites avec cette viande un bon hachis épais et bien assaisonné. Mettez dans une tourtière la moitié de ce hachis, lui donnant la forme du gigot; placez l'os sur ce hachis et recouvrez le de l'autre moitié, l'élevant davantage au milieu pour qu'il ait une forme bombée comme un vrai gigot. Unissez avec un couteau, passez un pinceau mouillé sur le dessus du hachis que vous saupoudrez de chapelure et où vous mettez de petits morceaux de beurre frais.

Faites cuire ½ heure, et servez sur une sauce piquante, une italienne ou autre, ayant soin de mettre d'abord la sauce dans le plat et le gigot dessus.

A différentes Sauces.

Coupez par tranches le mouton desservi et le faites chauffer sans bouillir dans une sauce de gibier, une sauce au chevreuil; ou le servez froid avec une sauce béarnaise, une ravigote, etc.

———————————

De l'Agneau.

Les quartiers se servent ordinairement rôtis, celui de devant est plus délicat que celui de derrière.

On peut encore les mettre en fricandeau comme le fricandeau de veau, page 130, et les servir de même.

L'agneau rôti desservi se chauffe dans une blanquette, ou une béchamel, ou une sauce brune, etc: on coupe alors la viande par morceaux avant de la faire chauffer.

Issues d'agneau en Fricassée de Poulet.

La tête, le foie, le cœur, le mou et les pieds sont compris

sous la dénomination générale d'issues. Otez les mâchoires de la
tête ; coupez les autres parties par morceaux. Faites-les dégorger, ensuite blanchir quelques minutes à l'eau bouillante.
Tournez une bonne cuillerée de farine dans du beurre sur le
feu, et y mettez la viande ; mouillez d'eau chaude peu à peu
en tournant ; ajoutez sel, poivre, échalotes, persil ; lorsque
la viande est cuite, dressez la tête au milieu du plat de service, en découvrant la cervelle, arrangez les autres morceaux
autour de la tête. Passez la sauce, remettez-la sur le feu ; lorsqu'elle cuit, ajoutez-y une liaison de 3 jaunes d'œufs avec
crème, et, si c'est nécessaire, un peu de fécule ; versez la sauce
sur la viande.

Tête d'Agneau.

Otez les mâchoires et le museau ; faites cuire la tête à petit feu avec du bouillon, du vin ; la moitié d'un citron dont
vous avez enlevé la peau, ou un peu de verjus, un bouquet
garni, sel, carottes, navet. Quand la tête est cuite, mettez-
la sur le plat de service, la cervelle à découvert ; versez dessus telle sauce que vous voudrez : à l'anglaise, italienne, etc. ;
vous pouvez en faire une avec la cuisson de la tête, y
mettant 3 jaunes d'œufs débattus avec un peu d'eau, et
une pincée de persil haché.

Côtelettes d'Agneau.

On peut les griller comme celles de mouton, page 165.

Côtelettes d'Agneau panées et grillées.

Faites revenir les côtelettes dans de la graisse, retirez-les et les tournez dans du beurre chaud auquel vous incorporez quelques jaunes d'œufs ensuite dans de la mie de pain, puis les grillez à petit feu. Servez-les avec une sauce claire et piquante au citron, au verjus, ou autre.

Du Chevreau.

Le chevreau se sert, comme l'agneau, presque toujours rôti, surtout les quartiers qu'on larde à volonté. Le foie peut être accommodé comme le foie de veau à l'étuvée, page 140. Les rôtis desservis se remettent de même en blanquette, à la béchamel, ou autre sauce.

Chevreau en Fricassée de Poulet.

Coupez la viande par morceaux que vous faites revenir dans du beurre et un peu de farine, mouillez d'eau chaude que vous versez peu à peu en tournant, et en quantité suf-

fisante pour baigner la viande : ajoutez sel, poivre, échalotes,
ail, un peu de persil et de laurier, faites mijoter. Quand la
viande est cuite, retirez-la ; passez la sauce que vous remettez sur le feu ; lorsqu'elle cuit, ajoutez-y une liaison de jaunes d'œufs avec crème.

Chevreau farci.

Coupez la tête ainsi que le cou. Préparez une bonne
farce de viande ; remplissez-en le chevreau, cousez l'ouverture, ficelez et le faites rôtir à feu doux ; à moitié de la
cuisson, saupoudrez le chevreau de mie de pain très fine
mêlée à du persil haché ; arrosez d'un peu de vin blanc.
Pour servir, on peut l'accompagner d'une sauce piquante
ou telle autre que l'on voudra.

Viande de Porc.

Le porc est d'une grande utilité dans un ménage puisqu'il fournit le lard dont on ne peut, pour ainsi dire, se
passer en cuisine, étant le condiment nécessaire des autres viandes dont il relève le goût, et une précieuse res-
source pour tous les légumes qu'on veut accompagner en
gras. Il y a aussi les jambons qu'on peut saler et fumer

pour les avoir ou besoin durant tout le cours d'une année. Avec la viande maigre du porc, on fait des saucisses que l'on conserve de même pour s'en servir à l'occasion; de plus le porc frais peut faire de la soupe où l'on met des légumes qu'il suffit ensuite d'assaisonner de sel et de poivre; la vian-de peut alors se servir comme du bœuf bouilli, ou bien être rôtie sur un gril ou au four, ce qui en fait encore un bon mets. On fait aussi avec le porc frais d'excellents rôtis. Il faut cependant ajouter que cette viande est dif-ficile à digérer pour les estomacs délicats, que parconsé-quent elle ne convient point aux malades.

Viande de Porc rôtie.

Tous les morceaux du porc peuvent être rôtis sauf le lard. Chauffez de la graisse ou du beurre fondu, et mettez-y le morceau de viande que vous voulez rôtir; faites prendre couleur et cuire comme le rôti de veau. Servez avec le jus dégraissé ou entouré de légumes cuits à l'eau auparavant, assaisonnés de sel, poivre, et arrosés de jus. Il n'y a que les pommes de terre que l'on peut cuire avec la viande, les mettant ½ heure avant la cuisson complète de celle-ci.

Toutes les pâtes, nouilles, macaronis, &c, peuvent de mê-

me accompagner la viande de porc rôtie.

On peut aussi servir avec le rôti de porc une sauce à la moutarde.

Le porc rôti desservi peut être accommodé à toutes les façons indiquées pour le bœuf bouilli; chauffé dans une sauce Robert, il est très bon, ainsi qu'avec une sauce ravigote, aux œufs durs, ou autre.

Cette viande s'emploie encore pour des croquettes, des hachis, des rissoles, des beignets de viande, etc.

Epaule de Porc au Riz.

Faites rôtir une épaule; et, lorsqu'elle a une belle couleur, cuisez-la avec eau chaude, sel, poivre, bouquet garni, oignon piqué de girofle, laurier, ail, échalotes. Environ 1 heure avant la cuisson complète de la viande, mettez-y à peu près ½ livre de riz; laissez achever de cuire le tout ensemble. Enlevez les épices et servez le riz autour de la viande.

Epaule de Porc au Roux.

Faites roussir une épaule, et lorsqu'elle a assez de couleur; saupoudrez-la d'une poignée de farine; retournez-la 2 ou 3 fois; mouillez d'eau chaude que vous verserez peu à peu en tournant jusqu'à ce que vous en ayez mis assez pour baiguer la viande ; ajoutez, sel, poivre et assaisonnements entiers. Laissez cuire à petit feu. Si la sauce se réduit trop, remettez un peu d'eau. Enlevez les assaisonnements. Dressez la viande, arrosez-la de la sauce où vous pouvez ajouter un fil de vinaigre, un peu de moutarde, des cornichons coupés en rouelles.

Viande de Porc aux Pommes de terre.

Faites cuire le morceau de viande comme l'Épaule au Roux, et ½ heure avant de servir, mettez des pommes de terre pelées et coupées en tranches. Lorsque le tout est cuit, servez les pommes de terre autour de la viande.

Viande de Porc à la Daube.

Coupez la viande par morceaux que vous tournez dans un roux, mouillez d'eau chaude, ajoutez oignons, échalotes, ail, persil hachés, sel, poivre, et à moitié de la cuisson un peu de vin. Lorsque la viande est cuite, dégraissez si c'est nécessaire, et servez.

Grenadines.

Prenez de la grillade blanche que vous coupez par tranches minces, et faites comme il est dit à l'article Grenadines de

Veau, page 135.

Tranches de Porc à la Minute.

Comme le Veau à la minute, page 123.

Tranches de Porc en Saucissons.

Comme les Saucissons de tranches de bœuf, page 98.

Côtelettes de Porc grillées.

Faites cuire les côtelettes sur le gril à petit feu. Saupoudrez de sel et les servez. On peut, avant de les griller, les faire cuire, totalement ou en partie, dans le Pot-au-feu, et les rôtir au four dans une tôle : elles sont plus tendres, mais moins savoureuses.

Autre Manière.

Coupez les côtelettes de porc en laissant la grillade blanche après, de sorte qu'étant séparées elles ressemblent à des côtelettes de veau. Aplatissez-les et leur donnez une belle forme ; saupoudrez-les de sel fin des deux côtés et les faites cuire sur le gril. Servez-les au naturel, ou avec une Sauce Robert, une Sauce à la moutarde, à l'estragon, aux œufs durs, etc.

Côtelettes de Porc en Ragoût.

Coupez-les aussi en forme de côtelettes de veau, aplatissez-les et les faites rôtir dans du beurre, lorsqu'elles ont assez de couleur: saupoudrez-les d'une pincée de farine, mouillez moitié bouillon, moitié vin blanc; ajoutez sel, poivre, ciboules, ail, clou de girofle. Couvrez la casserole, laissez cuire, dégraissez et servez à courte sauce. On peut ajouter des cornichons confits coupés en rouelles.

Autre Manière

Coupez les côtelettes comme ci-dessus et les mettez au four avec beurre frais jusqu'à ce qu'elles aient pris couleur des deux côtés. Ajoutez échalotes, persil hachés très fin, un peu d'eau et de vin blanc. Couvrez; laissez cuire. Arrangez les côtelettes sur le plat; mettez dans la sauce une liaison de jaunes d'œufs délayés avec un peu d'eau et versez sur les côtelettes.

Côtelettes farcies.

Comme les Côtelettes de Veau farcies, page 134.

Côtelettes à la Sauce Brune

Coupez les côtelettes en forme de côtelettes de veau; faites-les rôtir à petit feu; grillez de la mie de pain avec des oignons hachés, mouillez de bouillon ou d'eau, un peu de vin, sel, poivre, laurier, citron, le jus des côtelettes que vous dressez. Laissez cuire 10 minutes et versez cette sauce sur les côtelettes.

Filet de Porc Grillé.

Faites-le rôtir sur un gril à feu doux, et le servez sec ou avec une sauce aux œufs durs, à la moutarde, etc.

Filet de Porc en Fricandeau.

Laissez-le dans sa longueur ou l'arrondissez, et le faites cuire comme le fricandeau de veau, page 130. Servez-le aussi de même.

Filet de Porc à la Mie de Pain.

Donnez au filet la forme ronde; placez-le dans du beurre fondu bien chaud et dans une casserole de sa dimension. Faites-lui prendre couleur des deux côtés, saupoudrez-le ensuite de mie de pain, sel, poivre, oignon, échalotes, un peu d'ail, persil hachés. Mettez-le au four. Lorsque la mie de pain est d'un beau jaune, ajoutez un verre de bouillon; couvrez la casserole, laissez cuire; et en dressant, mettez un filet de verjus ou de vinaigre.

Filet de Porc au Vin.

Donnez-lui telle forme que vous voudrez; lardez-le et le faites cuire avec beurre et graisse. Quand il a assez de au feu, ajoutez sel, poivre et ½ verre de vin.

Tête ou Hure de Porc

Il faut avoir soin de la faire couper assez loin, c'est-à-dire prendre une partie du cou. Fendez-la en dessous, détachez la couenne sans l'endommager et y laissez les oreilles, puis la faites dégorger pendant plusieurs heures. Coupez par tranches longues et étroites, de la viande maigre de porc, du lard frais ou de la bajoue, et si vous voulez du veau ; assaisonnez-les de persil, échalotes, ail, laurier hachés, sel, poivre. Mêlez bien l'assaisonnement à la viande que vous arrangez en long dans la couenne en ayant soin de conserver exactement la forme de la tête. On prend ordinairement la tête d'un porc moyen ; si on trouvait la tête trop grosse, on n'aurait qu'à enlever de la couenne de chaque côté de l'ouverture qu'il faut ensuite coudre exactement lorsque la tête est remplie. Enveloppez-la d'un linge bien serré et cousu, en remarquant où est le haut de la tête pour la maintenir posée sur le bas. Mettez-la sur le feu avec sel, poivre et autres assaisonnements, de l'eau et un peu de vin blanc, de manière que le liquide baigne la tête ; laissez cuire doucement 7 ou 8 heures, si elle est grosse. Retirez-la avec précaution

...r la mettre dans une grosse terrine avec son assaisonnement et sa cuisson, faisant attention, si on doit la servir entière, de la placer bien droite, car quand elle sera froide on ne pourra plus la changer de position. Lorsqu'elle est refroidie, enlevez le linge, mettez la tête sur un plat, tenez les oreilles bien droites au moyen d'un petit bâtonnet.

Si on ne veut pas servir la tête entière, on en coupe de belles tranches en travers, que l'on sert froides aussi.

Langue de Porc.

Comme la Langue de Bœuf. page 100 et suivantes.

Langue de Porc aux Oignons.

Lardez-la ou non, à volonté ; tournez-la dans un roux : lorsqu'elle a pris couleur, mettez du sel, du poivre, et des oignons coupés en tranches, un peu de bouillon ; faites cuire ; en servant, ajoutez un fil de vinaigre.

Langue de Porc au Roux.

Tournez la langue dans un roux que vous mouillez ensuite de bouillon ou d'eau, sel, poivre et autres assaisonnements hachés ; à moitié de la cuisson, ajoutez un verre de vin. Dégraissez, si c'est nécessaire, et servez.

Cœur en Rognons de Porc

On peut cuire le cœur et les rognons dans le pot-au-feu et les manger sans autre préparation; on peut aussi les accom. moder au roux et aux oignons, comme la langue ci-dessus.

Cœur farci.

Comme le cœur de bœuf, page 103.

Cervelle de Porc.

Comme la cervelle de bœuf, page 106.

Foie de Porc.

Il se met à toutes les façons indiquées pour le foie de veau, page 139, et en fromage d'Italie, page 115.

Foie de Porc rôti.

Coupez-le par morceaux que vous enveloppez dans de la crépine ou toilette, auparavant trempée dans l'eau pour qu'elle s'étende bien. Mettez sur un feu ardent, ajoutez sel, poivre; couvrez et achevez de faire cuire sur un feu doux, $\frac{1}{2}$ heure suffit; si on laisse le foie trop longtemps sur le feu, il se durcit. Avant de dresser, mettez un filet de vinaigre.

Foie de Porc aux Pommes de terre.

Préparez le foie comme ci-dessus et le mettez de même sur

un feu ardent pour commencer. Dès que le foie a assez de couleur, ajoutez sel, poivre et de l'eau jusqu'à la hauteur du foie. Couvrez, laissez cuire à petit feu environ ½ heure. Pen-dant ce temps, vous avez fait cuire à l'eau avec assaison-nements des pommes de terre pelées et coupées en quartiers. Ar-rangez-les sur un plat creux, et le foie dessus ; arrosez le tout avec la sauce.

Foie de Porc aux Oignons.

Coupez des oignons en tranches et tournez-les dans un roux, mouillez de bouillon ou d'eau chaude, faites cuire à petit feu ; lorsque les oignons sont presque cuits, met-tez-y le foie que vous avez fait rôtir enveloppé de la toi-lette comme ci-dessus. Achevez de faire cuire, ajoutez un filet de vinaigre, et servez le tout ensemble.

Mou de Porc.

Voir tout ce qui est indiqué pour le mou de bœuf, page 110.

Bajoue.

On s'en sert pour le fromage de cochon ; on peut aussi la cuire et la frire comme les pieds de veau frits, page 147.

Oreilles de Porc.

Comme les oreilles de veau, page 153. On peut aussi les laisser avec le reste de la tête, pour faire le fromage de cochon.

Pieds de Porc.

Comme les pieds de veau, page 144.

Pieds de Porc à la Ste Ménehould.

Fendez les pieds en deux, puis réunissez-les ; ficelez les deux parties ensemble ; mettez-les dans une casserole avec sel, poivre, laurier, oignons piqués de girofle, du bouillon ou de l'eau et du vin blanc, le liquide doit dépasser la viande ; faites cuire à petit feu. Lorsque les pieds sont cuits et presque froids, retirez-les de leur cuisson, séparez-les en deux en ôtant le fil. Trempez chaque partie dans de l'œuf battu, puis les panez de mie de pain bien fine et les grillez entre deux feux. Servez-les à sec, ou avec de la moutarde, ou une sauce aux œufs durs, une ravigote, etc.

Fromage de Cochon.

Prenez toute la tête, et, si vous voulez beaucoup de gelée ou qu'elle soit très ferme, ajoutez-y les pieds, ou seulement un ou deux. Faites dégorger cette viande jusqu'à ce qu'il n'en sorte plus de sang, renouvelez l'eau 2 ou 3 fois par jour.

Mettez sur le feu avec à peu près 2 litres d'eau et autant de vin blanc (il faut que la viande soit couverte par le liquide), écumez bien, ajoutez du sel, du poivre 2 feuilles de laurier, 2 gousses d'ail, deux clous de girofle ; laissez cuire jusqu'à ce que la viande se détache facilement des os. Enlevez les os ; quand la viande est refroidie, coupez-la par tranches; si vous avez trop de gelée, laissez-la réduire, dégraissez-la et la passez dans un linge mouillé; versez-la sur la viande dans un ou dans plusieurs vases aussi larges par le haut que par le bas. Quand le fromage est froid, renversez-le sur le plat de service, et le servez entier, ou coupez-le par tranches.

Gelée Moulée.

Prenez les pieds, les oreilles et la tête d'un porc avec 1 ou 2 pieds de veau car la gelée doit être très ferme ; faites dégorger 1 ou 2 jours, en renouvelant l'eau matin et soir. Mettez sur le feu avec 6 litres d'eau ; écumez ; ajoutez environ 5 litres de bon vin, sel, oignons, bouquet de persil, céleri. Nouez dans un linge du poivre en grains, 6 clous de girofle, une racine de gingembre, de la muscade. Faites cuire le tout jusqu'à ce que la viande se détache facilement des os; retirez-la sur un plat pour la désosser pendant qu'elle est chaude. Étendez une serviette sur laquelle vous mettez deux pieds, et sur les pieds une oreille bien allongée, placez alors le museau, arrangez ensuite par dessus les tranches de viande de la tête, puis l'autre oreille et les deux pieds qui restent; le tout doit avoir à peu près la hauteur d'une main; recouvrez avec la serviette que vous cousez de manière à maintenir la viande bien serrée; placez-la entre deux planches dont la seconde est chargée d'une lourde pierre jusqu'à ce que la viande soit froide. (10 ou 12 heures). Versez la gelée dans un vase au travers d'une passoire, dégraissez-la et la remettez sur le feu pour la clarifier, comme il a été dit, page 145. Si le temps est chaud, ajoutez auparavant 20 grammes de gélatine fondue.

Prenez un moule ou un vase qui ne soit pas plus étroit par le haut que par le bas; mettez-y la hauteur d'un doigt de gelée et faites-la prendre au frais. Quand elle est assez ferme (à peu près à demi refroidie), prenez des amandes pelées d'avance et mises dans l'eau fraîche pour qu'elles soient bien blanches; faites-en des fleurs sur la gelée, des étoiles, des lettres, on peut même écrire des noms entiers. Si vous avez des pistaches, elles font bon effet entre les amandes. Mettez de nouveau la hauteur d'un doigt de gelée que vous laissez encore prendre, et sur laquelle vous placez ensuite les tranches de viande, ayant soin de tenir celle-ci éloignée du bord au moins d'un centimètre. Arrangez sur ce bord, autour de la viande, des amandes et des pistaches ; versez de la gelée que vous faites prendre, mettez de la viande comme la 1ʳᵉ fois avec amandes et pistaches autour, ainsi de suite jusqu'à ce que le moule soit rempli. Placez-le au frais au moins une nuit avant de le renverser. Pour faire sortir facilement la gelée du moule, posez celui-ci un instant dans l'eau chaude ; et, dès que la gelée se détache, renversez sur le plat de service dont le fond doit être de même dimension que le côté plat du moule.

On peut aussi détacher la gelée au moyen d'une serviette mouillée dans l'eau bouillante, 2 fois si c'est nécessaire, et dont on entoure le moule au lieu de le plonger dans l'eau chaude.

On fait des gelées moulées avec toutes sortes de viandes, même avec un foie gras que l'on place entier dans la gelée, sans le mettre en presse auparavant.

Boudins.

Coupez de la graisse de porc (il n'est pas nécessaire que ce soit de la panne) ; mettez-la sur le feu avec des oignons coupés de même, à peu près 3 fois autant d'oignons que de graisse ; quand les oignons sont bien amortis, retirez du feu, ajoutez du pain coupé en tranches et échaudé avec du lait, quelques cuillerées de crème, du sel, du poivre, de la sariette si on en aime le goût, du sang ce qu'il en faut pour rougir le tout ; achevez d'éclaircir avec du lait, de manière à rendre bien coulant. On peut aussi ajouter du laitage, riz ou semoule. Mettez dans des boyaux coupés auparavant de la longueur dont vous voulez faire les boudins, nouez ou ficelez un bout, ne les remplissez pas trop et ficelez l'autre bout. Faites cuire doucement les boudins à l'eau bouillante ; on reconnaît qu'ils sont cuits si, en les piquant avec une épingle, il ne sort plus de sang. Mettrez-les, ayant soin de ne pas les mettre l'un sur l'autre jusqu'à ce qu'ils soient refroidis. Il ne reste plus qu'à les griller pour les servir.

Andouilles de Porc.

Détournez les meilleurs des gros boyaux et les coupez de la longueur que vous voulez donner aux andouilles. Faites blanchir 5 minutes le reste des boyaux et l'estomac ; coupez-les ensuite par petits morceaux ainsi que les rognons et des rognures de viande maigre de porc ; mêlez le tout avec échalotes, ail, persil hachés, sel, poivre. Mettez dans les boyaux que vous ne remplissez qu'aux $\frac{3}{4}$, et faites cuire à l'eau. Quand vous voulez les servir, grillez-les.

Autre Manière.

Après avoir bien lavé les boyaux gras du porc, détournez les meilleurs pour faire les andouilles ; coupez les autres par bouts et les assaisonnez de sel poivre. Remplissez les boyaux aux $\frac{3}{4}$, faites cuire à l'eau. Laissez refroidir et faites griller.

Petites Saucisses.

Hachez 5 livres de viande avec 1 livre de lard frais ; mêlez-y des échalotes et de l'ail aussi hachés, sel, poivre, un peu de coriandre pilée ou écrasée, deux bols de jeune crème, une livre de mie de pain, et même deux si la viande est bien grasse. Entonnez dans des boyaux de mouton : il faut un moule pour les faire. On ne coupe pas les boyaux comme pour les boudins, mais on les enfile dans le bout du moule, un rouleau à la fois.

Manière de les cuire.

Mettez les saucisses dans une tourtière ou une tôle entre deux feux avec du saindoux et du beurre fondu, laissez rôtir doucement pendant $\frac{1}{2}$ d'heure environ ; dressez les saucisses, dégraissez le jus que vous salez et détachez ensuite avec un peu d'eau chaude ; versez-le sur les saucisses.

Petites Saucisses à la Crême.

Lorsqu'elles sont rôties comme ci-dessus, ajoutez au jus, de la crême que vous tournez un instant sur le feu, un fil de vinaigre et servez sur les saucisses.

Petites Saucisses au Vin.

Les petites saucisses étant rôties, arrangez-les sur le plat de service ; mettez dans la tourtière où elles ont cuit du bouillon ou de l'eau chaude, du vin blanc, des échalotes hachées, sel, poivre ; laissez cuire un demi-quart d'heure, ajoutez de la crême, liez avec de la fécule ou un roux. Servez la sauce avec les saucisses.

Petites Saucisses en Fricassée de Poulet.

Mettez-les dans une tourtière ou une tôle entre deux feux avec du beurre et de la graisse, des oignons coupés en tranches, des échalotes ; saupoudrez les saucisses de chapelure ; quand elles sont rôties, ajoutez du vin blanc, du bouillon ou de l'eau chaude ; laissez-les achever de cuire ; retirez-les et mettez dans la sauce une liaison de jaunes d'œufs avec crême. Versez cette sauce dans un plat et placez les saucisses dedans.

Petites Saucisses à la Sauce Brune.

Faites griller de la mie de pain dans du beurre, avec quelques oignons hachés, mouillez de bouillon ou d'eau, un peu de vin, poivre, sel, laurier, citron, si vous en avez. Ajoutez cette sauce au jus des saucisses rôties d'autre part; laissez cuire quelques minutes et versez sur les petites saucisses dans le plat de service.

Saucisses.

Pour 20 livres de viande, 4 livres de lard frais, 16 grammes de poivre, 310 grammes de sel; ail, oignons hachés très fins, $\frac{1}{2}$ litre environ de bon vin rouge. Hachez la viande et les épices, coupez le lard en petits carrés, mêlez le tout: vous pouvez faire immédiatement les saucisses ou laisser la viande couverte 2 ou 3 jours, elle n'en sera que meilleure. Dès que les saucisses sont faites, mettez-les à la cheminée quelques jours; arrangez-les ensuite dans une tonne ou un pot, les serrant le plus possible, puis versez de la saumure dessus pour qu'elles baignent.

On prend ordinairement la saumure du lard: on la fait cuire pour l'écumer, il faut toujours la laisser refroidir avant de la mettre sur les saucisses; lorsqu'elle se couvre d'une peau blanche, on doit la recuire. Il est nécessaire que les saucisses baignent toujours dans la saumure.

Autre Manière.

Pour 16 livres de viande, 310 grammes de sel, poivre; hachez la viande sur une planche bien frottée d'ail chaque fois que vous changez de viande ; ajoutez du lard frais coupé en petits carrés, du vin rouge assez pour rendre la viande glissante. Mettez la viande dans une terrine ou un cuveau, couvrez-la d'un linge et la laissez 2 ou 3 jours ; faites alors les saucisses vous servant de bons boyaux de boeuf. Serrez la viande le plus possible, piquez de temps en temps les boyaux avec une épingle pour en faire sortir l'air. Placez les saucisses à la cheminée où vous les laissez jusqu'à ce qu'elles soient à peu près à moitié sèches; arrangez-les ensuite dans un pot de grès ou de terre. Faites fondre du saindoux ; lorsqu'il est refroidi (cependant encore coulant) versez-le sur les saucisses, de manière qu'elles soient bien couvertes.

On les prend au fur et à mesure du besoin.

Les saucisses conservées de cette manière sont beaucoup meilleures; le saindoux peut être employé comme s'il n'avait pas été sur les saucisses, il y en a simplement un peu de perdu.

Saucisses plates Grillées.

Hachez 1 livre de viande de porc (pas trop maigre) ; coupez en petits carrés un demi-quart de lard frais, mêlez-le à la viande hachée avec du sel, un peu d'écorce de citron coupée fin, une tasse d'eau. Mettez une cuillerée de cette pâte dans de la toilette de porc ; coupez un rognon par petits carrés que vous enfoncez çà et là dans la viande hachée ; recouvrez de la toilette, puis placez ces saucisses dans une tôle beurrée et les saupoudrez de chapelure fine. Laissez prendre couleur et cuire à petit feu ou au four. Vous pouvez les servir sur de la choucroute, des choux Bru-xelles ou autres.

Jambons Frais.

Les jambons frais sont excellents rôtis, surtout cuits au four : on peut alors les servir chauds ou froids.

On peut aussi les faire cuire comme le Bœuf à la mode, page 92 ou comme les pieds de veau au vin, page 148

Lorsque le jambon est coupé en tranches, et qu'au lieu de le cuire entier, l'on n'en prend qu'une partie, il faut le laisser moins de temps sur le feu.

Jambon mariné Rôti.

Faites mariner le jambon dans de bon vin blanc, oignons, carottes en tranches, persil, laurier, ail, échalotes, fermez hermétiquement le vase par un linge et un bon couvercle. Faites
ensuite rôtir et cuire le jambon en l'arrosant de temps en
temps de sa marinade ; lorsqu'il est presque cuit, enlevez la
couenne, saupoudrez-le de chapelure fine, remettez-le au feu
pour le dorer. Servez-le avec sa marinade que vous faites
cuire et réduire à consistance d'une sauce.

Jambon au Naturel.

Faites-le cuire à l'eau, et le laissez refroidir dans sa
cuisson ; enlevez la couenne puis saupoudrez le jambon
de chapelure mêlée à du persil haché.

Autre Manière.

Si le jambon a été salé, il faut le mettre 2 ou 3 jours
dans de l'eau renouvelée plusieurs fois, afin de le bien dessaler. Enveloppez-le dans un linge et faites le cuire avec
quantité égale d'eau et de vin rouge, ajoutez carottes, oignons, ail, persil. Laissez cuire à petit feu pendant
5 ou 6 heures et refroidir dans sa cuisson ; retirez-le alors,
enlevez doucement la couenne sans ôter la graisse : ré-

pandez dessus du poivre, de la chapelure de pain, à laquelle vous pouvez mêler du persil haché. Colorez avec la
pelle rouge et servez froid.

Jambon Braisé.

Faites-le dessaler et le mettez dans un linge comme le
jambon au naturel; mettez-le dans une tourtière ou une
braisière avec oignons, carottes en tranches, bouquet garni, laurier, girofle, etc. Mouillez avec du bouillon; et,
quand le jambon sera à moitié cuit, ajoutez une bouteille de bon vin, laissez achever de cuire. Enlevez ensuite
la couenne du jambon que vous glacez à la pelle rouge, après l'avoir saupoudré de sucre fin, ou faites lui prendre couleur entre deux feux.

Jambon au Four.

Prenez un jambon frais ou sec, pourvu qu'il soit bien
dessalé; faites-le cuire à moitié dans l'eau, puis enveloppez-le d'une feuille de papier blanc et ensuite d'une
abaisse de pâte faite de grosse farine et d'eau. Posez le sur
une tôle, faites-le cuire au four 2 ou 3 heures, et en le
sortant, faites un trou à la pâte et au papier pour é-
couler la graisse. Lorsque le jambon est à peu près re-

froidi, enlevez la pâte et le papier. Servez le jambon à l'ordinaire.

Autre Manière

On peut prendre le jambon frais ou sec, pourvu qu'il
soit bien dessalé. Faites-le cuire au moins à moitié dans
l'eau ; quand il est refroidi, enlevez la couenne, puis enveloppez le jambon d'une abaisse de pâte brisée faite avec
moitié beurre, moitié saindoux (vous trouverez au chapitre des Pâtisseries la manière de faire la pâte brisée) Collez
bien les bords ensemble avec un peu d'eau, afin que la pâte ne puisse s'ouvrir en cuisant ; laissez dépasser le
manche du jambon. Dorez à l'œuf et mettez au four
bien chaud sur une tôle ordinaire Quand le jambon
est presque cuit, retirez-le pour y introduire, par une ouverture que vous ferez dans la pâte, environ ½ litre de bon
vin rouge pour un jambon de moyenne grosseur ; remettez-
le encore au four à peu près ½ heure. Pour le servir,
ornez le manche d'un papier frisé ; n'enlevez pas la pâte qui est très bonne. Vous pouvez le donner froid ou chaud
S'il est chaud, vous le servez avec une italienne lorsque
vous voulez une sauce.

On peut ne cuire qu'une partie du jambon et a-
gir de même.

Jambon à l'Aspic.

Le jambon étant bien dessalé, faites-le cuire à l'eau; enlevez la couenne, excepté près du manche où vous en laissez une longueur de 7 à 10 centim. que vous taillez en crans avec des ciseaux. Saupoudrez de chapelure fine la partie sans couenne; mettez le jambon sur le plat de service; entourez-le d'un rang de gelée hachée et ensuite roulée sur une table; après quoi vous placez de cette gelée coupée en forme de crans pointus; mettez le côté large du cran du côté du jambon, de manière que le bord forme un feston.

Pour faire la gelée on prend des pieds de veau avec autres viandes propres à cela. (Voir la manière de clarifier la gelée, page 145).

Jambon désossé.

Lorsque le jambon est suffisamment dessalé, faites-le cuire à petit feu dans de l'eau, de manière que le liquide soit toujours au dessus du jambon. Lorsqu'il est cuit, retirez-le, enlevez la couenne sans la briser et la mettez sur son beau côté dans le fond d'un vase. Déposez sur cette couenne la viande par filets, entremêlant le gras et le maigre. Ayez soin de remarquer le sens de la viande que vous couvrez d'une planche chargée de pierres. Quand le jambon est froid (10 ou 12 heures après), sortez le du va-se en le renversant sur un plat ; coupez par tranches en travers de la viande.

Autre Manière.

Quand le jambon est bien cuit à l'eau, mettez-le en presse comme ci-dessus, à la différence que vous vous contentez de sortir l'os sans déchiqueter la viande : les tranches seront plus belles, mais le gras et le maigre seront moins entremêlés. Servez comme l'autre.

Jambon Grillé ou en Cincaran.

Prenez du jambon dessalé et coupez-le en tranches fort minces que vous mettez dans une poêle avec un peu de gras de jambon, beurre ou graisse ; faites cuire à petit feu en le retournant une fois. Quand le jambon est cuit, dressez-le sur un plat ; mettez dans la poêle un peu d'eau, un filet de vinaigre et du poivre : remuez, délachez ce qui reste dans la poêle et servez sur le jambon. Si vous voulez plus de sauce, faites griller de la mie de pain, ajoutez échalotes et persil hachés, sel, poivre, bouillon ou eau ; laissez cuire quelques minutes et mettez de la crême, un fil de vinaigre ou de verjus.

Manière de saler, de fumer le Lard et le Jambon.

Couvrez de sel le fond d'une cuve en bois. Étendez une bande de lard, la couenne posée sur le sel ; mettez dessus une nouvelle couche de sel, d'environ un centimètre ; placez ensuite une seconde bande de lard que vous couvrez de sel comme la première : il faut avoir soin de croiser les bouts, afin qu'il n'y ait pas de pente et que le sel en se fondant soit autant à une place qu'à l'autre. Dressez les jambons dans les endroits vides, à côté des bardes. Observant toujours ce qui vient d'être dit pour la pente, ayant soin de poser le manche des jambons dans le fond de la cuve et de saler la partie charnue. Dès que le sel a commencé à fondre, arrosez-en la viande 2 ou 3 fois par jour pendant 15 jours, plus ou moins selon l'épaisseur du lard, et pour les gros jambons, jusque 3 ou 4 semaines. Il faut saler le plus tôt possible après que le porc est découpé, car le sel pénètre mieux dans la viande encore chaude.

Lorsque la viande a été le temps voulu dans le sel, vous la mettez à la cheminée et la placez de manière que la fumée ne lui arrive pas de trop près. Il est bon de fumer sans discontinuer les 8 premiers jours et même plus surtout s'il fait chaud, après quoi on diminue graduellement.

Manière de fondre le Saindoux.

Enlevez la peau qui recouvre les pannes, cette peau é-
tant cousue peut servir de boyaux pour faire les saucisses.
Coupez les pannes par petits morceaux que vous faites fondre à petit feu jusqu'à ce que les grignons qui ne se fon-
dent pas commencent à se colorer; laissez refroidir à moitié et versez ensuite, au travers d'une passoire dans des
pots de grès ou de terre.

Petit Salé.

Tous les morceaux du porc sont bons pour le petit
salé. C'est surtout avec les jeunes porcs de 4 à 6 mois
que se fait le meilleur; on découpe alors le tout par
morceaux sans séparer le lard de la viande maigre.

Mettez au fond d'un cuveau des branches de persil,
des échalotes, du laurier, placez-y alors la viande bien
saupoudrée de sel. Pour 15 livres environ de viande, une
livre de sel, un peu de poivre et du persil en branches,
ayant soin de remettre de tous ces assaisonnements entre chaque couche de viande. Couvrez bien le cuveau. On
peut prendre le petit salé 5 ou 6 jours après sa prépa-

.ration ; si on veut le conserver plus longtemps, on le sale davantage, néanmoins il est toujours meilleur étant nouveau.
Lorsqu'il a été longtemps dans le sel, il faut le dessaler
avant de le cuire.

On en fait de la soupe où on met des légumes qui n'ont
ensuite besoin d'autre assaisonnement que de poivre et de
sel. On le sert aussi avec de la purée de pois, de lentilles, ou un ragoût de légume quelconque que l'on fait
cuire dans l'eau où a cuit le petit salé, et on peut alors
le servir tel, ou le faire rôtir sur le gril ou au four. On
peut encore le manger froid.

Cochon de Lait.

La manière la plus ordinaire de l'accommoder est de le
faire rôtir, au four de préférence. Les débris d'un rôti peuvent alors être chauffé dans une blanquette.

Cochon de Lait Rôti entier.

Après avoir enlevé les soies du cochon de lait, ôtez-lui les
sabots, et videz-les sans ôter les rognons ; passez la queue
sur le dos entre cuir et chair, et troussez-lui les pieds de devant et de derrière à l'aide de deux brochettes passées, l'u-
ne dans les cuisses, et l'autre à travers la poitrine. Fen-

dez un peu la peau à la tête, aux épaules et aux cuisses pour qu'elle ne se déchire pas. Faites-le dégorger pendant un jour dans l'eau fraîche, puis accrochez-le pour le faire sécher. Mettez-lui dans le corps un bon morceau de beurre, et faites-le rôtir au four; passez dessus, de temps en temps pendant la cuisson une plume trempée dans l'huile d'olive ou de bonne huile douce. Servez-le au sortir du four, autrement la peau se ramollit et n'a plus le même goût.

Cochon de Lait Farci.

Après l'avoir préparé comme ci-dessus, mettez-lui dans le corps une farce faite de son foie avec lard, jambon, veau ou autre viande, persil, ciboules, échalotes, et, si vous voulez, truffes, câpres, anchois, le tout haché; ajoutez sel, poivre, mie de pain trempée dans du lait ou de la crème douce, 2 ou 3 œufs. Cousez l'ouverture et faites rôtir le cochon de lait comme ci-dessus.

On peut le servir froid ou chaud, en l'accompagnant ou non d'une sauce poivrade, piquante, ou autre.

Cochon de Lait en Gelée.

Coupez-le par morceaux et le faites cuire comme le fromage de cochon, page 190. Mettez les morceaux espacés régulièrement dans un plat, et versez-y la gelée après l'avoir clarifiée ou au moins passée dans un linge mouillé. On peut aussi en faire une gelée moulée, comme il est expliqué, page 191.

Du Sanglier.

On marine la viande de sanglier avec du vinaigre, graines de genièvre, sel, poivre, persil, oignons, laurier. S'il arrivait que le temps fût à l'orage lorsqu'on a de cette viande dans la marinade, il faudrait la rôtir dès le lendemain car elle se gâterait. Le sanglier est d'ailleurs beaucoup moins bon en été.

Si l'on est obligé de faire cuire la viande de sanglier sans avoir eu le temps de la mariner, on verse dessus 2 ou 3 fois du vinaigre bouillant dans lequel on la laisse $\frac{1}{2}$ d'heure chaque fois. On peut employer ce procédé pour un jeune sanglier surtout.

On fait rôtir cette viande, principalement les quartiers, mais on ne la larde pas, elle est meilleure rôtie au four; on la met aussi en civet, ou en bœuf à la mode ou encore en pâtés. Le sanglier rôti desservi peut être chauffé dans une sauce au chevreuil. Les pieds s'accommodent à la à la Menehould comme les pieds de porc, page 190.

Poitrine de Sanglier au Roux.

Essuyez avec un linge la viande que vous sortez de la marinade ; faites chauffer un peu de beurre dans une casserole : lorsqu'il fume, mettez-y la viande avec des échalotes hachées, du
lard coupé par petits morceaux, de la farine, sel, poivre, laurier,
girofle. Couvrez la casserole et laissez cuire ½ d'heure ou 20
minutes ; mouillez alors de bouillon, et d'un peu de vin ou de
vinaigre si c'est nécessaire, car la viande ayant été marinée doit déjà rendre la sauce piquante. Un quart d'heure
avant de dresser, saupoudrez de chapelure ou de mie de pain
grillée.

Poitrine au Vin.

Comme ci-dessus, à la différence que vous n'y mettez pas
de lard, mais une bouteille de vin, et laissez cuire comme
à l'article précédent.

Hure de Sanglier.

Coupez la tête assez loin, c'est-à-dire étendez les oreilles
par derrière et coupez à l'endroit où elles arrivent.

Mettez la tête dans l'eau fraîche, désossez-la comme celle de porc et remplissez-la de même avec de la viande

de sanglier si vous en avez et du lard frais, ou avec moitié veau et moitié porc. Préparez-la comme la hure de porc ; faites la cuire avec 4 litres de vin et de l'eau en quantité suffisante pour couvrir la tête ; ajoutez sel, poivre, laurier, girofle et autres assaisonnements avec les os de la tête. Faites cuire à petit feu de 7 à 8 heures, ayant soin que le liquide dépasse toujours la tête ; conditionnez-la tout-à-fait comme la hure de porc. Servez-la aussi de même.

Si on veut la conserver quelque temps, on la laisse avec sa cuisson dans une terrine : elle se garde ainsi 4 ou 5 semaines, et 3 ou 4 mois si vous ajoutez de la graisse fondue que vous versez dans la terrine de manière à bien couvrir la hure et sa cuisson.

La hure de porc ne se conserve pas aussi longtemps que celle de sanglier.

Marcassin.

Le marcassin ou sanglier au-dessous d'un an, se sert lardé pour rôti

---

Chevreuil.

On le marine comme le sanglier ; et si l'on n'aime pas

le goût fort de la marinade, lorsqu'on veut le rôtir on fait comme en ce cas pour toutes les viandes marinées, c'est-à-dire qu'on le met dans l'eau fraîche pendant 24 heures pour lui faire perdre la force du vinaigre, après quoi on l'essuie avec un linge.

On peut encore accommoder le chevreuil en bœuf à la mode.

Le daim et le faon s'apprêtent comme le chevreuil.

Chevreuil rôti.

On rôtit les quartiers qu'on larde après en avoir enlevé la peau. Si on ne larde pas, il faut au moins couvrir de bardes de lard le morceau à rôtir. Servez sur une sauce au chevreuil, une poivrade ou autre d'un goût relevé.

Le chevreuil rôti desservi se met en salmis, comme le bœuf en salmis, page 98.

Chevreuil en Civet.

Préparez un roux avec lard et beurre frais; faites y revenir la poitrine et le collet ou toute autre partie du chevreuil coupée par morceaux, mouillez d'eau chaude et d'autant de vin rouge; ajoutez sel, poivre, bouquet garni, ail, oignons, graines de genièvre serrées dans un linge.

Quand le chevreuil sera cuit, dégraissez la sauce, et liez-la de fécule si elle n'est pas assez épaisse.

Poitrine de Chevreuil au Roux.

Comme le sanglier au roux, page 210.

Si cette viande avait été trop longtemps dans la marinade et qu'elle ait pris trop fort le vinaigre, on la fait tremper un jour à l'eau fraîche en renouvelant l'eau 1 ou 2 fois.

Fricandeau de Chevreuil.

Coupez un morceau du cuissot, enlevez la peau, lardez, et faites cuire comme le fricandeau de veau, page 130. Lorsque le jus est réduit en glace, vous le prenez avec un pinceau pour glacer le fricandeau.

Côtelettes de Chevreuil.

Faites-les mariner et rôtir ensuite avec beurre et lard. Servez avec une sauce au chevreuil, ou autre d'un goût relevé.

Cerf.

Comme le chevreuil, mais on le marine plus longtemps. Quand on le fait rôtir, il faut l'arroser de temps en temps. Le foie s'accommode comme le foie de veau lardé ; on y ajoute de plus des sardines coupées par petits morceaux.

Lièvre rôti.

Les levrauts se rôtissent entiers. Lorsque le levraut est dépouillé et vidé, passez-lui les pattes de devant dans la tête, et faites tenir celles de derrière sous le ventre; passez-le ensuite un instant sur le gril posé sur de la braise rouge et le lardez, puis mettez rôtir dans du beurre chaud sur un feu vif. Lorsque le levraut a pris couleur, ajoutez sel, poivre, et achevez de le faire cuire à petit feu en l'arrosant de temps en temps.

Dans le lièvre, on rôtit seulement les quartiers de derrière qu'on larde aussi. Servez avec une sauce piquante pour le gibier, si vous voulez.

On peut encore cuire le lièvre comme le filet de boeuf.

Lorsqu'on veut conserver le lièvre quelques jours avant de le rôtir, il faut l'envelopper d'un linge mouillé de vinaigre ou de vin qu'on renouvelle 1 ou 2 fois par jour.

Lièvre cuit au four.

Lardez le lièvre, arrosez-le d'un peu de vinaigre et le saupoudrez de sel fin; mettez-le dans un plat avec un peu d'eau, du beurre, du lard, puis couvrez le lièvre de papier. Faites cuire au four, arrosez de temps en temps.

Lièvre en Civet.

Après avoir dépouillé et vidé le lièvre, coupez-le par membres, gardez le sang à part. En été, à cause de la chaleur, ajoutez-le avec le lièvre dans la marinade, c'est-à-dire dans du vin avec assaisonnements. Quand vous voudrez faire cuire le lièvre, mettez du lard et autant de beurre frais dans une casserole sur le feu ; retournez-y le lièvre : lorsqu'il a pris couleur, saupoudrez-le d'une bonne cuillerée de farine et le retournez encore. Mouillez avec autant d'eau que de vin rouge, plus ou moins selon la force ; ajoutez des assaisonnements, quelques graines de genièvre et la marinade s'il n'y a pas de sang ; s'il y en a, vous ne la mettez qu'après la cuisson. Laissez cuire ; après quoi, écrasez le foie, mêlez-le avec le sang et versez dans la sauce ; faites prendre sans cuire en remuant comme pour une liaison, servez immédiatement.

Lièvre au Roux.

Coupez-le par morceaux que vous mettez dans du beurre bien chaud ; saupoudrez de farine, ajoutez échalotes et oignons hachés, lard coupé en petits carrés, sel, poivre, laurier, genièvre. Couvrez la casserole, laissez cuire ¼ d'heure, puis mouillez d'eau et de vin. Un peu avant de servir, ajoutez de la chapelure et de la mie de pain grillée.

Lièvre en Haricot.

Coupez par morceaux un lièvre dépouillé et vidé ; faites-le revenir dans une casserole sur le feu avec un morceau de beurre, un bouquet de persil, ciboules, gousse d'ail, échalotes, laurier, girofle ; ajoutez une cuillerée à bouche de farine, mouillez avec un verre de vin blanc, 2 cuillerées de vinaigre, 2 ou 3 verres d'eau ou de bouillon. Laissez cuire une heure, ajoutez-y des navets que vous avez fait blanchir 5 minutes, sel, poivre. Achevez de faire cuire et réduire à courte sauce ; enlevez le bouquet et servez.

Si le lièvre est tendre, il faut mettre les navets en même temps.

Pain de Lièvre.

Désossez le lièvre, hachez-en les chairs avec persil, oignons, échalotes. Foncez un moule ou une casserole de tranches de lard, placez-y le hachis sur lequel vous mettez un peu de beurre frais, et couvrez de tranches de lard. Fermez hermétiquement la casserole et faites cuire 1 heure au four. Renversez dans le plat de service, servez avec une sauce italienne, au chevreuil, ou autre.

Gâteau de Lièvre.

Hachez bien fin la chair du lièvre, avec égale quantité de

jambon et autant de lard; pilez ensuite dans un mortier, passez au tamis. Faites tremper du pain dans du bouillon gras; pressez-le, passez ensuite au tamis: ajoutez 3 œufs, du sel, du poivre, girofle et autres assaisonnements, ainsi que des truffes coupées par morceaux, des pistaches entières. Beurrez un moule et le saupoudrez de farine; versez votre pâté dans ce moule; faites cuire au four ou au bain-marie pendant 2 heures. Servez chaud avec une sauce piquante versée dessus, ou froid avec de la gelée.

Manière de réchauffer le lièvre rôti.

En Civet. Détachez les os, cassez-les un peu afin qu'ils donnent leur jus, et les mettez dans une casserole avec un peu de beurre et de lard, quelques oignons en tranches, ail, laurier, girofle; passez-les sur le feu et y ajoutez une petite cuillerée de farine; mouillez avec un verre de bouillon et 2 verres de vin rouge, sel, poivre. Faites bouillir ½ heure, passez la sauce que vous remettez sur le feu avec le lièvre coupé par morceaux et un peu de vinaigre: faites chauffer sans bouillir.

En Salmis. Mettez dans une casserole une tranche de jambon ou de petit lard que vous ferez revenir; dépecez le lièvre rôti, mettez les os dans la casserole, mouillez d'un grand verre de vin, ajoutez des assaisonnements et laissez cuire ½ heure. Passez cette sauce que vous remettez sur le feu avec la viande coupée par morceaux, laissez chauffer sans bouillir, mettez un morceau de beurre frais et servez sur des croûtons au beurre.

A l'Estragon. Voir le bœuf bouilli à l'Estragon, page 119.

A différentes Sauces. Coupez le lièvre par morceaux que vous chauffez sans bouillir dans une sauce poivrade au chevreuil, à l'échalote, etc.

Lapin.

Outre les différentes manières auxquelles on peut accommoder le lapin, on en fait de bon bouillon, et la viande cuite ainsi dans le Pot-au-feu peut être rôtie au four avec beurre frais dessus, ou mise dans une blanquette ou autre sauce, et généralement accommodée à toutes les manières indiquées pour le bœuf bouilli. On peut encore chauffer du beurre frais, y jeter des échalotes et du persil hachés, puis verser le tout sur la viande que l'on a saupoudrée de sel fin, ou encore servir froid avec une sauce aux œufs durs, à la moutarde, etc.

Lapin rôti.

Comme le lièvre rôti, page 214. Vous le passez de même

sur le gril avant de le larder, car alors cette opération est beaucoup plus facile.

Lapin en Civet.

Comme le Lièvre, page 215.

Lapin braisé.

Coupez le lapin par membres, et faites-le cuire comme le boeuf braisé, page 91.

Lapin en Fricassée de Poulet.

Quand le lapin est dépouillé et vidé, coupez-le aussitôt par membres, puis faites-le dégorger et cuire comme le Veau en fricassée de poulet, page 127.

Lapin à la Bourgeoise.

Coupez-le par membres et le mettez dans une casserole, avec un morceau de beurre, un bouquet garni, passez le tout sur le feu, saupoudrez de farine, mouillez avec un verre de vin blanc et du bouillon, salez, poivrez. Quand le lapin est cuit, ajoutez une liaison de 3 jaunes d'oeufs délayés avec de l'eau et un peu de persil haché.

Lapin en Matelote.

Coupez un lapin par membres et le passez dans un roux, mouillez d'un verre de vin rouge, d'eau ou de bouillon, ajoutez un bouquet de persil et ciboules, ail, girofle, laurier, sel poivre. Faites cuire à petit feu : ½ heure après vous y mettez une douzaine de petits oignons blanchis. Quand le tout est cuit, ôtez le bouquet, dégraissez la sauce à laquelle vous pouvez ajouter une bonne pincée de câpres entières, un anchois haché. Dressez la viande sur des croûtons de pain au beurre, arrosez le tout de la sauce.

Lapin en Gibelotte.

Coupez le lapin par membres ; mettez-le dans une casserole avec du beurre et du lard coupe par petits morceaux ; lorsque le lard a jeté sa graisse, retirez-le ; faites un roux, tournez-y les morceaux de lapin, mouillez avec un verre de vin blanc, du bouillon, du jus ou autre chose propre à colorer le ragoût, sel, poivre. Faites cuire et servez à courte-sauce.

Lapin aux fines Herbes.

Le lapin étant découpé, mettez-le dans une casserole et faites cuire comme le lapin en gibelotte, à la différence que vous hachez les fines herbes : lorsque vous voulez servir, écrasez le foie qui a cuit avec la fricassée et le mettez dans la sauce.

Lapin au Gratin.

Faites-le cuire comme le lapin en gibelotte. Hachez le foie

avec persil, ciboules, et les mêlez avec un peu de mie de pain légèrement chauffé, sel, poivre, 2 jaunes d'œufs ; mettez cette farce dans le fond du plat de service que vous placez sur un petit feu jusqu'à ce que la farce soit gratinée. Servez alors le ragoût dessus.

Lapin en Gelée.

Faites bien dégorger le lapin découpé, ainsi qu'un ou 2 pieds de veau. Mettez cuire avec eau et vin blanc, moitié de chaque sorte (la viande doit être couverte par le liquide) ; écumez ; ajoutez du sel, du poivre, 2 feuilles de laurier, 3 ou 4 gousses d'ail, 2 clous de girofle, un bouquet de persil, beaucoup d'estragon. Quand le lapin est cuit, dressez-le dans le plat de service. Clarifiez la gelée si bon vous semble (Voir à la page 145). Versez-la sur la viande après l'avoir passée dans un linge mouillé.

Lapin Farci.

Hachez le foie avec un peu de lard, échalotes, persil, ciboules ; ajoutez de la mie de pain trempée dans du lait chaud, 1 œuf, 1 cuillerée de jeune crème, sel, poivre. Mettez cette farce dans le corps du lapin, cousez l'ouverture, troussez les pattes sous le ventre, et celles de devant sous le nez, faites-les tenir au moyen de petites brochettes, lardez le dessus du lapin, si vous voulez. Faites cuire avec un verre de vin blanc, du bouillon, un bouquet garni, sel, poivre. Lorsque le lapin est cuit, dégraissez la sauce s'il y a lieu, et la liez avec un peu de fécule. Mettez-la dans le plat ; placez-y ensuite le lapin.

Lapereau.

Le lapereau ou jeune lapin peut s'accommoder à toutes les manières indiquées pour le lapin, et de plus à quelques autres.

Lapereau à la Minute.

Coupez un lapereau par morceaux et mettez-le dans une poêle avec beurre, sautez-le à feu vif, environ huit ou dix minutes ; ajoutez sel, poivre, échalotes, ail, persil hachés, 1 cuillerée de farine, un verre de vin (le blanc est préférable), autant de bouillon ou d'eau. Retirez du feu dès qu'il est cuit, et servez.

Lapereau en Papillotes.

Coupez le lapereau en quatre, et tournez chaque partie dans de la mie de pain bien assaisonnée d'échalotes, persil, ail, oignons, estragon hachés ; enveloppez-les dans du papier beurré ; roulez ensemble les bords de la feuille. Faites cuire sur un gril garni aussi d'un papier beurré.

Lapereau aux Petits Pois.

Faites un roux avec du beurre et de la graisse de lard; tournez-y le lapin coupé par morceaux; quand il st un peu cuit, mettez-y les petits pois, sel, poivre, ciboules, un peu de persil; achevez de faire cuire le tout ensemble. Ajoutez un peu de sucre avant de servir.

Boudin de Lapin.

Faites cuire dans une tasse de lait 2 gros oignons coupés en tranches, un peu de laurier; 3 ou 4 grains de coriandre, bouquet garni; passez ensuite ce lait; remettez-le sur un petit feu avec un foie de lapin haché, de la graisse de porc coupée en petits morceaux, sel, poivre, mie de pain, un jaune d'œuf: remuez jusqu'à mélange complet. Quand le tout est bien mêlé et pas trop chaud, entonnez dans des boyaux de porc, ayant soin de ne les remplir qu'aux $\frac{2}{3}$. Faites cuire à l'eau $\frac{1}{4}$ d'heure et griller ensuite comme le boudin ordinaire.

Manière de préparer le Lapin pour pâté.

Quand la viande est découpée, assaisonnez-la de sel, poivre, échalotes, pointe d'ail, oignons, persil, le tout haché très fin;

ajoutez un peu de crème, et tournez bien la viande dans cet assaisonnement, puis l'arrangez sur la pâte ; parsemez de petits morceaux de lard et de beurre frais.

Foie de Lapin.

Comme le foie de veau, page 139 et suivantes.

Desserte de Lapin rôti.

Le lapin desservi, soit rôti ou autre sert pour hachis, croquettes, beignets de viande, rissoles. On peut en outre l'accommoder de différentes manières.

En Blanquette. Faites une blanquette comme elle est indiquée au chapitre des Sauces, et y chauffez sans bouillir le lapin coupé par morceaux.

En Salmis. Comme le lièvre en salmis, page 217

Au Roux. Comme le veau rôti au roux, page 158.

A différentes Sauces. Faites chauffer les morceaux de lapin dans telle sauce que vous voudrez : sauce de gibier, au petit-maître, à l'anglaise, etc.

Grillé. Coupez le lapin par morceaux que vous trempez dans de l'œuf battu, puis dans de la mie de pain bien assaisonnée de sel, poivre, échalotes, persil, et faites cuire comme le Veau grillé. page 126.

Lapin en Salade.

Servez le lapin avec sel, poivre, huile et vinaigre, ou avec une sauce aux œufs durs, à la moutarde, à l'estragon, etc.

Autre Manière.

Coupez des tranches de mie de pain longues et larges d'un doigt ; passez-les sur le feu dans du beurre jusqu'à ce qu'elles soient d'une belle couleur dorée. Prenez les restes de lapin rôti, et coupez-en la chair par tranches de même dimension que celles de pain. Arrangez sur le plat de service le pain, la viande, 2 anchois lavés et coupés en très petits filets, des câpres entières, des oignons blancs cuits dans le Pot-au-feu, entremêlez le tout en faisant des dessins si bon vous semble. Assaisonnez de sel, poivre, huile, vinaigre.

Desserte de Lapin en Ragoût.

A la Bourdois Mettez la fricassée dans le plat de service, panez de mie de pain ; parsemez ensuite de petits morceaux de beurre frais ; faites chauffer et prendre couleur entre deux feux.

Grillée. Chauffez un peu le ragoût, afin de pouvoir tourner chaque morceau dans sa sauce ; laissez refroidir, trempez dans de l'œuf battu, panez de mie de pain et faites cuire comme le Veau grillé, page 126.

Volaille.

La volaille doit être plumée et vidée aussitôt qu'elle est tuée. Il faut ôter le fiel avec soin. La chair est plus tendre si on ne la fait cuire que le lendemain.

Poulet Rôti.

Pour trousser le poulet, coupez les pattes, enfoncez les os des cuisses dans le corps par un trou pratiqué de chaque côté, ne faisant pas ce trou trop gros : il faut qu'on soit obligé de repousser fortement les cuisses en avant pour parvenir à les entrer, autrement elles sortent pendant la cuisson ; retournez ensuite les ailes sur le dos et passez la tête sous une aile pour la mettre du même côté que les cuisses. Si vous voulez le larder prenez une brochette bien fine et couvrez tout le dessus de lardons rapprochés le plus possible les uns des autres.

Ayez du beurre fondu bien chaud dans une casserole où vous mettez le poulet posé sur le dos ; lorsqu'il est jaune d'un côté, retournez-le pour le colorer de l'autre. Couvrez ensuite la casserole que vous retirez sur un feu doux et l'arrosez de temps en temps avec son jus. Si le poulet est lardé, ne le retournez pas de peur de briser les lardons, contentez vous de l'arroser, il se colorera ainsi. Il est cuit lorsqu'il

fléchit sous le doigt : il ne doit être ni trop pâle, ni trop coloré.
Mettez du sel et servez avec le jus : on peut garnir le plat
de cresson de fontaine assaisonné de sel fin et d'un fil de vinaigre

Poulet en Fricassée

Coupez le poulet par membres, mettez-le dégorger tout de
suite, car le sang sort beaucoup mieux lorsque la viande est
encore chaude ; laissez-le plusieurs heures dans de l'eau que
vous renouvelez une ou deux fois : il est essentiel qu'il
soit bien dégorgé pour obtenir une fricassée très blanche.
Faites égoutter ; puis mettez du beurre frais gros comme un
œuf dans une casserole sur le feu, tournez-y une cuillerée
de farine et ensuite le poulet ; mouillez d'eau froide ou presque bouillante, mais pas tiède ; ajoutez sel, poivre, échalotes,
une pointe d'ail et un peu de persil : ne pas faire dominer
ce dernier car il donnerait un goût trop fort à la fricassée.
Faites mijoter. Lorsque le poulet est cuit, dressez-le ; passez
la sauce pour en séparer les assaisonnements, remettez-la
sur le feu, et lorsqu'elle bout, ajoutez-y une liaison de 3 jaunes d'œufs et de la crème ; tournez avec une cuiller de bois
jusqu'à ce que la sauce s'épaississe, retirez vite sans laisser
bouillir. Terminez par un morceau de bon beurre frais, et versez

la sauce sur le poulet.

Poulet aux Choux-fleurs.

Faites revenir le poulet sur le feu, dans une casserole avec beurre ou graisse. Placez ensuite une barde de lard sur le poulet, couvrez la casserole. La cuisson faite, dressez le poulet et l'entourez de choux-fleurs cuits à l'eau et ensuite bien égouttés. Mettez avec le jus dans la casserole un morceau de beurre frais, du sel, du poivre, un peu de bouillon ; tournez cette sauce sur le feu et la versez sur les choux-fleurs.

Poulet au Fromage.

Après avoir vidé et troussé le poulet, fendez-le un peu sur le dos, puis l'aplatissez avec le couperet. Faites-le revenir dans une casserole avec un peu de beurre, mouillez avec un demi-verre de vin blanc et autant de bouillon ; ajoutez un bouquet garni, ail, laurier, girofle, poivre, un peu de sel ; faites cuire à petit feu. Quand le poulet est cuit, sortez-le de la casserole où vous ajoutez gros comme une noix de bon beurre frais et un peu de fécule ; faites lier la sauce, mettez-en une partie dans le plat de service, saupoudrez-la de fromage de Gruyère ou de Parmesan râpé ; placez le poulet dessus et le couvrez du reste de la sauce que vous saupoudrez encore de fromage râpé. Mettez le plat entre deux feux (chaleur douce). Servez à courte sauce et d'une belle couleur dorée.

Poulet à la Minute.

Passez au beurre le jeune poulet dépecé ; ajoutez sel, bouquet garni, échalotes, ciboules, une pointe d'ail hachés ; sautez le tout ; saupoudrez d'une cuillerée de farine, mouillez avec du bouillon et un verre de vin. La sauce étant de bon goût, servez chaud. Cette fricassée peut se faire en vingt minutes.

Poulet à la Daube.

Lardez le poulet avec des lardons bien assaisonnés, ou coupez-le par membres et le faites revenir avec tranches de lard et assaisonnements ; ajoutez deux verres d'eau ou de bouillon, autant de vin blanc ; fermez bien la casserole, faites cuire à très petit feu ; servez à courte sauce dégraissée. On peut hacher le foie du poulet et le mettre dans la sauce, ou ajouter une liaison de jaunes d'œufs crus ou cuits durs et hachés, ou encore un croûton de pain trempé dans la sauce et haché.

Autre Manière.

Laissez le poulet entier ou le coupez par membres. Mettez-le sur le feu avec lard coupé par petits morceaux et ... faits ; saupoudrez-le de farine. Quand il a pris couleur des deux cô-

tés, ajoutez sel, poivre, oignon, girofle, persil, laurier, carotte, tranche de citron, de l'eau et du bouillon ; faites cuire à petit feu : a-
vant de servir, dégraissez si c'est nécessaire ; ajoutez un morceau de beurre frais. Servez. Si le poulet est entier, vous pouvez mettre autour des légumes quelconques cuits auparavant.
Arrosez le tout de la sauce.

Poulet au Roux.

Coupez le poulet par membres, passez-le sur le feu dans
du beurre, mettez un bouquet garni, une pincée de farine ;
tournez encore un instant sur le feu, ajoutez sel, bouillon, demi verre de vin ; faites bouillir à petit feu, dégraissez et servez.

Poulet en Matelote.

Faites un roux avec un petit morceau de beurre et une cuillerée de farine ; tournez-y le poulet découpé : mouillez avec un
verre de vin blanc, autant de bouillon, ajoutez carotte, navet en tranches, persil, ciboules, ail, laurier, girofle, poivre,
sel, petits oignons ; faites cuire à petit feu. Dégraissez, mettez
si vous voulez un anchois haché, une pincée de câpres. Pour servir,
entourez le poulet de petits oignons

Poulet à l'Estragon.

Prenez une pincée de feuilles d'estragon que vous hachez, ain

...que le foie du poulet; mêlez ensemble le foie, un morceau de beurre, le tiers de l'estragon haché, du sel, du poivre. Mettez cette farce dans le corps du poulet que vous troussez ensuite. Faites-le revenir dans de la graisse ou du beurre fondu; enveloppez-le de bardes de lard, ficelez et faites cuire comme un rôti. Dressez le poulet lorsqu'il est cuit. Mettez le reste de l'estragon dans la casserole avec un petit morceau de beurre, 2 jaunes d'œufs, quelques cuillères de bon bouillon, un filet de vinaigre, sel, poivre. Faites lier sans bouillir, et servez.

Autre Manière

Mettez du beurre frais dans une casserole, avec des tranches d'oignons, placez le poulet dessus, couvrez un instant sur le feu. Il ne faut pas qu'il jaunisse; ajoutez bouillon, vin blanc, poivre, bouquet garni avec estragon. Laissez cuire. Pilez de l'estragon ainsi que des épinards, exprimez-en le jus, délayez deux jaunes d'œufs avec de la farine, de la crème et le jus d'épinards. Un moment avant de servir; faites prendre cette liaison.

Poulet au Lard.

Foncez une casserole de bardes de lard et y mettez un peu de bon beurre, oignons, carottes, navets, céleri coupés en tranches. Placez ensuite le poulet que vous couvrez des mê-

mes légumes, de beurre et de tranches de lard ; ajoutez un bouquet garni et un peu de sel. Faites cuire à petit feu : à
moitié de la cuisson, versez-y un demi verre de vin. Quand
le poulet est cuit, dégraissez la sauce et la passez, ajoutez
quelques cuillerées de bon bouillon : servez sur le poulet.

Poulet Braisé.

Troussez le poulet que vous lardez si vous voulez, ou le coupez par membres : mettez-le dans une casserole avec beurre
et graisse, lard, carotte, navet, oignon, persil, poivre, échalotes, ail. Faites revenir sans laisser roussir ; ajoutez un verre ou deux de vin blanc, un peu de bouillon ; couvrez la
casserole, faites cuire en arrosant de temps en temps.
Quand le poulet est cuit, dressez-le, liez la sauce avec de
la fécule et ajoutez quelques cornichons coupés en rouelles.

Poulet aux Petits Pois.

Comme le Lapereau aux petits-pois, page 223.

Poulet aux Marrons.

Troussez le poulet et le faites rôtir à feu vif ; faites revenir avec le poulet 125 grammes de petit lard coupé en petits
carrés. Une fois colorés, enlevez le poulet ainsi que le

lard; faites un roux avec le beurre et la graisse restés dans la casserole où vous remettez le poulet et le lard, laissez cuire à petit feu. Préparez de 20 à 30 marrons que vous cuisez à l'eau ou au four après y avoir fait une entaille avec un couteau; épluchez-les, puis les mettez avec le poulet une demi-heure avant la cuisson complète de celui-ci.
Servez chaud, les marrons autour.

Autre Manière.

Épluchez les marrons après les avoir fait cuire comme il vient d'être dit; mettez-les dans le corps du poulet que vous troussez ensuite et lardez si vous voulez. Faites cuire comme le poulet rôti.

Poulet Farci.

Videz le poulet, conservez-en le foie. Hachez des échalotes et du persil que vous faites revenir dans du beurre frais, ainsi que le foie mêlé avec une certaine quantité de porc frais et du lard gras hachés ensemble. Pilez ce hachis pour en faire une pâte dont vous remplissez la volaille. On peut aussi préparer une farce ordinaire avec le foie, du persil et autres assaisonnements, beurre et œufs. Lardez le poulet si vous voulez, et le faites rôtir. Servez sur une sauce à l'anglaise, à la reine, piquante, italienne, etc..... ou avec tels légumes que vous voudrez, comme petits oignons, cardons, épinards, etc.

Poulet en Gelée.

Découpez le poulet, faites le cuire dans de l'eau et du vin, autant de l'un que de l'autre, avec des assaisonnements, oignons persil, carotte, poivre, pied de veau. Lorsque le poulet est cuit, dressez-le dans le plat de service, laissez achever de cuire le pied de veau. Clarifiez la gelée (V. page 145) que vous versez sur la viande. Mettez au frais.

Autre Manière.

Laissez le poulet entier; mettez-le pendant un jour dans l'eau fraîche, afin que la chair soit blanche; enveloppez-le dans un linge que vous cousez. Faites cuire comme à l'article précédent. Le poulet étant cuit, retirez-le; lorsqu'il est refroidi, ôtez le linge. Servez garni de la gelée.

Poule.

On ne rôtit ordinairement pas la poule, mais on peut, quand elle est jeune, l'accommoder à toutes les autres manières indiquées pour le poulet. Lorsqu'elle n'est plus assez tendre, on en fait d'excellent riz, ou on la met en gelée, comme le poulet ci-dessus.

Une vieille poule sert à faire du bouillon, on peut ensuite l'apprêter de l'une des différentes façons qui suivent.

Poule bouillie à la Sauce.

Faites la cuire complètement dans le Pot-au-feu et la servez froide avec une sauce aux œufs durs, à la moutarde à l'estragon. Mettez la sauce dans une saucière.

Au Beurre. Faites chauffer du beurre, où vous mettez échalotes et persil hachés, sel, poivre. Laissez un instant sur le feu, versez sur la poule ou le poulet cuit dans le Pot-au-feu, et servez chaud.

À l'Anglaise. Lorsque la poule est cuite dans le Pot-au-feu, faites-la rôtir un peu au four.

En Fricassée. Ne laissez pas la poule cuire tout à fait dans le Pot-au-feu; découpez-la et la mettez de nouveau sur le feu comme le Poulet en fricassée, page 227; faites cuire et achevez de même.

Vous pourrez aussi, après avoir cuit la poule aux $\frac{3}{4}$ dans le Pot-au-feu, la remettre au roux ou à la daube. Voir pages 229 et 235.

Poule au Riz.

Faites un peu rôtir la poule, puis la cuisez avec sel, poivre, oignon piqué de girofle, laurier, ail, bouquet garni, et de l'eau en quantité suffisante pour le riz à employer (2 cuillerées de riz, ½ litre d'eau par personne) Une heure avant la cuisson complète de la poule, mettez le riz lavé 3 ou 4 fois dans de l'eau tiède. Quand le riz est cuit, s'il est trop épais, éclaircissez-le à volonté avec du bouillon ou de l'eau, et servez-le autour de la poule.

Poularde et Chapon.

La poularde et le chapon sont fort estimés et avec raison car leur chair est très délicate. Ils sont excellents rôtis et s'accommodent encore de différentes manières.

Poularde à la Bourgeoise.

Troussez la poularde. Mettez dans le fond d'une casserole un peu de bon beurre, oignons, carottes coupés en tranches; placez-y la poule, couvrez-la de tranches d'oignons et de carottes, ajoutez un bouquet garni, un peu de sel. Faites cuire à petit feu: à moitié de la cuisson, versez-y un demi verre de vin. Quand la poule est cuite, dégraissez la sauce que vous passez, et à laquelle vous mêlez quelques cuillerées de bon bouillon et la servez sur la poularde.

Poularde en Matelote.

Troussez et lardez une poularde; faites-la cuire avec vin, bouillon, 5 ou 6 gros oignons, cardons, carotte et panais coupés en long, un bouquet garni, girofle, laurier, tranches de citron, sel, poivre. Faites mijoter; et, lorsque la poule est cuite, dressez-la dans le plat de service, les légumes autour; versez sur le tout la sauce dégraissée.

Poularde dorée.

Hachez le foie de la poule et le mêlez avec un peu de beurre, persil, ciboules, ail hachés, sel, poivre, 2 jaunes d'œufs, mettez cette farce dans le corps de la poularde que vous troussez ensuite et faites cuire comme le poulet rôti. Quand elle est cuite, arrosez le dessus avec un peu de beurre chaud auquel vous avez mêlé un jaune d'œuf; saupoudrez de mie de pain; mettez au four pour faire prendre une belle couleur dorée. Servez avec une sauce claire et piquante.

Poularde à la Montmorency.

Lardez la poularde et la remplissez d'une farce faite avec des foies coupés en petits carrés, du lard, des jaunes d'œufs durs hachés; cousez l'ouverture et faites cuire la poularde comme un fricandeau. Voir le fricandeau de veau, page 136.

Poularde à la Mie de pain.

Flambez, videz, troussez, lardez une poularde, et la mettez sur le feu avec un peu de bon bouillon, sel, poivre, persil, ciboules. Quand la poularde sera cuite, faites attacher toute la sauce autour et laissez refroidir. Préparez une autre sauce blanche bien épaisse et masquez-en tout le dessus de la poularde que vous saupoudrez au fur et à mesure de mie de pain, jusqu'à ce qu'on n'aperçoive plus la sauce. Faites prendre couleur entre deux feux, et servez avec une sauce piquante.

Poularde aux Oignons.

Prenez une bonne poularde ; hachez son foie auquel vous ajoutez autant de lard gras râpé, persil, ciboules hachés, sel, poivre. Mettez cette farce dans la poularde et cousez ensuite l'ouverture ; puis enveloppez-la de lard, ficelez et faites cuire comme un rôti. Préparez de petits oignons glacés (voir page 81) et y mettez le jus de la poularde que vous servez entourée des oignons.

Poularde au Jambon.

Faites une farce composée du foie, de lard râpé, persil, ciboules, échalotes hachés, 2 jaunes d'œufs, sel, poivre ; mettez-la dans le corps de la poularde que vous cousez, afin que la farce ne sorte pas. Troussez et faites revenir dans de la graisse, puis garnissez de filets de jambon et de fi-

tés de mie de pain de la longueur de la poularde ; ficelez le
tout et l'enveloppez dans du papier. Faites cuire au four ou à
petit feu. Pour servir, enlevez le papier, dressez la poularde
dans le plat de service, le jambon et le pain autour avec
le jus par-dessus.

Foie de Poulet.

On peut l'accommoder à toutes les manières indiquées pour
le foie de veau ; il est beaucoup plus délicat.

Les foies gras des poulardes, chapons et gros poulets se rôtissent enveloppés de bardes de lard et panés de mie de pain,
un jus de citron en servant. On les met encore en papillottes.

Desserte de Poulet rôti.

Le poulet desservi est meilleur que toute autre viande pour
les hachis, croquettes, beignets de viande, rissoles, et de plus
on l'accommode de bien des manières, toutes très présentables.

En Blanquette. Coupez le poulet par morceaux et le faites chauffer dans une blanquette. (Voir les Sauces).

Au Roux. Coupez le par morceaux et le faites cuire quelques instants comme le poulet au roux, page 230.

A la Daube. Après avoir découpé le poulet, faites-
le cuire un demi quart d'heure, comme il est indiqué à

l'article Poulet à la Daube, page 229.

Au Cerfeuil. Faites revenir une carotte, 2 oignons coupés en tranches, une gousse d'ail, laurier, thym, basilic, laissez sur un feu modéré jusqu'à ce que ces légumes soient un peu colorés ; mouillez ensuite avec un verre de vin et autant de bouillon. Cuisez à petit feu. Lorsque la sauce est déjà bien réduite, passez-la et la remettez sur le feu pour la lier avec un peu de fécule ; terminez par une pincée de cerfeuil haché et un morceau de bon beurre frais. Faites chauffer le poulet dans cette sauce, et servez.

A la Béchamel. Faites chauffer le poulet découpé dans une béchamel. (Voir les Sauces).

A la Farce. Si vous avez un poulet entier desservi, hachez la chair de l'estomac. Mettez une bonne pincée de mie de pain dans un demi-litre de lait chaud ; laissez tremper jusqu'à ce que la mie de pain ait absorbé tout le lait ; mêlez-la avec la viande hachée, ainsi que de la graisse de bœuf ou du lard (environ 200 gr.), ciboules, persil hachés, sel, poivre, 5 jaunes d'œufs. Placez cette farce dans le corps du poulet et à la place de l'estomac ; unissez le dessus avec un couteau trempé dans de l'œuf battu ; panez de mie de pain bien fine. Mettez le poulet dans une casserole ou sur une tôle, sur des bardes de lard ;

couvrez avec du papier et faites cuire entre deux feux. Servez sur une sauce piquante.

Grillé. Coupez le poulet par morceaux que vous tournez dans de l'œuf battu puis dans de la mie de pain assaisonnée de sel, poivre, échalotes, ciboules, persil hachés. Faites cuire comme le Veau grillé, page 126. Servez à sec, ou avec une sauce claire.

A l'Escalope. Ôtez les os et coupez la viande par morceaux que vous arrangez par couches sur un plat beurré, mettant entre chaque couche et sur la dernière ail, échalotes, persil hachés et beurre frais; ajoutez un peu de vin, saupoudrez de chapelure et mettez ¼ d'heure au four, bonne chaleur.

En Salade. Comme le lapin rôti en salade, page 225.

A différentes Sauces. Faites chauffer le poulet dans telle sauce que vous voudrez: au petit-Maître, à la Reine, à la Sultane, à l'Anglaise, etc.

Dessertes de Poulet en Ragoût.

Voir tout ce qui a été dit pour les dessertes de lapin en ragoût, page 225.

Chaud-Froid.

Troussez la poule ou le poulet; faites cuire comme le poulet en fricassée (V. page 227) et faites la sauce de même, mais bien épaisse. Posez la poule ou le poulet sur un plat et la couvrez de la sauce que vous mettez partout, excepté sur la tête. Préparez une belle gelée très claire. (V. page 145). Quand cette gelée est cuite, vous pouvez diversifier les couleurs: blanche, jaune pâle, jaune foncé, etc. Pour obtenir la gelée blanche, vous n'avez qu'à en laisser une partie sans colorer; jaune pâle, mettez un peu de jus au caramel ou de chicorée, et pour jaune foncé, colorez davantage. Faites la prendre au frais sans mélanger les couleurs. Coupez ensuite cette gelée en parcelles dont vous garnissez avec goût la pièce de volaille.

Galantine.

Enlevez les pattes, le cou et l'extrémité des ailes de la volaille, puis désossez-la. Pour y parvenir, fendez la peau d'un bout à l'autre sur le dos et enlevez avec adresse les os de la carcasse, des cuisses et des ailes. Étendez ensuite la poule, saupoudrez-la de sel, de poivre, de girofle en poudre, puis arrangez dessus des tranches de veau et de porc bien assaisonnées: rejoignez les bords en les cousant.

Enveloppez la galantine dans un linge que vous cousez aussi, en le serrant le plus possible et prenant garde de n'y laisser... mar. Faites cuire à petit feu pendant 4 ou 5 heures avec....

moitié eau, moitié vin, en quantité suffisante, pour baigner
la viande ; ajoutez sel, poivre, oignons, persil, laurier, ail,
girofle, basilic, thym, les os de la poule et un pied de veau
ou autres débris propres à faire de la gelée, et, si vous voulez la gelée colorée, quelques cosses de pois. Retirez la galantine, faites égoutter, puis clarifiez la gelée que vous passez ensuite dans un linge ; et lorsqu'elle sera refroidie, coupez-la à volonté pour la servir autour de la galantine
que vous avez sortie du linge, lorsqu'elle était froide, et
placée entière sur le plat de service.

Autre Galantine.

Préparez la poule comme il est indiqué à l'article précédent ; faites-la cuire de même, seulement vous y mettrez 4
pieds de veau au lieu d'un, car la gelée doit être très ferme.
Lorsque la galantine est cuite, retirez-la avec une écumoire, mettez-la entre deux planches chargées, jusqu'à ce
qu'elle soit froide. Otez alors le linge et le fil ; prenez un
moule long et faites comme pour la Gelée moulée, page
191, mais il faut mettre un peu plus de gelée dans le
fond du moule, parce que la galantine devant y être placée entière, il lui faut une base solide. Le moule devra être
empli lorsqu'on aura mis la volaille couverte d'une cou-

cbe de gelée, autrement il serait trop difficile de démouler la galentine sans la briser. Pour sortir du moule, mettez celui-ci quelques secondes dans l'eau chaude et renversez sur le plat de service. Garnissez de persil.

On fait des galantines avec poulet, dindon, oie, canard, épaule de veau, etc.

Dindon.

On accommode en général le dindon comme le poulet. La dinde a la chair plus délicate que le dindon : celui-ci pourtant est bon lorsqu'il est jeune et gras.

Dindon rôti.

Si vous voulez le larder, faites-le cuire quelques minutes dans le Pot-au-feu, vous aurez alors beaucoup plus de facilité. Agissez d'ailleurs comme pour le Poulet rôti, page 226.

Vous pouvez accommoder les dessertes de dindon comme celles de poulet, (V. cet article, page 239).

Dinde Truffée.

Préparez environ 2 livres de truffes et les mettez dans une casserole avec $\frac{3}{4}$ de livre de lard haché, sel, poivre, muscade, bouquet garni; laissez-les sur le feu $\frac{1}{2}$ heure, introduisez-les dans le corps de la dinde que vous faites rôtir.

On peut laisser la dinde truffée 2 ou 3 jours avant de la rôtir, elle ne prendra que mieux le goût des truffes.

Abatis de Dindon.

Les abatis comprennent les ailes, les pattes, le cou, le gésier.
On peut les accommoder comme le poulet en fricassée, au
roux, aux petits pois, à la matelote, à la daube, aux oignons.

Abatis aux Navets.

Faites les revenir dans une casserole avec beurre, persil, ciboules, ail, girofle, etc ; saupoudrez d'une pincée de farine,
mouillez avec du bouillon ; ajoutez quelques navets roussis
d'une belle couleur ; laissez cuire et dégraissez.

Abatis en Civet.

En tuant le dindon, recueillez son sang dans un vase où
vous avez mis ½ verre de vinaigre. Placez les abatis sur le
feu avec du beurre et du lard ; quand ils ont pris couleur ; a-
joutez oignons, persil, laurier, girofle, poivre, sel et un demi-
litre de vin. Faites cuire à petit feu. Au moment de servir, jetez dans cette sauce une poignée de mie de pain grillée, passez le sang au travers d'une passoire et le faites

prendre dans la sauce comme une liaison.

On peut aussi mettre le foie, mais seulement ½ d'heure avant de servir, car il ne doit pas cuire plus longtemps.

Pattes de Dindon.

Faites les cuire dans le Pot-au-feu ou prenez celles qui ont servi à faire de la gelée ; laissez-les refroidir et les trempez dans de la graisse chaude ; panez et faites griller au four ; ou bien quand elles sont refroidies, les trempez dans de l'œuf battu, puis dans la mie de pain et faites cuire comme les pieds de veau frits, page 147. Quelques personnes mettent une farce autour des pattes avant de les paner. On peut-encore les tremper dans une pâte à frire, comme pour la cervelle de bœuf, page 107 et frire de même. Dans ce dernier cas, il est bon d'ôter les gros os.

Pintade.

On la sert rôtie et lardée ; on peut aussi l'accommoder comme la poularde.

Canard rôti.

On ne rôtit que les jeunes canards.

Faites cuire le canard comme le poulet, mais il supporte

un feu plus vif, car la peau étant plus dure ne se crispe pas si facilement.

Vous pouvez, en servant, garnir de tranches de pain rôties avec le canard, et surlesquelles vous avez étendu un hachis fait avec le foie du canard, ou foie de veau si on en a, du lard et des assaisonnements, le tout haché fin.

Les dessertes de canard rôti se remettent en salmis, aux navets. Pour cela, coupez le canard par morceaux et l'accommodez comme il sera expliqué aux articles Canard en Salmis, Canard aux Navets, à la seule différence de le laisser cuire moins longtemps puisqu'il l'est déjà. On peut encore le chauffer dans différentes sauces, comme sauce piquante pour le gibier, au petit-maître, à l'italienne, ou le mettre au roux.

Canard en Salmis.

Faites rôtir le canard entier dans du beurre ou de la graisse, à petit feu pour qu'il jette bien son jus ; lorsqu'il est à moitié cuit, coupez-le par membres et le tournez dans un roux; mettez sel, poivre, le jus du canard, un bon verre de vin rouge et autant de bouillon ou d'eau, persil, échalotes, oignons hachés. Quand le canard est cuit, mettez dans la sauce le foie gardé à part en découpant le canard et que vous tirasez alors avec un peu de sauce ; vous pouvez ajouter de la moutarde et au moment de servir un jus de citron ou du vinaigre, le tout en petite quantité.

On dresse sur des croûtons de pain grillés dans du beurre.

On peut aussi couper ce pain par dents d'après le modèle ci-contre et les dresser autour de la viande. On arrose le tout avec la sauce.

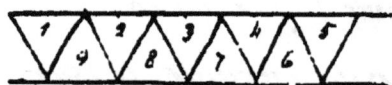

Canard aux Navets.

Mettez au fond d'une casserole : carotte, oignons, persil, poivre, clous de girofle, laurier et un peu de beurre. Placez dans la casserole le canard découpé ; faites-le revenir sur le feu jusqu'à ce que les oignons jaunissent ; mouillez avec du jus de veau ou bon bouillon et un peu de vin blanc, de manière que le liquide arrive presque aux trois quarts de la hauteur de la viande ; mettez ensuite une petite cuillerée de fécule délayée avec du bouillon. Faites cuire à feu modéré ; passez la sauce. Coupez des navets tendres ; mettez-les cuire avec du bouillon et une pincée de sucre ; égouttez-les et les passez dans du beurre frais bien chaud. Dressez le canard sur un plat, les navets tout autour (ou simplement quatre bouquets de navets) et sauce par-dessus.

Autre Manière.

Faites un roux que vous mouillez de bouillon et dans lequel vous mettez le canard avec bouquet garni, sel, poivre, et à moitié de la cuisson des navets tendres coupés en forme de nouilles. Dégraissez avant de servir. Si les navets sont durs, il faut les mettre sur le feu en même temps que le canard.

Canard aux Oignons.

Laissez le canard entier. Faites un roux d'un jaune clair, tournez-y le canard, mouillez avec du bouillon et ½ verre de vin blanc, assaisonnements, un peu de noix de muscade.

Dressez et garnissez de petits oignons glacés, page 81.

On peut ne pas employer de vin, et ajouter du jus de citron au moment de servir.

Canard Braisé.

Comme le Poulet braisé, page 232.

Canard à la Daube.

Comme le Poulet à la Daube, page 229.

Autre Manière.

Laissez le canard entier et le passez un instant sur le feu, afin de pouvoir le larder plus facilement; assaisonnez les lardons de ciboules, échalotes, ail, persil hachés, feuille de laurier et girofle pilé, sel, poivre, un peu de muscade râpée. Ficelez le canard et le mettez dans une casserole avec deux verres d'eau et autant de vin, sel, poivre, carotte, oignons, échalotes, persil, ail, laurier, etc. Couvrez bien la casserole ; faites cuire à petit feu. Lorsque le canard est cuit, servez-le chaud avec sa sauce dégraissée et liée.

8°. pouvez aussi le dresser sur le plat de service, faire réduire la sauce dans laquelle vous aurez fait cuire du jarret ou du pied de veau, afin qu'elle puisse se prendre en gelée. Le canard étant à peu près refroidi, versez la sauce dessus, et ne servez que quand elle sera prise en gelée.

Canard aux Olives.

Laissez le canard entier, et faites-le revenir dans une casserole avec du beurre et de la graisse de lard, saupoudrez de farine, retournez, mouillez de bouillon, ajoutez sel, poivre ; un demi quart d'heure avant de servir, mettez une demi-livre d'olives épluchées et blanchies ; faites mijoter et servez le canard entouré des olives.

Canard aux Petits Pois.

Préparez un roux que vous mouillez de bouillon et dans lequel vous mettez le canard avec persil, ciboules, sel, poivre, faites cuire à petit feu ; une demi-heure avant de servir, ajoutez environ 1 litre de petits pois.

Canard aux Marrons.

Hachez le foie du canard, et le passez ¼ d'heure sur le feu dans du beurre avec oignons, persil, ciboules, de la chair à saucisses ou du lard entremêlé de maigre, des marrons cuits à l'eau ou au four puis épluchés, le tout haché. Laissez refroidir cette farce que vous introduisez alors dans le corps du canard ; cousez ensuite l'ouverture pour qu'il n'en sorte rien. Faites cuire le canard comme un rôti, et servez-le avec un ragoût de marrons fait de la manière suivante :

Enlevez la peau à 20 ou 30 marrons blanchis ou un peu rôtis au four ; mettez-les ensuite dans une casserole avec la moitié d'un petit verre de vin, un peu de bouillon, du sel ; faites cuire et réduire à courte sauce, ajoutez le jus du canard que vous servez et dressez, les marrons autour.

Canard à la Moutarde.

Hachez le foie avec assaisonnements ; ajoutez sel, poivre, beurre frais ; mettez cette farce dans le canard que vous cousez ; faites-le rôtir en l'arrosant de temps en temps avec un peu de beurre. Lorsque le canard est presque cuit, mêlez une cuillerée de moutarde avec le beurre qui sert à arroser; panez de mie de pain fine; achevez de faire cuire jusqu'à ce qu'il soit bien coloré. Faites une sauce à la moutarde et la servez sous le canard.

Canard à l'Eau.

Mettez le canard entier dans une casserole en fer sur le feu avec de l'eau qui le baigne, oignons, girofle laurier, couenne ou tranches de lard. Lorsque le canard est cuit, l'eau réduite, laissez rôtir à grand feu, saupoudrez d'une cuillerée de farine, et, quand elle est roussie, versez un verre de vin, eau ou bouillon. Faites cuire $\frac{1}{4}$ d'heure et servez.

Tête et Pattes de Canard.

Comme les pattes de dindon, page 245.

Abatis de Canard.

Comme les abatis de dindon, page 245.

Canards Sauvages.

Ils se servent rôtis sans être piqués, ni lardés, avec une sauce de gibier ou une sauce piquante.

Étant rôtis et desservis, vous les remettez à différentes sauces: aux anchois et câpres, en salmis, etc. Vous pouvez du reste les accommoder à toutes les manières indiquées pour le canard domestique.

Canard Sauvage rôti au four.

Gardez le foie à part. Mettez le canard au four avec du beurre et un peu d'eau, couvrez-le de papier également beurré ; faites cuire aux $\frac{3}{4}$. Hachez le foie avec des échalotes, ajoutez sel, poivre, laurier, girofle ; délayez le tout avec un demi-litre de vin que vous versez peu à peu ainsi que du bouillon, placez ce hachis sur le feu dans une casserole, en le tournant jusqu'au premier bouillon ; laissez cuire $\frac{1}{4}$ d'heure, ajoutez un morceau de beurre frais, puis mettez le canard avec son jus pour cuire encore $\frac{1}{2}$ heure. Dressez en garnissant le plat de tranches de pain coupées comme pour le Canard en Salmis, page 247. Arrosez le tout avec la sauce.

Poules d'eau.

Elles se préparent comme les canards.

Oie.

L'oie s'accommode en tout comme le canard. Pour rôti, choisissez-la jeune et bien grasse.

Si on le veut, on sert l'oie rôtie garnie de tranches de pain sur lesquelles on a étendu le foie haché, mêlé à du lard râpé et à des assaisonnements, et plâcées avec l'oie quelques minutes avant la cuisson complète de celle-ci.

Pigeons.

Plumez, flambez, videz les pigeons; sortez le foie si vous voulez l'avoir pour la farce ou la sauce, autrement vous pouvez le laisser, car les pigeons n'ont pas de fiel.

Pigeons Rôtis.

Troussez les pigeons, lardez-les ou non à volonté; mettez-les sur le feu avec beurre ou graisse que vous faites bien chauffer. Quand ils ont pris couleur, ajoutez sel, poivre, oignons, carottes, ail.

On peut, pour cuire les pigeons, les envelopper de feuilles de vigne quand c'est la saison, ou de bardes de lard si on ne les a pas lardés.

Pigeons braisés.

Comme le Poulet braisé, page 232.

Pigeons en Fricandeau.

Comme le Fricandeau de veau, page 130.

Pigeons au Roux.

Comme le Poulet au Roux, page 230.

Pigeons à la Crapaudine.

Après avoir troussé les pigeons, fendez-les sur le dos et les aplatissez avec le couperet sans beaucoup casser les os; marinez-les pendant ½ heure avec ciboules, persil hachés, sel, poivre, huile fine. Retirez et panez-les de mie de pain assaisonnée d'échalotes et d'ail hachés. Faites les griller d'un beau jaune. Préparez une sauce avec du beurre frais, une cuillerée de farine, échalotes, ail, persil hachés, poivre, sel; mouillez moitié vin, moitié eau; ajoutez la marinade et laissez cuire un quart d'heure. Servez les pigeons sur la sauce. Vous pouvez remplacer cette sauce par une autre au verjus, à la moutarde, etc.

Le beurre ou la graisse remplacent l'huile.

Si on ne veut pas mariner les pigeons, on les passe quelques minutes dans le Pot-au-feu, et on les tourne dans la mie de pain assaisonnée comme ci-dessus.

Pigeons farcis.

Sortez le foie et le pilez, ajoutez oignons, persil hachés et passés au beurre, mie de pain, œufs entiers, sel, poivre, muscade. Mélangez et mettez dans les pigeons que vous faites ensuite rôtir enveloppés de lard et de papier. Servez avec telle sauce ou tel ragoût que vous voudrez.

Autre Manière.

Hachez le foie avec un peu de lard ajoutez du sel, mettez ce mélange dans le corps du pigeon et le faites rôtir enveloppé de lard et de papier.

Quand il est cuit, servez-le à différentes sauces, à l'Italienne, à l'Anglaise, aux petits pois, aux cardons, aux laitues farcies, etc.

Pigeons en Matelote.

Comme le Poulet en matelote, page 230.

Pigeons à la Bourgeoise.

Troussez les pigeons, faites-les blanchir quelques minutes et les retirez à l'eau fraîche. Mettez-les dans une casserole entre deux bardes de lard, avec bouillon, sel, poivre, bouquet garni. Lorsque les pigeons sont cuits, dressez-les, mettez une liaison de jaunes d'œufs dans la sauce que vous servez avec les pigeons.

Pigeons aux Fines Herbes.

Fendez les pigeons à moitié du dos pour les aplatir un peu; mettez-les dans une casserole avec les foies hachés, un morceau de beurre manié d'une pincée de farine, sel, poivre, etc.

lôtes, persil, ciboules, ail, laurier, le tout bien haché. Faites mijoter une demi-heure, et mettez ensuite un demi-verre de vin blanc, autant de bouillon ; achevez de cuire à petit
feu ; dégraissez et servez.

Autre Manière.

Après avoir aplati les pigeons, faites leur faire quelques
bouillons dans le Pot-au-feu, puis tournez-les dans la mie de
pain assaisonnée de sel, poivre, échalotes, ail, persil hachés.
Mettez les au four avec tranches de lard et beurre frais.
Faites cuire à petit feu ; arrosez de temps en temps. Lorsque
les pigeons ont une belle couleur, ajoutez vin et bouillon ou
eau ; laissez cuire et dressez les pigeons sur la sauce.

Pigeons en Saluis.

Troussez les pigeons et réservez le foie.

Pour deux pigeons, 60 grammes de beurre, 30 grammes
de lard coupé en petits carrés. Quand le beurre et le lard
sont chauds, mettez-y les pigeons coupés en quatre.

Les pigeons étant rôtis, saupoudrez-les d'une pincée de farine ; couvrez bien et laissez cuire un demi-quart d'heure ; retournez les pigeons dans la casserole ; ajoutez un bon verre de vin, autant de bouillon ou d'eau, 3 ou 4 échalotes, un
peu de laurier, sel et poivre. Hachez le foie bien fin, ou faites-

le cuire un quart d'heure et l'écrasez ; mêlez-le à une cuillerée de farine, un morceau de beurre que vous chauffez pour
le rendre coulant ; prenez de la sauce du pigeon pour joindre
au foie et remettez le tout sur le feu pour cuire quelques minutes. Faites griller des tranches de pain que vous placez
dans le fond du plat de service, les pigeons bien arrangés
dessus et arrosés de la sauce. Vous pouvez remplacer les
tranches de pain par de plus petites coupées et arrangées
comme pour le Canard en Salmis, page 247.

Pigeons à la Mie de pain.

Faites rôtir avec lard, beurre frais ; ajoutez de la mie de
pain, un peu de bouillon, des fines herbes : en servant, un
filet de vinaigre.

Pigeons à l'Étouffée.

Coupez-les en quatre ; mettez les cuire avec moitié vin,
moitié bouillon ou eau, oignon, lard, poivre, sel, tranches de citron ou écorce hachée, girofle, muscade en poudre. Avant de dresser, ajoutez un bon morceau de beurre frais et liez de fécule.

Pigeons aux Petits Pois.

Comme le Lapereau aux petits pois, page 223.

Pigeons aux Asperges.

A défaut d'asperges ordinaires, vous pouvez prendre celles qui sont trop montées ou trop petites pour être servies entières ; coupez-les par petits bouts en ne prenant que ce qui est tendre. Faites-les blanchir 5 minutes, retirez-les à l'eau fraîche et les égouttez, puis achevez comme pour le Lapereau aux petits pois, page 223.

Gros Pigeons.

Faites-les cuire à petit feu, avec bouillon, sel, poivre, persil, laurier, girofle, oignon, carotte, lard. Servez-les en mettant autour un ragoût de choux-fleurs, petits oignons, cardons, etc.

Dessertes de Pigeons rôtis.

Vous pouvez chauffer les restes de pigeons rôtis dans une sauce telle que : sauce de gibier, au petit-Maître, italienne, brune, etc. On en fait aussi des hachis, des croquettes, des beignets, des rissoles, ou on les accommode à l'une des manières suivantes :

En Salmis. Comme le Lièvre en Salmis, page 217.
Grillé. Comme le Lapin grillé 224.

Dessertes de Ragoûts de Pigeons.

A la Bourdois. Comme le lapin à la Bourdois, page 225.
Grillé. Comme le Lapin grillé, page 225.
En Crépine. Prenez des pigeons desservis, soit rôtis ou autres ; faites une farce de viande, ayant soin de mettre en neige le blanc des œufs qui servent à lier la farce. Enveloppez chaque pigeon de cette farce et d'un morceau de crépine ; faites tenir celle-ci avec de l'œuf battu ou cousez-la. Panez de mie de pain ; faites cuire ½ heure à petit feu et prendre couleur. Servez avec une sauce piquante.
Si les pigeons desservis n'étaient plus entiers, vous pouvez faire de même avec les morceaux.

Ramiers ou Pigeons sauvages.

Accommodez-les comme les pigeons domestiques.
Ils sont excellents rôtis.

Pigeons sauvages marinés.

Troussez et lardez les pigeons ; marinez-les 12 heures avec sel, poivre, girofle, laurier, oignons, vinaigre en quantité suffisante pour couvrir les pigeons. Foncez une casserole de bardes de lard sur lesquelles vous placez les pigeons ; faites-les rôtir d'un beau jaune ; saupoudrez-les de farine ;

mouillez avec du bouillon, la marinade et encore un peu de vinaigre si celui de la marinade ne suffit pas ; laissez cuire à petit feu. Liez la sauce avec de la fécule et la versez au travers d'une passoire sur les pigeons dressés dans le plat de service.

Perdrix et Perdreaux.

Comme les pigeons.

Les perdrix desservies peuvent être accommodées aussi comme les pigeons desservis.

Perdrix aux Choux.

Troussez les perdrix que vous lardez ; mettez-les dans une casserole avec des tranches de lard, oignons, carottes, coupés en tranches, sel, poivre, girofle, laurier, beurre frais et bon bouillon. Faites-les cuire tout d'abord sur un bon feu que vous ralentissez par degrés.

Faites blanchir pendant $\frac{1}{2}$ heure des choux coupés en quatre, puis exprimez-en l'eau le plus possible ; ajoutez-les aux perdrix avec sel, poivre, beurre, graisse et lard par-dessus.

Couvrez et laissez cuire doucement. Dressez les perdrix avec les choux autour et le lard de distance en distance ; versez sur le tout la sauce liée et de bon goût.

Vieilles Perdrix.

Comme les gros pigeons, page 259.

On peut aussi en faire du bouillon.

Cailles rôties.

Après les avoir plumées et vidées, faites-les rôtir envelop-
pées de feuilles de vigne et ensuite de bardes de lard.
Les dessertes sont apprêtées comme celles de pigeons.

Cailles aux Choux.

Comme les Perdrix aux Choux, page 261.

Cailles au Lard.

Les cailles étant plumées et vidées, mettez-les dans une
casserole avec bardes de lard dessus et dessous, beurre frais,
bouquet garni, sel, poivre, laurier, girofle, $\frac{1}{2}$ verre de vin
et autant de bouillon. Faites cuire à très petit feu.
Servez avec la sauce dégraissée et liée.

Faisan.

Il se sert ordinairement rôti, étant vidé, lardé ou bardé.

Faisan farci en Rôti.

Hachez le foie; faites en une farce avec persil, échalotes
hachées, sel, poivre et lard râpé, mettez-la dans le corps

du faisan que vous cousez ensuite ; enveloppez-le de bardes de lard et faites cuire comme un rôti.

Servez avec une sauce d'un goût relevé.

Faisan rôti en Salmis.

Tournez sur le feu une cuillerée de farine dans du beurre ; lorsqu'elle est d'un beau jaune, mouillez de bouillon et de vin rouge ; ajoutez bouquet garni, faites cuire $\frac{1}{4}$ d'heure ; retirez le bouquet et les épices ; coupez par morceaux un faisan rôti que vous faites chauffer dans la sauce. Au moment de servir, ajoutez un jus de citron.

Gélinotte.

Comme le Faisan.

Bécasses et Bécassines rôties.

Ne les videz pas. Enveloppez-les de bardes de lard et les mettez rôtir sur des tranches de pain. Arrosez-les de temps en temps avec du bouillon, ajoutez du sel. Dressez-les dans le plat de service sur les tranches de pain. — On les garde ordinairement 2 ou 3 jours avant de les apprêter.

Bécasses farcies.

Videz-les et hachez-en tout l'intérieur, le gésier excepté ;

râpez du lard, ajoutez persil, échalotes, sel, mêlez le tout.
mettez cette farce dans le corps des bécasses que vous cousez
et troussez ensuite. Enveloppez-les de lard et faites cuire
comme un rôti. Servez avec une sauce ou un plat de
légumes de votre choix.

Bécasses truffées.

Hachez des truffes que vous mêlez à du lard râpé. Mettez sur le feu avec beurre, girofle et laurier pilé, poivre.
sel. Lorsque cette farce sera cuite, laissez-la refroidir
pour la mettre dans le corps des bécasses que vous cousez ; bardez et faites cuire comme un rôti. Servez de même.

Bécasses à la Minute.

Retirez le gésier et mettez les bécasses sur le feu dans une
poêle avec du beurre ; sautez-les ; quand elles auront pris
couleur, ajoutez échalotes et persil hachés, sel, poivre, une
pincée de farine ou de chapelure ; mouillez de bouillon
et de vin. Laissez faire quelques bouillons, et servez en
ajoutant à la sauce un jus de citron.

Bécasses en Salmis.

Servez-vous des bécasses rôties desservies, coupez-les par

membres ; hachez les intestins avec échalotes, persil, sel, poivre ; étendez ce hachis sur les tranches de pain des bécasses.

Tournez une cuillerée de farine dans du beurre sur le feu ; mouillez de bouillon et de vin ; mettez sel, poivre et autres assaisonnements, laissez cuire ¼ d'heure. Dressez les morceaux de viande sur le pain et versez la sauce sur le tout. Si vous n'avez plus de tranches de pain des bécasses, prenez-en d'autres que vous couvrez du même hachis que ci-dessus, et les faites rôtir quelques instants.

Alouettes rôties.

Comme les Bécasses. Vous pouvez aussi les placer dans une tourtière beurrée, le dos sur des tranches de pain ; saupoudrez de poivre, sel, chapelure, poudre de genièvre et laissez cuire à petit feu.

Alouettes à la Minute.

Comme les Bécasses, page 264.

Alouettes en Salmis.

Voir les Bécasses en Salmis, page 264.

Grives et Merles.

On les accommode comme les Bécasses, page 263 et suiv.

Ortolans, Rouges-Gorges.

Ils se servent rôtis ainsi que les autres petits oiseaux.

que vous faites cuire sur des croûtons de pain, et couverts d'u-
ne mince tranche de lard. Dressez-les sur les roties de pain.

On ne vide généralement pas les petits oiseaux de passage.

Hachis de Viandes.

Hachez les débris de viandes quelconques avec des échalotes,
des oignons, du persil, un peu de lard cru, ajoutez de la mie
de pain échaudée avec du lait, des œufs dont vous battez le
blanc en neige si vous voulez, un peu de jeune crème. De
ce hachis vous faites : gâteau, timbale, boulettes, tartines.

Gâteau. Pour un plat de 6 personnes, mettez à peu
près 4 œufs et ajoutez le lait nécessaire pour que le hachis
soit coulant. Dressez dans le plat de service, et mettez par-
dessus quelques morceaux de beurre frais, de la chapelure
si vous voulez, puis faites cuire entre deux feux.

Timbale. Préparez le hachis comme pour le Gâteau
mais un peu plus épais; beurrez ou graissez un moule que
vous garnissez d'une abaisse de pâte brisée (Vous trouverez
cette pâte au Chapitre des Pâtisseries). Mettez le hachis
dans le moule, posez dessus un couvercle de la même pâte,
et faites cuire au four environ ¾ d'heure.

Pour servir, renversez sur le plat.

Boulettes. Faites un hachis sans lait, mais préparée d'ailleurs comme ci-dessus, à peu près 2 œufs pour trois douzaines de boulettes. Prenez ce hachis par cuillerée que vous déposez sur de la farine dans laquelle vous le tournez, puis formez-en des boulettes que vous placez sur une tôle ou une poêle avec un peu de graisse. Faites cuire sur le feu ou au four. Quand elles sont jaunes d'un côté, retournez-les.

Tartines. Faites un bon hachis, épais comme pour les boulettes, sans y mettre trop de mie de pain. Étendez-le avec un couteau sur des tranches de pain que vous jetez dans une friture, le hachis en dessous. Retournez-les et ne les laissez plus que quelques secondes. De cette manière le pain est croquant; pour qu'il soit plus tendre, on met du hachis des deux côtés. On peut aussi cuire ces tartines entre deux feux dans une tôle avec graisse, mais elles sont moins bonnes que frites. Le rognon de veau mêlé à autant d'autre viande fournit d'excellentes tartines.

Hachis sur le feu.

Lorsqu'on est pressé, on cuit simplement le hachis sur le feu. Faites revenir dans du beurre des oignons hachés; quand ils sont presque cuits, saupoudrez-les d'une cuillerie de farine que vous remuez jusqu'à ce qu'elle soit d'une belle couleur. Mouillez avec du vin et autant de bouillon; ajoutez sel, poivre; laissez bouillir jusqu'à ce que l'oignon soit cuit et la sauce bien liée; mettez alors la viande hachée que vous faites cuire quelques minutes, pour qu'elle prenne goût. En servant, ajoutez une cuillerée de moutarde ou un filet de vinaigre; saupoudrez de chapelure.

Croquettes de Viande.

Hachez des restes de viandes quelconques avec échalotes, persil, ail; ajoutez sel, poivre, un peu de jeune crème; prenez des œufs dont vous séparez le blanc du jaune, jetez ceux-ci dans le hachis. Mettez un bon morceau de beurre frais dans une casserole sur le feu, de la farine autant que le beurre peut en contenir, remuez constamment; quand cette bouillie est épaisse, mélangez-la avec la viande que vous prenez par cuillerée comme pour les boulettes; roulez ces boulettes en petits cônes et les tournez légèrement dans la farine, puis dans les blancs d'œufs battus en neige et enfin dans la mie de pain. Chauffez un peu de graisse, et faites y griller les croquettes des deux côtés.

Rissoles.

Prenez de la pâte brisée ou pâte de ménage que vous

trouverez au Chapitre des Pâtisseries. Etendez-la assez mince, partagez-la en ronds à l'emporte-pièce ou avec un verre à boire ; faites un hachis comme pour les boulettes ; déposez ce hachis par cuillerée sur un côté de la pâte, le recouvrant avec l'autre côté et obtenant ainsi la forme d'un demi-cercle. Pincez les bords. Dorez à l'œuf et faites cuire au four.

On peut aussi couper la viande cuite quelconque en petits morceaux, les passer sur le feu avec beurre, assaisonnements hachés, sel, poivre, une pincée de farine, un peu de bouillon ; faire réduire de manière que la sauce s'attache à la viande, puis laisser refroidir avant de mettre dans la pâte.

Rissoles frites.

Faites un bon hachis fortement assaisonné d'oignons, échalotes, persil hachés, sel, poivre et mettez des œufs, de la crème, mais pas de mie de pain. Préparez une pâte ferme avec farine, beurre, sel et œufs, (environ 4 grosses cuillerées de farine pour 1 œuf et 15 grammes de beurre). Travaillez jusqu'à ce que cette pâte soit bien homogène. Etendez-la mince, coupez-la par ronds avec un moule ou un verre à boire ; déposez du hachis sur un côté et recouvrez avec l'autre côté. Serrez bien les bords ensemble et faites cuire dans une friture chaude. Servez brûlant.

On peut remplacer dans le hachis une partie de la crème par du bouillon gras.

Beignets de Viande.

Prenez de la viande cuite et refroidie que vous coupez par petits morceaux, et faites une pâte de la manière suivante :

Cassez 2 œufs, dont vous séparez les blancs, délayez 2 bonnes cuillerées de farine avec les jaunes et 3 ou 4 cuillerées de lait ; la pâte doit être très épaisse. Ajoutez persil et échalotes hachés, sel, poivre. Trempez chaque morceau de viande dans cette pâte, ensuite dans les blancs d'œufs battus en neige ; puis chauffez dans une poêle assez de graisse pour que les beignets y baignent à moitié. Quand elle est bien chaude, mettez les beignets et les faites jaunir des deux côtés ; entretenez un feu modéré.

Chapitre IV.

Poisson d'eau douce.

Écaillez, videz et lavez le poisson : quelques espèces demandent à être échaudées auparavant ; ce sera mentionné à l'occasion.

Poisson au Court-Bouillon.

Mettez cuire le poisson avec moitié eau, moitié vin, ou vin pur, en quantité suffisante pour que le poisson baigne ; assaisonnez de poivre en grains, laurier, oignons, persil, ail, laissez cuire à feu vif. Le poisson est cuit lorsque les yeux sortent de leur orbite. Retirez-le du court-bouillon et le servez froid sur un plat garni de persil, ou avec une sauce mayonnaise, une sauce tartare ou autre dans une saucière.

Le poisson se conserve 4 ou 5 jours dans son court-bouillon. Il est moins beau lorsqu'il est cuit avec vin rouge, mais tout aussi bon qu'avec le blanc.

On met le poisson sur le feu avec le vin froid ou chaud à volonté, mais le vin froid rend le poisson plus ferme.

Poisson à la Sauce blanche.

Faites-le cuire comme il vient d'être dit, mais alors servez-le chaud avec une sauce blanche, vous servant du court-bouillon pour mouiller la sauce afin de lui communiquer le goût du vin.

Garnissez de petits oignons glacés, si vous voulez.

Poisson au Gratin.

Faites cuire le poisson entre deux feux, après avoir mis sel, poivre, de petits morceaux de beurre frais, quelques croûtons de pain ; saupoudrez de chapelure. A moitié de la cuisson, ajoutez échalotes, persil hachés, un peu de vin et de crême.

Poisson frit.

Essuyez le poisson et tournez-le dans la farine, puis le mettez dans une friture chaude, sur un feu vif. Il suffit qu'il baigne à moitié. Lorsqu'il est cuit d'un côté, retournez-le ; en sortant de la friture, saupoudrez-le de sel fin.

Servez à sec ; ou, si vous voulez une sauce, faites revenir dans du beurre, échalotes, persil bien hachés, puis mettez un peu de bouillon maigre et de la crême.

Observez pour tous les poissons frits de les mettre dans

une friture bien chaude, sur un feu clair, car autrement le poisson ne serait pas ferme.

Poisson en Matelote.

Coupez le poisson par morceaux ; faites revenir tranches de carotte, oignons, ajoutez vin rouge ; mettez bouillon et eau, faites cuire à grand feu avec sel, poivre, échalotes, bouquet garni. Quand le poisson est cuit, liez la sauce avec un peu de fécule et y mettez de la crème. Vous pouvez griller du pain pour mettre sous chaque morceau.

Si on a plusieurs espèces à la fois, la matelote n'en est que meilleure.

Garnissez d'oignons glacés, si vous voulez.

Poisson au Four.

Prenez des poissons, gros ou petits, convenablement préparés, remplissez-en un pot de terre avec beurre, sel, poivre, assaisonnements ; couvrez d'un couvercle soudé de pâte et faites cuire au four, même chaleur et autant de temps que le pain. Le poisson est cuit, et on n'y sent plus les arêtes.

Anguille.

Pour dépouiller l'anguille, coupez la peau au-dessous de la tête tout autour ; puis suspendez-la par la tête à un clou et tirez la peau d'un bout à l'autre : on peut s'aider d'un linge et mettre du sel dans ses mains. (On ne mange ni la tête ni le bout de la queue.)

Il ne faut pas la servir froide, elle est trop grasse.

Anguille en Matelote.

Comme le Poisson en Matelote, page 273.

Anguille en Fricassée de Poulet.

Après l'avoir dépouillée, vidée et lavée, coupez-la par morceaux, puis la tournez sur le feu dans du beurre frais avec farine ; mouillez d'eau chaude, assaisonnez de sel, poivre, échalotes, ail, un peu de laurier et de persil. Faites cuire doucement, et avant de servir, ajoutez une liaison de jaunes d'œufs avec crème.

Anguille Frite.

Coupez-la par tronçons, fendez-la en deux dans sa longueur et ôtez l'arête ; essuyez-la avec un linge, farinez, faites frire de belle couleur ; servez garnie de persil frit vert et bien sec, ou avec une sauce ravigote.

Anguille au Four.

Comme le Poisson au four, mais on la coupe par tronçons.

Anguille Grillée.

Coupez-la par morceaux et la faites cuire dans un court-bouillon ordinaire de poisson, puis la mettez griller au four, avec beurre frais par-dessus, ou tournez-la toute chaude dans la mie de pain et faites-la rôtir à petit feu. Faites une sauce blanche avec le court-bouillon, versez-la sur le plat, déposez-y ensuite les tronçons de l'anguille.

Vous pouvez aussi laisser l'anguille entière, la rouler en commençant par la tête, et la ficeler pour la maintenir, ou passez une brochette pour faire tenir tête et queue ensemble. Retirez la brochette pour servir.

Autre Manière.

Coupez-la par tronçons et la faites cuire sur le gril. Servez avec une sauce blanche ou telle autre que vous voudrez

Anguille au Lard.

Mettez-la au four avec lard dessus et dessous, tranches de carottes, d'oignons, échalotes, ail, persil hachés. Un quart d'heure avant de servir, enlevez le lard de dessus l'anguille que vous saupoudrerez de chapelure. Dégraissez la sauce et y ajoutez de la crème. On peut larder l'anguille : dans ce cas, on ne met pas d'autre lard dessus pour la cuire.

Anguille à la Tartare.

L'anguille étant dépouillée, roulez-la en couronne et la maintenez avec des brochettes. Il y a deux manières de la cuire:

1° Au court-bouillon. Lorsqu'elle est cuite de cette manière et un peu égouttée, roulez-la dans de la mie de pain, trempez-la ensuite dans des œufs battus avec du beurre rendu coulant, et de nouveau dans de la mie de pain très fine. Faites prendre couleur entre deux feux ou sur un gril (feu doux), et servez avec une sauce tartare que vous mettez au milieu de l'anguille dressée en couronne, ou dans une saucière.

2° A l'étouffée. Faites revenir avec du beurre dans une casserole carottes, oignons, échalotes, ajoutez poivre, sel, mouillez de vin blanc et y faites cuire l'anguille. Vous la servez alors avec une sauce tartare comme ci-dessus.

Anguille à la Sauce blanche.

Voir le Poisson à la Sauce blanche, page 272.

Anguille rôtie.

Coupez-la par tronçons et la marinez dans de l'huile, sel,

poivre, laurier, oignons. Tournez ensuite dans la chapelure.
Mettez rôtir ayant soin de placer sous chaque tronçon, un
morceau de pain de même grandeur et largeur et couvert
de beurre ; faites cuire entre deux feux. Servez à sec, garni de persil, ou avec une sauce piquante.

On peut encore la rôtir entière après l'avoir marinée,
tournée, puis roulée ; faites rôtir à petit feu en arrosant
de temps en temps de la marinade, et servez avec une ravigote ou autre.

Anguille aux Fines Herbes.

Après l'avoir lavée et essuyée, faites la mariner 1 heure ou 2 sur des cendres chaudes, dans une casserole avec
échalotes, oignons, ail, persil, un peu d'estragon hachés,
sel, poivre, huile d'olive, et beurre frais. Mettez-la au
four dans un plat ou sur une tôle avec toute la marinade et panez de mie de pain bien fine. Au moment de
servir, ajoutez du jus de citron si vous voulez.

Barbeau.

On le sert frit ; au court-bouillon au gratin, à la sauce
blanche.

Barbeau Grillé.

Après l'avoir fait mariner dans de l'huile avec des assai-

sonnements, mettez-le cuire entre deux feux avec la marina
de, un peu de beurre, panez de mie de pain très fine. Si on met
dans le corps du poisson des assaisonnements et un peu de
beurre frais mêlé à du persil haché, il est meilleur.

En servant, ajoutez du jus de citron, ou faites une sauce,
blanche, tomate ou autre.

On peut aussi, lorsqu'il est mariné, le cuire sur le gril.

Brême.

Comme le Barbeau.

Brochet.

On ne mange pas les œufs du brochet.
Il se met au court-bouillon, à la sauce blanche, en matelote, frit.

Si le brochet pèse plus d'une demi-livre, coupez-le par
morceaux pour le frire. On peut encore le griller comme le
barbeau et le servir avec les mêmes sauces.

Brochet rôti.

Mettez-le au four avec du beurre, pendant la cuisson,
arrosez-le de vin blanc mêlé à de l'huile fine, et un peu de
jus de citron si vous voulez. Quand il est cuit, liez la

sauce avec de la fécule, ajoutez sel, poivre, cornichons hachés.

Autre Manière.

Lardez-le de chair d'anguille, d'anchois, ou de lard. Cou-vrez de feuilles de vigne que vous liez autour. Chauffez la tôle et la graissez. Faites cuire entre deux feux (chaleur moyenne) avec de l'huile ou du beurre, 1 heure de cuisson à peu près. Servez avec une sauce à la moutarde, ou à l'estragon

Brochet en Fricassée de Poulet.

Lavez-le, égouttez-le, puis le coupez par tronçons que vous tournez sur le feu dans du beurre frais avec farine ; mouillez d'eau chaude et d'un peu de vin blanc ; assaison-nez de sel, poivre, échalotes, ail, laurier et persil. Faites cuire doucement ; et, avant de servir, ajoutez une liaison de jaunes d'œufs et de crème.

Carpe à la Sauce Blanche.

Comme le Poisson à la Sauce blanche, page 272.

Carpe à l'Étuvée.

Découpez-la par morceaux, puis faites-la cuire comme l'autre poisson, au court-bouillon, mais avec du vin rouge. Elle est cuite quand la chair se sépare des arêtes. Faites un roux. Vous pouvez roussir de petits oignons que vous y ajoutez ainsi que du court-bouillon, pour faire la sauce. Avant de dresser, préparez quelques croûtons de pain grillés au beurre; disposez-les à côté l'un de l'autre sur un plat, la carpe par-dessus, arrosez avec la sauce; servez avec les oignons autour.

Carpe frite.

Comme le Poisson frit, page 272. Il faut observer de ne mettre les œufs et la laitance dans la friture que lors-que la carpe est cuite à moitié. Servez-la garnie de ses œufs ou laitance et de persil frit. Vous pouvez jeter du persil haché dans du beurre bien chaud et verser sur la carpe lorsqu'elle est dressée.

Carpe en Fricassée de Poulet.

Comme le Brochet en fricassée de poulet, page 279.

Carpe farcie.

Prenez une carpe laitée autant que possible, écaillez, videz-la, prenez la laitance que vous écrasez et avec la-quelle vous faites une farce, en y mélangeant de la mie de pain bien trempée dans du lait et égouttée, un œuf, de la crème, du persil, sel, poivre, échalotes hachées. On peut aussi se servir d'omelettes ou d'autres restes où il y a des œuf, en ajoutant oseille, épinards hachés qu'on a fait revenir dans du beurre. Mélangez la farce, ne la faites pas trop claire, puis mettez-la dans le corps de la carpe que vous cousez et faites cuire entre deux feux avec beurre, oignons coupés en rouelles, sel, poivre, un peu de laurier, quelques morceaux de pain à l'entour, beurre, oignons, chapelure par-dessus. Il faut environ $\frac{3}{4}$ d'heure. Arrosez de temps en temps avec le beurre. Lorsque la carpe est cuite, mettez de la crème, un fil de vinaigre et servez. Si vous voulez une plus grande sauce, faites une sauce jaune.

Carpe en Gras.

Faites-la cuire avec lard, beurre frais, oignons, carottes, fines herbes dessous et dessus, mie de pain ou chapelure par-dessus. En dressant, dégraissez et ajoutez un peu de crème. On peut larder la carpe comme un filet de bœuf, alors on ne met plus d'autre lard pour la cuire.

Carpe au Gratin.

Voir le Poisson au gratin, page 272.

Perche.

On la sert au gratin, au court-bouillon, à la sauce

blanche, ou lard, en matelote, mais elle est surtout excellente frite.

Perche à la Chinoise

Faites-la cuire au court-bouillon. Hachez les blancs et les jaunes de quelques œufs cuits durs ; passez-les vivement dans du beurre frais très chaud. Dressez la perche sur le plat de service, couvrez-la avec les œufs, et servez.

Truite

La truite saumonée a la chair rouge ; elle est beaucoup plus délicate que la truite ordinaire qui a la chair blanche.

On l'accommode de toutes les manières indiquées pour le poisson en général, et en gras comme la carpe.

Truite Grillée

Marinez-la pendant 1 heure dans de l'huile avec sel, poivre, persil, ciboules, échalotes, laurier. Faites la cuire ensuite sur le gril, en l'arrosant de temps en temps de sa marinade. Servez sur une sauce aux œufs durs, à la moutarde, ou avec un ragoût d'épinards, d'oseille, etc.

Avant de mariner les poissons qui doivent être grillés, ciselez-les légèrement à plusieurs endroits sur le côté.

Une tôle entre deux feux peut remplacer le gril ; on

la chauffe d'avance.

Truite aux fines herbes.

Après l'avoir lavée et essuyée, faites-la mariner dans une casserole sur des cendres chaudes, avec échalotes, oignons, ail, persil, un peu d'estragon, le tout haché, sel, poivre, muscade, huile d'olive et beurre frais. Mettez ensuite au four dans un plat ou une tôle avec toute la marinade et panez de mie de pain bien fine ; au moment de servir, ajoutez un jus de citron si vous voulez.

Tanches.

Pour l'écailler, mettez-la dans l'eau bouillante sur le feu ; couvrez la casserole et la laissez quelques minutes, puis la retirez et l'écaillez avec un couteau en commençant par la tête, toujours en descendant jusqu'à la queue que vous couperez ainsi que les nageoires, après avoir vidé la tanche. Lavez-la ensuite dans de l'eau fraîche.

Elle s'accommode au court-bouillon, avec vin rouge, en fricassée de poulet comme le brochet, page 279. On la sert aussi grillée, aux fines herbes, comme la truite.

Lotte.

Il faut l'écailler comme la tanche, mais ne la laissez

pas si longtemps dans l'eau bouillante, parce qu'elle s'écor-
cherait.

Elle se cuit au court-bouillon, seulement elle n'est pas
dure. Si vous voulez que le court-bouillon ait plus de goût,
vous le laisserez cuire avec les assaisonnements avant d'y mettre la lotte. On l'accommode aussi à toutes les manières ordinaires du poisson. Elle est excellente frite. On la sert
encore en gras comme la carpe, ou en fricandeau.

Lamproies.

Les lamproies ressemblent aux anguilles ; il y en a de
rivière et de mer. Celle de rivière est plus petite, elle a le
corps vert noirâtre sur le dos et blanc argenté en dessous ;
la grande lamproie ou lamproie marine au corps jaunâ-
tre et marbré de brun atteint environ 1 m. de longueur.
Toutes deux ont la chair très délicate. Il faut les écailler
comme la tanche et les accommoder comme l'anguille.

Goujons frits.

Trempez-les dans du lait si vous voulez ; essuyez-les, salez,
poivrez, farinez et faites frire. Un demi quart d'heure suffit.

Goujons à l'Étuvée.

Écaillez, videz et essuyez les goujons ; mettez-les dans un

plat de service qui supporte le feu avec beurre et assaisonnements dessus et dessous ; mouillez de vin rouge, couvrez le plat ;
faites cuire ¼ d'heure environ, sur un bon feu. Servez à courte
sauce.

Goujons en Fricassée de Poulet.

Lavez et égouttez les goujons, puis les faites tremper au
moins une heure dans du lait. Mettez une casserole sur le
feu avec de l'eau, échalotes, persil, poivre, sel, laissez cuire
¼ d'heure. Retirez les goujons du lait et les mettez dans la
casserole pour mijoter environ 5 minutes. Ajoutez beurre
frais, fécule et liaison de jaunes d'œufs.

Grenouilles frites.

Comme le Poisson frit, page 272 ; ou bien trempez-les
dans une pâte à frire comme celle des Choux-fleurs en beignets, page 44, et les faites cuire sur un feu modéré.

Grenouilles en Fricassée de Poulet.

Mettez sur le feu beurre frais et farine, tournez un instant, jetez-y les grenouilles, remuez-les et ajoutez de l'eau
ainsi que tous les assaisonnements ordinaires. Faites ensuite
une liaison de jaunes d'œufs avec ou sans crème.
Si c'est pour garniture de vol-au-vent, tenez la sauce bien

épaisse.

Grenouilles en Ragoût.

Faites un roux d'un beau jaune, tournez-y les grenouilles, mouillez avec de l'eau ; persil, ail, échalotes, laurier. Faites cuire et servez.

Autre Manière.

Mettez les grenouilles dans une casserole avec beurre frais, échalotes, ciboules, persil hachés, mie de pain. Couvrez et laissez cuire doucement, au four de préférence.

Grenouilles au Beurre.

Faites-les cuire dans une poêle, sur le feu, avec un peu de beurre ; ajoutez sel, poivre.

Grenouilles en Omelette.

Après les avoir cuites au beurre, battez des œufs comme pour l'omelette et les versez dans la poêle avec les grenouilles ; conditionnez-les comme l'omelette ordinaire.

Escargots.

Mettez-les sur le feu dans de l'eau froide avec des cendres sans charbons ; laissez cuire jusqu'à ce que les escargots soient tendres ; tirez-les alors de l'eau et sortez-les de leur coquille avec la pointe d'un couteau. Enlevez l'extrémité où se trouve ce qui doit être rejeté ; remettez-les sur le feu et leur faites faire un bouillon dans de l'eau salée, puis les lavez à l'eau fraîche. Battez-les ensuite entre deux plats avec du sel, 3 fois successivement, les passant à l'eau chaque fois, afin de bien faire sortir toute la bave.

Dans les repas de cérémonie, on sert les escargots dans leurs coquilles, qu'il faut auparavant bien approprier; pour cela, lavez-les plusieurs fois, puis les mettez dans une casserole avec de l'eau et du vinaigre, assez pour qu'elles baignent. Faites cuire 7 ou 8 minutes et les lavez de nouveau à l'eau froide, puis les égouttez. Pour servir, mettez dans chaque coquille un escargot avec de la sauce dessus. Servez sur une escargotière.

On accommode les escargots en matelote, comme le poisson, page 273 ; en fricassée de poulet, comme le brochet, page 279 ; ou à l'une des manières suivantes:

Escargots aux fines herbes.

Mettez-les sur le feu dans une poêle, avec beurre frais, sel, poivre, ail, échalotes, ciboules, persil; ne ménagez pas les épices, mie de pain à volonté; faites revenir et servez.

Escargots en Omelettes.

Placez les escargots dans la poêle avec tous les assaisonnements indiqués à l'article précédent, sans mie de pain ; lorsque le tout est bien revenu, versez-y des œufs battus ; faites cuire et servez comme une omelette.

Escargots au Beurre.

Mélangez du beurre fin avec beaucoup de persil haché ; garnissez-en le fond de chaque coquille, puis placez un escargot et couvrez-le du même beurre ; unissez avec un couteau. Toutes les coquilles étant préparées, il suffit de les placer sur l'escargotière pour les chauffer doucement entre deux feux.

Ecrevisses en buisson.

Tirez le boyau des écrevisses, en prenant la coquille du milieu de la queue ; lavez-les parfaitement dans plusieurs eaux ; faites-les cuire avec du vin blanc (très peu car les écrevisses jettent beaucoup d'eau) ; assaisonnez et épicez fortement ; retournez-les souvent jusqu'à ce qu'elles soient d'un beau rouge.

Lorsque la chair fléchit sous le doigt, elles sont cuites. Laisser refroidir dans le court-bouillon pour prendre goût. Arrangez-les sur le plat de service, en pyramide et les garnissez de persil.

Ecrevisses frites.

Nettoyez-les et les faites cuire dans une friture bien chaude.

Poisson de mer.

Alose frite.

Écaillez et videz l'alose que vous essuyez, farinez et faites cuire comme le poisson frit, page 272.

Alose au court-bouillon.

Comme le poisson au court-bouillon, page 271.

On peut alors la servir froide avec une mayonnaise, une tartare, etc ; ou chaude avec une sauce blanche.

Alose Grillée.

Comme la truite grillée, page 287.

On reconnaît que l'alose est cuite quand l'arête n'est plus rouge. Vous pouvez alors la servir à sec, ou avec une sauce aux câpres et aux anchois, à la moutarde, à l'estragon, ou sur des épinards, de l'oseille, etc.

Anchois.

Ce sont de petits poissons de mer que l'on achète confits au sel. Après les avoir bien lavés, ouvrez-les en deux pour en ôter l'arête ; ils servent ordinairement à faire des salades et se mettent dans les sauces.

On en sert aussi de frits. Après les avoir dessalés, trempez-les dans une pâte comme celle des Cervelles en beignets, page 107, et faites cuire dans une friture bien chaude.

Bar au court-bouillon.

Comme le Poisson au court-bouillon, page 271.

Bar grillé.

Comme la Truite grillée, page 282. Servez-le de même.

Turbot.

Videz le turbot du côté noir par une incision faite près des ouïes ; mettez une tranche de carotte à la place des boyaux.

Turbot au court-bouillon.

Faites bouillir de l'eau dans une casserole pendant $\frac{1}{2}$ heure, avec sel, poivre en grains, girofle, persil, passez au tamis ; puis faites aussi bouillir la même quantité de lait, et mêlez-le à l'eau.

Placez le turbot dans une casserole plate, le côté noir en dessous et sur un linge, afin de le retirer sans le rompre ; versez sur le turbot le court-bouillon préparé qui doit le baigner ; faites cuire doucement, qu'il ne fasse que frémir. Quand le turbot fléchit sous le doigt, il est cuit ; laissez-

le un peu refroidir dans son court-bouillon pour qu'il prenne goût. Servez-le froid, garni de persil, le côté blanc en
dessus, avec un huilier, ou une sauce à la moutarde, à
l'estragon, etc. On peut encore le servir chaud, avec une
sauce blanche, ou une sauce aux câpres et anchois.

Turbot en Gras.

Mettez le turbot dans la casserole avec tranches de lard
dessous et dessus, sel, poivre, assaisonnements ; faites cuire à
petit feu et ajoutez ensuite un verre de vin de Champagne ou autre. Quand il est cuit, servez-le avec son jus dégraissé, ou avec différentes sauces grasses ou ragoûts.

Barbue.

Comme le Turbot.

Saumon frais.

Videz-le par l'ouïe ; faites-le cuire et le servez comme le
brochet au court-bouillon ; vous pouvez aussi le servir chaud
aux différentes sauces : blanche, jaune, italienne, etc. On se
sert ordinairement du court-bouillon pour faire la sauce.
Pour les saumoneaux, il est bon de faire cuire le court-
bouillon avant, afin qu'il ait plus de goût car les petits

saumons sont bien plus vite cuits que les gros.

Saumon en Gras.

Comme le Turbot.

Saumon Grillé.

Coupez-le en tranches, faites le mariner et cuire comme la truite, page 282. Servez avec une sauce blanche ou autre.

Saumon en Salade.

Coupez par tranches minces du saumon froid, cuit au court-bouillon, et servez avec sel, poivre, huile et vinaigre.

Saumon Salé.

Accommodez-le comme le saumon frais, seulement laissez le cuire un peu plus longtemps.

Saumon salé au Four.

Cuisez-le dans une sauce blanche faite avec bon beurre joint à un peu de persil haché. Dressez dans un plat qui aille au feu et versez la sauce par-dessus; saupoudrez de mie de pain bien fine et de fromage de Gruyère ou de Parmesan râpé, ajoutez de petits morceaux de beurre frais. Faites prendre couleur au four; en servant, mettez jus de citron.

Esturgeon.

L'esturgeon est un poisson sans écailles, couvert d'une

peau épaisse et de plusieurs rangées de plaques osseuses et saillantes. On les retire en passant la lame d'un couteau bien affilé entre la peau et ces plaques. On le vide en lui faisant une petite incision au ventre, et on retire le nerf qui tient lieu d'arête.

Esturgeon au Court-bouillon.

Comme le Saumon, page 291.

Esturgeon aux fines herbes.

Comme la Truite aux fines herbes, page 283.

Esturgeon en Redingote.

Coupez le en tranches, faites le mariner comme la Truite grillée, page 282, et conditionnez chaque tranche comme les côtelettes de veau en papillotes, page 134.

Esturgeon frit.

Coupez-le par tranches, marinez, essuyez avec un linge, farinez et faites frire de belle couleur.

Esturgeon rôti.

Faites mariner et cuire comme un rôti ordinaire avec beurre fondu ; servez avec une sauce maigre quelconque.

Esturgeon rôti en Gras.

Lardez-le et faites-le cuire ; servez avec le jus ou avec une sauce à l'italienne, une ravigote, etc.

On l'accommode encore en gras comme le Turbot, page 291.

Esturgeon en Matelote.

Coupez-le par tranches que vous cuisez avec beurre, sel, poivre, sortez l'esturgeon ; mettez avec le beurre restant : échalotes, persil, ciboules hachés, un peu de farine, deux verres de vin rouge, faites bouillir $\frac{1}{2}$ d'heure ; versez sur l'esturgeon, mettez quelques câpres ou de petits morceaux de cornichons confits. Garnissez de croûtons de pain au beurre, arrosez le tout avec de la sauce.

Raie.

Blanchissez-la 1 ou 2 minutes, ou contentez vous de la laver parfaitement à l'eau fraîche ; ôtez l'amer du foie, puis cuisez-la dans un court-bouillon ordinaire de poisson, ou remplacez le vin par du vinaigre. Elle est cuite, lorsque l'arête n'est plus rouge ; coupez les bords pour la propreté.

On peut encore la cuire dans un court-bouillon de lait comme le turbot, page 290.

Raie à l'Italienne.

La raie étant cuite comme ci-dessus, coupez-la par morceaux et arrangez-les au fur et à mesure dans le plat de service qui doit supporter le feu ; versez dessus une sauce blanche. Saupoudrez légèrement de mie de pain bien fine et de Parmesan ou de Gruyère. Faites prendre couleur entre deux feux. Ajoutez du jus de citron et servez.

Raie au Beurre noir.

Lorsqu'elle cuite au court-bouillon, égouttez, dressez-la, ajoutez du sel et un fil de vinaigre, puis versez le beurre noir où vous aurez mis du persil haché.

Raie à la Sauce de son foie.

La raie étant cuite au court-bouillon, mettez dans une casserole beurre, farine, persil, ciboules, échalotes, câpres et anchois ou cornichons hachés, puis le foie de la raie cuit et écrasé, eau chaude ; faites cuire quelques minutes et servez sur la raie.

Raie à la Sauce blanche.

Prenez du court-bouillon pour faire une sauce blanche que vous versez sur la raie. Après avoir mis la sauce, saupoudrez de chapelure, ou versez par-dessus un peu de beurre noir bien chaud où vous avez mis du persil haché.

Raie à la Maître d'hôtel.

Mettez dans une casserole sur le feu, beurre frais, persil, échalotes hachées, poivre, sel, et un peu d'eau, ajoutez jus de citron, et versez sur la raie cuite au court-bouillon

Raie à la Ste Menehould.

Enlevez la peau, coupez la raie par morceaux. Mettez dans une casserole un morceau de beurre, une cuillerée de farine, un demi-litre de lait, sel, poivre et toutes sortes d'assaisonnements ; mettez la raie lorsque cette préparation a cuit $\frac{1}{4}$ d'heure. Lorsque la raie est cuite, sortez-la de la sauce, panez et faites prendre couleur entre deux feux, en arrosant avec un peu de beurre. Servez à sec ou avec une rémoulade dans une saucière.

Raie Grillée.

La raie étant cuite au court-bouillon bien épicé, faites-la égoutter ; mettez-la sur un plat beurré, versez dessus du beurre tiède ; saupoudrez de chapelure fine. Faites prendre couleur entre deux feux. Servez avec une sauce vinaigrette, ravigote ou autre.

Raie Frite.

Enlevez la peau noire, coupez la raie par morceaux que vous salez, poivrez, farinez et faites cuire comme le poisson frit, page 272.

— 297 —

Cabillaud.

Accommodez-le comme le Turbot au court-bouillon, page 290. Il faut auparavant ficeler la tête, car sans cette précaution, elle ne se tiendrait pas bien étant cuite. Il se sert avec les mêmes sauces ou mêmes ragoûts que le turbot, tant en gras qu'en maigre.

Morue Salée

La bonne morue a la chair blanche, la peau noire. Il faut la faire dessaler plusieurs jours en changeant l'eau tous les jours.

Pour cuire la morue, versez dessus assez d'eau bouillante pour la baigner, couvrez-la avec un linge pendant ¼ d'heure, égouttez-la soigneusement et l'accommodez à l'une des manières suivantes :

Morue au beurre noir.

Comme la Raie au beurre noir, page 295.

Morue Frite.

Coupez-la par morceaux que vous saupoudrez de sel, poivre, farinez et faites cuire comme le poisson frit, page 272.

Morue en Beignets.

Avant de faire frire, trempez dans une pâte, comme celle qui est indiquée aux Beignets de Viande, page 270.

Morue aux fines herbes.

Arrangez la morue sur un plat ; puis mettez sur le feu dans une poêle, beurre et fines herbes hachées. Lorsque les herbes sont cuites, ajoutez vinaigre et étendez sur la morue.

Morue farcie.

Faites une farce maigre, (V. Carpe farcie, page 280) Mettez-en dans le fond du plat de service, arrangez par-dessus la morue trempée dans une sauce à la crème un peu épaisse et liée avec quelques jaunes d'œufs. Remettez de la farce sur la morue, unissez avec un couteau trempé dans le blanc d'œuf un peu battu ; mettez quelques morceaux de beurre, saupoudrez de chapelure et cuisez au four. On peut servir à côté une sauce à l'huile et au vinaigre.

Morue à la Provençale.

Hachez persil, ciboules, ail, échalotes, ajoutez poivre, sel ; mettez du beurre frais sur le plat avec la moitié des fines herbes ; étendez la morue par-dessus et la recouvrez de l'autre moitié des assaisonnements, du beurre frais ; faites cuire au four ¼ d'heure, et en servant un fil de vinaigre ou jus de citron.

Morue à la Sauce.

La morue étant cuite, servez-la avec une des Sauces suivantes : blanche, jaune, maigre au vin, aux câpres et anchois ou autre. Quand la sauce est dessus, vous pouvez paner et faire prendre couleur ou saupoudrer de chapelure.

Morue à la Mie de pain.

Préparez de la mie de pain bien fine, et grillez-la dans du beurre. Coupez des tranches de pain, faites-les tremper avec un peu de bouillon maigre ou de lait chaud. Arrangez ces tranches dans le fond du plat de service, couvrez-les de la mie de pain grillée et du beurre ; placez ensuite la morue que vous recouvrez aussi de mie de pain grillée et de beurre. Servez à côté une sauce au vinaigre et à l'huile.

Morue aux Oignons.

Faites frire des oignons coupés en rouelles, mettez un filet de vinaigre et étendez sur la morue.

Morue à la Maître d'hôtel.

Étant cuite et égouttée, mettez-la sur un plat avec échalotes, ciboules, persil hachés, poivre, muscade râpée, un bon morceau de beurre, une cuillerée de verjus; faites chauffer en la retournant, et servez aussitôt.

Morue à la Sauce Robert.

Coupez des oignons par tranches et les mettez dans un roux; mouillez avec de l'eau; ajoutez poivre, sel, vinaigre, moutarde, et versez sur la morue.

Morue aux Pommes de terre.

Cuisez les pommes de terre coupées en quartiers dans l'eau chaude jetée sur la morue, poivre, sel et crème. Servez la morue sur les pommes de terre. Vous pouvez aussi les mettre à part et préparer une bonne sauce blanche que vous versez sur la morue.

Morue au Four.

La morue étant cuite à l'eau et égouttée, faites-la mijoter quelques minutes dans une sauce blanche où il y a un peu de persil haché; dressez dans le plat; saupoudrez de mie de pain bien fine et de Gruyère ou de Parmesan. Faites prendre couleur entre deux feux et servez.

Morue au Gratin.

Garnissez le fond du plat de service, de beurre, poivre,

fines herbes, échalotes, ail hachés, crême; placez ensuite la morue bien égouttée, de nouveau beurre, fines herbes, crême,
puis de la morue, et ainsi de suite, terminant par les assaisonnements; saupoudrez de chapelure, faites cuire au four
et servez.

Merluche ou Morue sèche.

La plus blanche est estimée la meilleure. Avant de la
tremper, il faut la battre avec un marteau pour l'attendrir.
On la laisse plusieurs jours dans l'eau qu'on renouvelle une
ou deux fois. Faites-la cuire à l'eau: il faut environ ¼ d'beu-
re. Retirez-la, ôtez les arêtes. Pour l'accommoder, mettez
dans une casserole sur le feu, beurre frais, échalotes, persil
hachés et y faites revenir la merluche. Servez.

Vous pouvez aussi l'apprêter comme la morue salée.

Anguille de Mer.

Dépouillez-la comme l'anguille de rivière; divisez-la par
tronçons pour la faire cuire à petit feu dans l'eau avec sel
et assaisonnements, puis accommodez-la comme l'anguille
de rivière. Voir page 273 et suivantes.

Merlans

Ils se servent ordinairement frits après avoir été vidés par les ouïes et essuyés ; remettez-leur le foie en place, farinez-les, faites-les frire à très grand feu. Etant frits, vous pouvez les servir pour entrée en les mettant sur une italienne ou une sauce blanche avec câpres et anchois, ou une sauce tomate.

Vous pouvez aussi pour les servir, leur ôter la tête et l'arête du milieu ; prenez alors les filets du merlan que vous arrangez sur le plat, le blanc au-dessus, et arrosez avec la sauce.

Merlans au Gratin.

Comme le Poisson au Gratin, page 272.

Merlans Grillés.

Les merlans étant vidés et essuyés, faites les mariner dans du beurre, ciboules, persil hachés, sel, poivre ; panez ensuite et les faites griller à petit-feu en les arrosant avec le reste de leur marinade. Servez-les entourés de cornichons avec du beurre bien chaud, ou avec une sauce blanche aux câpres. Il est bon, pour les griller, de frotter de beurre le gril ou la tôle et de le bien chauffer avant d'y mettre les merlans. Retournez-les plusieurs fois et frottez le gril chaque fois avec du beurre.

Merlans à la Bourgeoise.

Mettez dans le fond du plat de service beurre frais, persil.

ciboules, échalotes, ail haché, sel, poivre; arrangez le poisson dessus et le saupoudrez des mêmes assaisonnements. Couvrez le plat, faites cuire entre deux feux (chaleur modérée). En servant un filet de verjus.

Autre Manière.

Après avoir arrangé le poisson comme ci-dessus, arrosez-le d'un verre de vin; saupoudrez de mie de pain ou de chapelure. Faites cuire et servez.

Maquereaux.

Videz-les par l'ouïe, lavez, essuyez et marinez-les avec bonne huile et assaisonnements, puis accommodez-les comme il suit.

Maquereaux Grillés.

Comme la Truite grillée, page 282.

Maquereaux aux fines herbes.

Quand ils sont grillés, arrangez-les sur le plat de service, fendez-les en deux si vous voulez, mettez dessus persil, échalotes hachées, bon beurre, un peu d'eau, sel, poivre, un filet de vinaigre. Faites cuire un instant au four ou sur un fourneau. Servez à courte sauce.

Maquereaux à la Maître d'hôtel.

Les maquereaux étant grillés, farcissez-les d'un bon morceau de beurre frais mêlé à du persil et arrosez-les de jus de citron.

Maquereaux au Beurre noir.

Les maquereaux étant cuits sur le gril ou au four, mettez les dans le plat de service avec un fil de vinaigre ; versez dessus du beurre noir avec persil haché dedans.

Maquereaux à l'Italienne.

Faites-les cuire dans une casserole avec vin, tranches de carottes, d'oignons, échalotes, ail, sel, laurier, poivre, persil. Quand ils seront cuits, dressez-les sur un plat avec une italienne.

Maquereaux au Beurre d'estragon.

Les maquereaux étant vidés, lavés et essuyés avec soin ; fendez-leur légèrement le dos et la tête ; placez-les sur un plat, arrosez d'un peu d'huile, saupoudrez de sel et de poivre les retournant de temps en temps, puis laissez mariner pendant une demi-heure. Mettez-les alors sur le gril, ou au four sur une tôle, et quand ils sont cuits garnissez de beurre d'estragon la fente faite dans le dos, puis les servez sur un plat garni d'une couche de ce même beurre.

Le beurre d'estragon s'obtient en mélangeant avec du beurre frais de l'estragon haché très menu ou pilé, avec sel, poiore et léger fil de vinaigre.

Mulet et Surmulet.

Ces deux poissons s'accommodent comme les maquereaux.

Rouget.

Le vrai rouget ne s'écaille point ; vous le videz, lavez et en gardez le foie. Servez-le grillé comme la Truite, page 282 avec les
mêmes sauces ; ou faites-le cuire au court-bouillon de lait comme le Turbot, page 290 et servez de même, en ayant soin d'a-
jouter toujours le foie haché à la sauce.

Limandes.

Les limandes sont des poissons plats, à chair blanche très délicate et tendre, il ne faut pas les laisser longtemps sur le feu.
Videz-les, faites-les cuire et les servez comme le poisson frit page 272. Vous pouvez aussi, quand elles sont frites, les servir
pour entrée avec une sauce blanche, aux câpres et aux anchois, ou autre. On les fait encore griller comme la Truite,
page 282, ou cuire aussi comme les Merlans à la Bourgeoise, page 302

Plies.

Comme les Limandes. Lorsque vous les faites frire, elles sont
plus délicates si, en les tirant de la poêle et après les avoir

saupoudrées de sel, vous les arrosez de jus de citron.

Flayes.

Comme les Limandes.

Soles.

On les sert le plus souvent frites. On les accommode aussi comme les Merlans à la Bourgeoise. page 302, et comme la Truite grillée. page 282.

Soles au Gratin.

Mêlez ensemble beurre frais, persil haché, sel, poivre; étendez une partie de ce mélange dans un plat; mettez-en une autre partie dans le corps des soles que vous couchez sur le plat et les couvrez avec le reste du beurre. Mouillez d'un peu de vin et d'eau; saupoudrez de chapelure, parsemez de petits morceaux de beurre frais. Faites cuire entre deux feux, 15 ou 20 minutes.

Carrelets.

Comme les Soles.

Eperlans.

Lavez, essuyez et farinez-les pour les faire frire à grand feu. Vous pouvez aussi les accommoder comme la Sole au Gratin, ci-dessus, comme la Truite Grillée, page 282.

Lubine:

Comme la Morue à tous ses divers apprêts.

Vives.

Faites-les griller comme la Truite, page 282.

Vives à la Normande.

Coupez les arêtes du dos et des ouïes, videz et lavez les, retranchez la tête et la queue, essuyez-les, puis les piquez à l'aide d'une petite lardoire de quelques filets d'anchois, ou à défaut de chair d'anguille divisée en filets. Mettez cuire dans une casserole avec beurre, carottes, oignons coupés en rouelles, bouquet garni, et mouillez de vin blanc. Dressez les vives sur le plat; tenez-les au chaud. Passez la sauce au tamis et remettez-la sur le feu avec un morceau de beurre; laissez cuire un instant et liez cette sauce avec de la fécule. Masquez-en les vives. Ajoutez verjus ou jus de citron et servez.

Harengs frais.

Lavez, essuyez et faites cuire les harengs sur le gril, en les retournant plusieurs fois. Il est bon de graisser le gril avec du beurre avant d'y poser les harengs et chaque fois qu'on les retourne. — Servez-les avec une sauce aux harengs, ou une sauce blanche aux câpres.

Vous pouvez aussi les faire frire et servir à sec, ou avec les mêmes sauces que ci-dessus.

Les harengs frais se mettent encore en papillotes que l'on prépare et fait cuire comme les côtelettes de veau en papillotes,
page 134.

Harengs frais au four.

Faites-les tremper ½ heure dans de l'huile, ou du beurre que
vous faites chauffer pour le rendre coulant ; sel, poivre. Tournez-les ensuite dans de la mie de pain bien fine ; mettez de
petits morceaux de beurre par-dessus, et faites cuire au four.
Servez avec une Sauce-hareng.

Harengs salés.

Faites-les dessaler, essuyez-les ou les suspendez dans un
lieu chaud pendant plusieurs heures ; faites-les griller sur le
gril, ou dans un four sur une tôle, en les saupoudrant d'un
peu de chapelure. Servez-les avec beurre frais dessus, ou sauce blanche vinaigrée.

Harengs-saurs.

Coupez leur la tête et la queue ; grillez ; servez à sec avec
moutarde, huile et vinaigre.

Harengs en Matelote.

Disposez-les côte à côte dans une poêle, mouillez-les de

vin et d'eau ; ajoutez beurre frais, persil, échalotes, ail hachés, poivre, sel s'il en faut. Mettez sur un feu vif ; pendant la cuisson qui doit s'effectuer promptement, agitez la poêle pour que les harengs ne s'attachent pas. Dressez-les, passez la sauce et liez-la de fécule pour la mettre sur les harengs.

Sardines.

Comme les harengs frais — Elles sont bonnes aussi étant passées sur le feu dans du beurre frais.

Celles que l'on achète confites se mangent comme hors-d'œuvre.

Thon frais.

Comme le Saumon frais, page 291.

Thon mariné en Salade.

On l'achète tout mariné. Coupez-le en tranches minces que vous arrangez sur le plat de service avec cerfeuil, persil, ciboules, échalotes hachées, petits oignons disposés sur le bord du plat ; huile ou vinaigre, ou placez l'huilier sur la table.

Thon mariné à la Provençale.

Arrangez les tranches de thon sur le plat de service avec bon beurre et assaisonnements hachés ; panez de mie de pain bien fine. Faites prendre couleur entre deux feux.

Vaudreuil.

Faites-le cuire avec vin blanc, sel, poivre, oignons, ail, persil, ciboules, tranches de citron, un verre d'huile; servez comme le poisson au court-bouillon. Il sert aussi à faire de bonnes farces.

Tortue.

Les pattes servent à faire des farces, et le corps se sert comme le Vaudreuil.

Ecrevisses de Mer, Crabes, Homards, Langoustes.

On cuit ces crustacés comme les écrevisses de rivières. Les homards se vendent ordinairement cuits; les choisir le plus lourds possible et les recuire un instant.

Cuisson du Homard.

Mettez le homard dans un court-bouillon semblable à celui des écrevisses ou dans de l'eau acidulée de vinaigre, avec persil, poivre, poireau, beurre. Au premier bouillon, retirez la casserole et laissez refroidir dans la cuisson ; égouttez ensuite, fendez le homard en deux dans sa longueur et servez sur un lit de persil accompagné d'une sauce faite de la manière suivante: Enlevez tout ce qu'il y a dans le corps du homard, met-

mettez cela dans un vase avec moutarde, échalotes écrasées et fines herbes hachées, sel, poivre, ajoutez huile et vinaigre., délayez le tout et servez dans une saucière.

Huîtres.

On peut les manger crues avec du poivre et du jus de citron, vous pouvez aussi les servir dans leurs coquilles, cuites sur le gril, feu dessous et pelle rouge par-dessus; quand elles commencent à s'ouvrir seules, elles sont cuites.

Grillées. . Ouvrez-les et mettez-les dans du beurre fondu, un peu de poivre, chapelure ; cuisez-les comme ci-dessus.

Frites. Ouvrez-les et les marinez 2 heures avec vinaigre, sel, poivre, oignons, etc ; faites ressuyer entre deux linges ; trempez dans une pâte avec œufs, huile, sel, poivre, farine et faites frire.

En Ragoût. Blanchissez-les à très petit feu sans laisser bouillir, rafraîchissez-les à l'eau, égouttez-les, mettez-les dans du jus de viande sans sel, ajoutez deux anchois hachés, si vous voulez. Faites chauffer et servez avec telle viande que vous voudrez, poulet, pigeons, etc.

Chapitre V.
Sauces.

Manière de faire un Roux.

Mettez du beurre dans une casserole sur un bon feu ; lorsqu'il est chaud, jetez-y la quantité de farine nécessaire pour épaissir le roux ; remuez activement avec une cuiller de bois jusqu'à ce que vous ayez obtenu la couleur voulue : on fait le roux plus ou moins foncé, selon les sauces auxquelles on le destine, mais il ne faut guère dépasser le brun-clair, car on aurait un goût désagréable de farine brûlée. Mouillez ensuite le roux avec du bouillon ou de l'eau chaude que vous versez doucement d'une main, tandis que de l'autre vous tournez vivement pour que la farine se délaye sans grumeaux.

Quelques personnes se servent de farine roussie d'avance.

Pour cela on a étendu une couche de farine ordinaire de ½ centimètre d'épaisseur sur une tôle que l'on met au four assez chaud, jusqu'à ce que la farine soit d'un beau brun ; il est bon de la remuer de temps en temps. On la conserve en lieu sec. Pour s'en servir, on n'a qu'à la tourner un instant dans le beurre sur le feu, et mouiller de bouillon ou d'eau.

Lorsqu'un roux n'a pas la couleur voulue, on y remédie en ajoutant un peu de caramel ou d'eau où on a cuit de la chicorée serrée dans un linge.

Sauce Blanche.

Mettez du beurre frais dans une casserole sur le feu, et y tournez de la farine sans la roussir; mouillez avec de la crème, en tournant toujours la sauce jusqu'à ce qu'el. le soit liée; salez et ajoutez un morceau de beurre frais. Si on veut la sauce moins délicate, on met plus ou moins d'eau suivant la qualité voulue. Quelques personnes ajoutent un jaune d'œuf cru, comme on met une liaison, pour obtenir une légère teinte jaune.

On peut employer de la fécule au lieu de farine : on agit de la même manière, et la sauce est plus délicate.

Lorsque cette sauce est destinée à des asperges, faites-la très épaisse. On peut y mettre des ciboules hachées.

Sauce blanche Piquante.

Préparez la sauce blanche comme à l'ordinaire, et y ajou.

tez un filet de vinaigre avec un peu de moutarde.

Sauce blanche aux Câpres et Anchois.

Mettez dans une casserole gros comme un œuf de bon beurre, et y tournez une pincée de farine sans la laisser rousir; délayez avec un verre d'eau; mettez un anchois haché, des câpres entières, sel, poivre, ciboules; faites lier la sauce sur le feu, et avant de servir ôtez les ciboules.

Des cornichons hachés peuvent remplacer les câpres.

Sauce Brune.

Faites un roux auquel vous ajoutez oignons, échalotes, ciboules, persil hachés; mouillez avec du bouillon gras, laissez cuire un demi-quart d'heure.

Pour les asperges, on tient cette sauce très épaisse.

On peut se servir de jus au caramel pour colorer les sauces.

Si on veut la faire au jus, il n'y a qu'à ajouter quelques cuillerées de jus de viande.

Sauce brune aux Câpres et Anchois.

Ajoutez à la sauce brune au jus des câpres entières, un anchois haché et un filet de vinaigre.

Sauce Béchamel.

Tournez sur le feu un peu de farine dans du beurre, écralêtés, oignons hachés; mouillez de lait très chaud, salez, poivrez, et laissez cuire quelques minutes. Servez-vous en pour ce que vous jugerez à propos.

Blanquette en Gras.

Tournez de la farine dans du beurre sur le feu; ajoutez échalotes hachées, mouillez de bouillon gras, du sel ce qu'il en faut. Laissez cuire 10 minutes et ajoutez une liaison de jaunes d'œufs avec ou sans crème; un morceau de beurre frais, plus ou moins selon la bonté de la sauce, jus de citron si vous voulez. Si cette sauce est destinée à de la viande desservie, mettez celle-ci un instant dans la sauce pour la chauffer.

Sauce Jaune ou Blanquette maigre.

Mettez dans une casserole un morceau de beurre frais, une cuillerée de farine que vous tournez dedans, et laissez jaunir mais pas roussir, puis une poignée d'échalotes ou d'oignons hachés que vous laissez revenir. Mouillez avec de l'eau chaude; sel, poivre, laissez cuire ½ d'heure, puis ajoutez une liaison d'un ou deux jaunes d'œufs battus avec un peu d'eau, et si vous voulez muscade râpée ou girofle en poudre ou jus de citron; terminez par un morceau de beurre frais.

Versez sur le ragoût auquel vous le destinez et saupoudreg ou non de chapelure.

Cette sauce convient pour le poisson, les œufs frits, les œufs pochés, les pommes de terre, les choux fleurs, etc.

Sauce Italienne.

Faites revenir dans du beurre persil, oignons, ciboules, échalotes, ail hachés; mouillez avec vin blanc et autant de bouillon; sel, poivre. Laissez bouillir $\frac{1}{2}$ heure, ajoutez jus de viande et liez la sauce avec de la fécule.

Italienne maigre.

On fait aussi une italienne maigre en employant bouillon maigre et ajoutant beurre frais au lieu de jus de viande.

Sauce au Petit-Maître.

Mettez du beurre dans une casserole avec un verre de vin blanc, la moitié d'un citron coupé en tranches, de la chapelure, un bouquet garni, ail, girofle, un peu d'estragon, sel, poivre, un verre de bon bouillon. Faites mijoter pendant $\frac{1}{4}$ d'heure, passez et servez.

Sauce Piquante.

Mettez du pain gros comme un œuf dans la cuisson

de la viande à laquelle vous destinez cette sauce; quand il est bien trempé, hachez-le avec cornichons, échalotes, persil, une pointe d'ail; dégraissez le jus de la viande et y ajoutez ce que vous avez haché, de la moutarde délayée avec un peu de bouillon et un fil de vinaigre ou de verjus.

Cette sauce peut servir à toutes sortes de viande réchauffée ou autres, telles que langue braisée, bœuf braisé, gibier rôti, côtelettes de veau à la mie de pain, etc.

Sauce Claire et Piquante.

Mettez dans une casserole deux bonnes pincées de chapelure bien fine, un peu de beurre, sel, poivre, échalotes hachées, vinaigre à volonté; éclaircissez ensuite avec bouillon gras ou maigre, selon que vous voulez cette sauce en gras ou en maigre. Faites cuire quelques instants et servez-vous en pour ce qui a besoin d'une sauce piquante.

Sauce Piquante au Citron.

Faites revenir dans du beurre une bonne poignée d'échalotes hachées; ajoutez une cuillerée de farine, et quand elle est d'un beau jaune, mouillez de bouillon très chaud, d'un verre de vin, mettez le jus d'un citron et quelques morceaux du zeste. Laissez cuire $\frac{1}{4}$ d'heure cette sauce qui doit être claire. On peut la colorer avec cosses de pois, chicorée, jus au caramel, etc, et se dispenser de roussir la farine.

Le verjus ou le vinaigre peuvent à la rigueur remplacer le citron. Cette sauce convient surtout pour la tête de veau au naturel.

Sauce Piquante maigre.

Faites revenir dans du beurre oignons, échalotes, ail, persil, estragon hachés; saupoudrez d'un peu de farine, mettez sel, poivre, girofle, laurier, le tout bien proportionné; mouillez avec moitié vin, moitié bouillon maigre. Laissez cuire un quart d'heure, passez cette sauce et y ajoutez des cornichons et 1 ou 2 anchois hachés, en servant, du jus de citron.

Sauce Piquante pour Gibier.

Faites revenir oignons, échalotes, ail, ciboules, persil hachés; tournez-y un peu de farine, ajoutez sel, poivre, écorce de citron hachée, chapelure, vinaigre, le jus du gibier rôti et des câpres si vous voulez.

Autre.

Mettez roussir une bonne poignée de mie de pain dans du beurre, ajoutez échalotes et persil hachés; mouillez de vin rouge et de bouillon. Faites cuire $\frac{1}{2}$ heure; ajoutez des câpres et le jus du rôti.

Sauce à l'Échalote.

Hachez des échalotes, écrasez très peu d'ail que vous mettez dans une casserole, avec une cuillerée de bouillon, 2 cuillerées de jus de viande, sel, poivre. Faites faire un bouillon à cette sauce, passez-la et la servez sur ce que vous jugerez à propos.

Sauce à la Moutarde.

Faites revenir dans du beurre échalotes, persil, estragon hachés ; ajoutez un peu de bouillon, du jus de viande, sel, poivre, moutarde, vinaigre, et à volonté un jaune d'œuf dur écrasé.

Sauce Tomate.

Coupez les tomates en deux ; faites-les cuire dans de l'eau, réduisez-les en purée ; passez cette purée et en exprimez l'eau.

Mettez du beurre dans une casserole ; faites-y revenir oignons, carottes, persil, poireau ; ajoutez la purée de tomates et un peu de vin blanc. Laissez cuire $\frac{1}{4}$ d'heure, retirez les épices et servez sur telle viande que vous voudrez.

Autre.

Lavez les tomates, puis les coupez en deux ou en quatre ; faites-les cuire avec eau, ail, oignons, échalotes, persil, sel, poivre. Lorsqu'elles sont cuites, passez-les au tamis ou passoire convenable pour que la peau et les pépins restent seuls. Mettez du beurre sur le feu avec la purée de tomates, sel, poivre, persil, oignons hachés; laissez cuire ¼ d'heure, liez avec de la fécule, ajoutant à volonté un fil de vinaigre.

On se sert de cette sauce surtout avec le bœuf bouilli.

On fait des conserves de tomates que l'on emploie pour faire des sauces, de la même manière que les tomates fraîches.

Sauce au Verjus.

Mettez dans une casserole deux cuillerées de verjus, autant de jus de viande, sel, poivre, échalotes hachées et un peu de bouillon. Faites chauffer cette sauce qui doit être claire, et servez-vous en pour du porc frais rôti ou autre viande à volonté.

Sauce au Chevreuil.

Mettez dans une casserole du beurre fondu et du lard coupé fin (il doit y avoir plus de lard que de beurre), une cuillerée de farine, un gros oignon haché, une poignée de mie de pain. Lorsque le tout est d'un beau jaune, versez 1 litre de bouillon, 1 petit verre de vinaigre, laurier, poivre, sel, et si vous voulez deux tranches de citron. Laissez cuire ½ heure. Les personnes qui aiment les sardines ou les anchois en font tremper 60 grammes dans de l'eau pendant 1 heure, puis après avoir ôté les arêtes, les hachent pour les faire cuire dans la sauce.

Autre.

Réduisez en caramel 30 gr. de sucre et y ajoutez ¼ de beurre, une cuillerée de farine, le jus de la viande à laquel. le vous destinez cette sauce, poivre, sel, s'il en faut, un peu de vinaigre ou de verjus, ou jus de citron. Laissez cuire quelques minutes, et servez vous en pour du chevreuil ou toute autre venaison.

Sauce au Genièvre.

Prenez 60 gr. de beurre, une cuillerée de farine que vous faites un peu roussir; délayez ce roux avec du bouillon, ajoutez le jus de la viande à laquelle vous destinez cette sauce, sel, poivre, laurier, girofle, persil, échalotes, oignons, une cuillerée de graines de genièvre que vous écrasez. Laissez cuire ½ heure et ajoutez vinaigre, verjus ou jus de citron à vo- lonté; passez et versez cette sauce sur la viande qu'elle doit accompagner.

Sauce Poivrade.

Mettez dans une casserole gros comme la moitié d'un œuf de beurre avec carotte et oignons coupés en tranches, écha. lotes, clous de girofle, laurier; passez le tout sur le feu pour le colorer, mettez-y une bonne pincée de farine; mouillez avec un verre de vin rouge, un verre d'eau, une cuillerée de vinaigre. Faites bouillir ½ heure ; dégraissez, passez au tamis ou dans une passoire, salez, poivrez. Servez-vous de cette sauce pour tout ce qui a besoin d'être relevé.

Sauce Harengs.

Mettez dans une casserole un bon morceau de beurre, un peu de farine, un filet de vinaigre, une cuillerée de moutarde, sel, poivre, un peu d'eau. Faites lier sur le feu.

Autre.

Préparez une sauce blanche ordinaire, et ajoutez-y un fil de vinaigre ou de verjus, ou des câpres entières et anchois hachés.

Sauce Bourgeoise.

Faites cuire à petit feu pendant ½ heure un verre de vin blanc avec autant de jus de viande, deux bonnes pincées de mie de pain bien fine, gros comme une noix de beurre, échalotes, persil, ciboules, sel, poivre. En servant, ajoutez un filet de verjus ou de vinaigre.

Sauce Matelote.

Faites roussir de petits oignons dans du beurre, mouillez-les de bon bouillon gras et de jus de viande ; ajoutez sel, poivre, et au moment de servir mettez un morceau de bon beurre frais.

Sauce à la Reine.

Faites roussir dans du beurre des tranches d'oignons, de carottes, échalotes, ail, persil; saupoudrez de farine, mouillez avec un verre de bouillon et autant de vin. Laissez cuire $\frac{1}{2}$ heure, passez la sauce et préparez une poignée de mie de pain que vous faites tremper avec un petit verre de lait chaud, et que vous mettez ensuite dans la sauce après en avoir bien exprimé le lait au travers d'une passoire; salez, poivrez et servez.

. Sauce à la Sultane.

Mettez sur le feu deux verres de bouillon, autant de vin blanc, sel, poivre, girofle, ail, laurier, oignon, échalotes, persil, tranches de citron l'écorce enlevée. Faites cuire à petit feu $\frac{1}{2}$ heure, passez au tamis et y ajoutez un jaune d'œuf dur écrasé, une pincée de cerfeuil haché.

Sauce aux Œufs et aux Câpres.

Mettez dans une casserole un verre de bouillon, quelques cuillerées de jus de viande, des câpres, un anchois haché si vous en avez, un peu de persil, des ciboules, une échalote, un jaune d'œuf dur, le tout haché très fin. Faites cuire quelques minutes et servez sur un gigot rôti ou autre viande.

Sauce à la Maître d'hôtel.

Mettez dans une casserole un morceau d'excellent beurre avec ciboules et persil hachés, sel, fin, poivre, un peu d'eau. Voyez si cela est de bon goût, et ajoutez du jus de citron, ou un fil de vinaigre ou de verjus. Servez avec viande, œufs, pommes de terre cuites à l'eau, etc.

Sauce Robert.

Faites un roux dans lequel vous mettez par cuillerée de farine, 3 gros oignons hachés très fins et du beurre suffisamment pour faire cuire les oignons. Mouillez avec du bouillon, sel, poivre, dégraissez si c'est nécessaire, et laissez bouillir ½ heure. Au moment de servir, mettez un filet de vinaigre et de la moutarde.

On peut se servir de cette sauce pour le porc frais, le dindon, le bœuf bouilli, la viande rôtie desservie, etc.

Sauce Mêlée.

Prenez persil, ciboules, une pointe d'ail, le tout bien haché, passez-les sur le feu avec un peu de beurre ; mettez-y une pincée de farine et mouillez de bon bouillon, salez, poivrez. Lorsque la sauce est cuite et réduite à moitié, ajoutez deux cornichons hachés, une liaison de trois jaunes d'œufs débattus avec un peu d'eau

Liez la sauce et servez-vous en pour ce que vous jugerez à propos.

Sauce à l'Anglaise.

Hachez 2 jaunes d'œufs durs, mettez-en la moitié dans une casserole sur le feu avec un bon morceau de beurre, un anchois, des cornichons hachés, un verre de bouillon, sel, poivre. Liez d'un peu de fécule, ajoutez un fil de vinaigre et versez sur la viande où vous jetez le reste du jaune d'œuf haché.

Bonne pour relever l'apparence d'un mets desservi.

Sauce à la Mie de pain.

Faites griller de la mie de pain dans du beurre et y mettez échalotes, persil hachés, eau, crème, vinaigre à volonté. Cette sauce convient pour œufs frits, œufs pochés, etc.

La chapelure peut remplacer la mie de pain.

Sauce Maigre au Vin.

Faites un roux d'un jaune clair, mouillez avec de l'eau et du vin, à peu près autant de l'un que de l'autre. Laissez cuire ½ heure avec oignon, échalotes et un peu d'ail, sel, poivre ; retirez les épices et ajoutez de la crème avec un morceau de beurre frais. Cette sauce s'emploie pour œufs pochés, œufs frits, œufs cuits durs, morue, etc.

Sauce aux Œufs durs.

Écrasez 2 jaunes d'œufs cuits durs et mélangez-les avec 2 cuille-rées d'huile, 5 ou 6 cuillerées de bon bouillon, quelques cuillerées de vinaigre, persil, ciboules, échalotes hachés, sel, poivre.

Mettez-la dans une saucière et la servez avec bœuf bouilli, poule cuite dans le Pot-au-feu, rôti froid, etc.

Sauce à la Moutarde ou à l'Estragon.

Écrasez 2 jaunes d'œufs cuits durs, en mettant peu à peu 2 cuillerées d'huile douce, sel, poivre, quelques cuillerées de bon vinaigre, ½ cuillerée de moutarde ou une poignée d'estra-gon haché ; mélangez bien le tout et servez avec porc frais, rôti froid, poisson frit, etc.

Sauce Mayonnaise.

Pour 7 ou 8 personnes, prenez un jaune d'œuf frais cru, et de bon-ne huile d'olive, au moins ¼ de litre.

Mettez le jaune d'œuf dans un bol ou autre vase assez profond et tournez activement d'une main, tandis que de l'au-tre vous versez doucement l'huile de manière qu'elle ne coule que comme un filet : si la sauce commence à tourner, mettez-y un fil de vinaigre. Il faut bien ¼ d'heure de travail, car

cette sauce doit être très consistante. Servez-la dans une saucière, ordinairement avec poisson froid cuit au court-bouillon
ou viande froide.

On se sert avantageusement de la petite Batteuse améri-
caine (la demander chez les quincailliers). Elle facilite beaucoup l'opération, et la mayonnaise monte bien plus vite.

Au lieu de la faire telle qu'elle vient d'être indiquée, quelques
personnes y ajoutent échalotes, ciboules et ail hachés, sel, poivre, moutarde et un peu de vinaigre.: la moutarde mise au
commencement la fait monter plus vite.

Sauce Tartare.

Mettez dans un vase du persil, des échalotes, de l'estragon,
des cornichons hachés, du sel, du poivre, de la moutarde; mon-
tez-la comme une mayonnaise et ajoutez du vinaigre, puis
du vin blanc pour éclaircir la sauce à volonté.

Sauce Ravigote.

Écrasez 4 jaunes d'œufs durs et mêlez-y 4 ou 5 échalotes, ciboules, estragon, persil, tiges d'échalotes et d'oignons hachés,
poivre, sel, 4 cuillerées d'huile, 2 cuillerées de vinaigre.

Pour poisson froid, bœuf bouilli froid et, en général, pour
toutes sortes de viandes froides.

Autre Sauce Ravigote.

Écrasez 2 jaunes d'œufs cuits durs et y mettez 2 jaunes d'œufs crus; travaillez pendant ¼ d'heure, en mettant petit à petit 6 cuillerées d'huile d'olive, échalotes et persil hachés, sel, poivre, vinaigre blanc.

Sauce Vinaigrette ou Rémoulade.

Hachez des échalotes avec leurs tiges, ciboules, persil, estragon, cresson, cerfeuil, ail; ajoutez-y moutarde, sel, poivre, huile et vinaigre.

Sauce Hollandaise.

Pour sept ou huit personnes, mettez un jaune d'œuf cru dans une casserole au bain-marie avec un petit morceau de beurre frais; tournez de la même manière que pour une mayonnaise en remettant de temps en temps un peu de beurre, chaque fois que la sauce devient trop épaisse. Il ne faut pas laisser cuire. Si cela devient trop chaud on retire un instant en tournant toujours, et on met un peu d'eau froide dans le bain marie si cela est nécessaire. Lorsque la sauce a la consistance voulue, retirez du feu et ajoutez sel, poivre, vinaigre ou jus de citron: elle se sert chaude ou froide, à volonté.

Sauce Béarnaise.

Mettez dans une casserole sur le feu 5 jaunes d'œufs crus, 30 gr. de beurre, sel et poivre. Tournez avec une cuiller de bois; et lorsque les œufs s'épaississent, retirez du feu et ajoutez 30 gr. de beurre; remettez sur le feu continuant de tourner. Ajoutez encore 30 grammes de beurre, une poignée d'estragon haché, une demi-cuillerée de vinaigre. Cette sauce doit avoir autant de consistance qu'une mayonnaise; elle se sert avec les viandes noires rôties.

Chapitre VI.
Œufs.

Œufs à la Coque.

Lavez-les et les faites cuire à l'eau bouillante de deux à quatre minutes, selon que vous les voulez plus ou moins cuits. Tirez et les couvrez un instant avec un linge, puis les servez. On ne peut manger de cette façon que des œufs très frais.

Œufs au Miroir ou sur le Plat.

Etendez du beurre sur le fond d'un plat qui aille au feu; cassez les œufs dedans sans briser les jaunes, sel, poivre; faites cuire à petit feu ou entre deux feux. Si le plat n'endure pas le feu, cuisez les œufs dans une poêle et les mettez ensuite sur le plat avec précaution. On les sert ainsi ou avec une sauce blanche un peu claire.

Œufs sur le Plat à la Crême.

Chauffez un peu de beurre frais dans un plat; cassez-y les œufs que vous saupoudrez de sel et de poivre; couvrez-les blancs

de bonne crème et faites cuire à petit feu ou entre deux feux.
En servant, ajoutez un fil de vinaigre si vous voulez.

Œufs au Jus.

Mettez dans le plat de service du jus de viande, un peu de
beurre frais, des échalotes hachées et faites cuire un instant,
puis cassez-y les œufs, ajoutez sel, poivre. Laissez cuire
doucement ; en servant, un filet de vinaigre.

Œufs au Beurre noir.

Cassez les œufs dans un plat, saupoudrez-les de sel fin ;
mettez du beurre dans une poêle sur un feu vif ; glissez les
œufs dans ce beurre lorsqu'il ne crie plus ; laissez-les cuire,
puis les coulez dans le plat de service. Versez un peu de vinaigre dans la poêle, faites chauffer un instant et arrosez
les œufs.

Œufs au Lard.

Coupez du lard par petits morceaux, faites le fondre dans
une poêle, versez-le dans le plat de service, cassez les œufs par-
dessus et faites cuire comme les Œufs sur le Plat ; ajoutez
sel, poivre, filet de vinaigre.

Vous pouvez aussi couper le lard par tranches de 7 à 8
centimètres ; faites frire ce lard, puis cassez un œuf sur

chaque tranche dans la poêle ; laissez cuire, dressez sur le plat ; mettez un fil de vinaigre, sel et poivre.

Ou encore, faites frire le lard dans une poêle, retirez les tranches et les posez sur le plat de service ; cassez les œufs dans le lard fondu resté dans la poêle ; quand ils sont cuits, mettez-en un sur chaque tranche de lard.

Si vous voulez une petite sauce, ajoutez un peu d'eau chaude à la graisse du lard dans la poêle, vinaigre, sel, poivre.

Œufs Pochés.

Faites bouillir de l'eau ; cassez des œufs frais dans cette eau, que vous retirez sur un feu doux ; laissez quelques minutes, enlevez les œufs à l'écumoire et avec précaution, puis les servez sur une sauce blanche, sauce au vin, sauce robert ou autre, ou sur des croûtons de pain au beurre, le tout arrosé d'une sauce matelote. Ils se servent aussi avec toutes sortes de ragoûts, épinards, asperges, ris de veau.

Œufs Mollets.

Faites cuire des œufs dans l'eau bouillante où vous les laissez de 4 à 5 minutes ; retirez-les dans de l'eau fraîche. Enlevez doucement la coquille et les servez entiers sur une sauce de votre choix, ou sur un plat de légumes tels que cardons, épinards, oseille, etc.

On peut employer pour les œufs mollets des œufs moins frais que pour les pocher.

Œufs Frits.

Cassez des œufs dans du beurre fondu bien chaud, mettez assez de beurre pour que les œufs baignent à moitié : dès que le blanc de l'œuf est pris, renversez-le sur le jaune et le retournez pour le cuire encore un peu.

Servez avec une sauce à la mie de pain ou autre, ou même sans sauce.

Œufs durs.

Faites cuire des œufs pendant 7 ou 8 minutes dans de l'eau bouillante, de sorte qu'ils soient durs, coupez-les en deux, puis enlevez la coquille au moyen d'une cuiller. Servez-les chauds avec une sauce blanche, ou froids avec une vinaigrette. On les met aussi sur un ragoût d'épinards, d'oseille.

Œufs à la Moutarde.

Coupez en deux des œufs cuits durs et sortez-les de leur coque.

Débattez de la crème en y incorporant sel, poivre, moutardes, ciboules ; mettez cette sauce sur les œufs et laissez quelques instants au four doux.

Œufs à la Tripe.

Faites cuire les œufs durs ; préparez un roux avec du beurre et de la farine, et y mettez des oignons coupés par tranches ; lorsqu'ils ont assez de couleur, ajoutez un peu d'eau, du sel et du poivre ; laissez cuire, puis mélangez avec les oignons les blancs d'œufs coupés par tranches ou seulement en quatre. Terminez par un fil de vinaigre. Dressez sur le plat ; hachez les jaunes avec persil, échalotes, et les répandez sur les oignons.

Œufs à l'Oseille.

Faites cuire les œufs durs ; coupez ou hachez un gros oignon, mettez-le sur le feu avec du beurre, et lorsqu'il est presque cuit vous y jetez 2 ou 3 poignées d'oseille hachée (vous pouvez la presser auparavant un peu pour en exprimer le jus) ; remuez et faites cuire ; ajoutez une ou deux cuillerées de farine, laissez encore faire un bouillon ; écrasez les jaunes des œufs et les mêlez avec l'oseille. Coupez les blancs en deux en travers. Remplissez chaque moitié de la farce d'oseille ; éclaircissez le reste de cette farce avec de la crème, versez dans le plat de service, posez les œufs dessus, le côté farci en dessous. Mettez quelques instants au four chaud et servez. On peut diminuer l'acidité de l'oseille en y mêlant des épinards ou du cerfeuil.

Œufs farcis.

Faites cuire des œufs durs, mettez-les dans de l'eau froide, enlevez la coquille, coupez-les en deux dans leur longueur, ôtez le jaune que vous écrasez; mêlez-y du persil haché, des ciboules, du sel, du poivre, de la crème, et du lait en quantité suffisante pour faire un mélange bien lié et assez épais. Remplissez chaque moitié des œufs avec ce mélange, et les disposez sur un plat le côté farci en haut. Saupoudrez-les de chapelure, ajoutez un petit morceau de beurre frais sur le milieu de chaque moitié, mettez au four chaud quelques minutes.

Faites jaunir de la farine, ajoutez-y eau, poivre, sel, ciboules hachées, de la crème. Si vous avez de la farce de reste, vous pouvez l'ajouter à la sauce, mais il faut la passer en versant du liquide de la sauce dans la passoire pour faire descendre cette farce dans la casserole.

Autre Manière.

Faites cuire 4 ou 5 œufs durs; coupez-les en deux, la coquille étant enlevée, écrasez les jaunes et y mêlez 2 œufs crus bien battus, 40 gr. de beurre, sel, poivre et une demi-poignée de mie de pain trempée dans du lait tiède. Remplissez les blancs avec cette farce, couvrez de beurre le fond d'un plat qui supporte le feu, mettez ensuite une mince couche de farce ; arrangez dessus les œufs, le côté farci en haut. Faites prendre couleur entre deux feux.

Œufs farcis aux fines herbes.

Faites cuire et préparez les œufs comme ci-dessus ; écrasez les jaunes auxquels vous mêlez échalotes, persil, cerfeuil ha-chés, sel, poivre. Mettez fondre dans une poêle un bon mor-ceau de beurre, retournez la farce dans ce beurre, de manière à bien mélanger. Remplissez les blancs avec cette farce et les servez sur une sauce quelconque.

Œufs farcis entiers.

Enlevez la coque des œufs cuits durs ; coupez le haut de chaque œuf, faites-en sortir le jaune avec un couteau, hachez-le avec des épices et le remettez dans l'œuf que vous recouvrez avec le bout coupé. Trempez le tout dans de l'œuf battu, panez-le avec de la chapelure et jetez-le dans une friture bien chaude. Sauce blanche ou autre.

Œufs perdus.

Cassez des œufs et séparez le blanc du jaune. Beurrez le plat de service, placez-y les jaunes en les espaçant régulièrement, entourez-les de crème, 1 petite cuillerée par œuf ; saupoudrez de sel; battez les blancs en neige, où vous mettez un peu de sel; arrangez-les autour des jaunes et même par-dessus si vous voulez. Faites cuire entre deux feux. (Chaleur modérée.)

Œufs à la Mie de pain.

Mêlez une poignée de mie de pain avec 25 grammes de beurre, persil, échalotes, oignons hachés et 2 jaunes d'œufs pas cuits. Garnissez le fond d'un plat avec cette farce, mettez sur un feu doux pour épaissir ; cassez dessus 4 œufs que vous assaisonnez de sel et de poivre, faites cuire doucement. Passez la pelle rouge dessus et servez.

Œufs brouillés.

Cassez les œufs et les battez activement avec du sel, une cuillerée de crème par œuf, quelques petits morceaux de beurre frais ; faites-les cuire sur le feu dans une poêle où vous avez chauffé du beurre. Soulevez un peu avec une écumoire pour faire cuire également partout. On peut aussi les cuire entre deux feux, chaleur moyenne.

En Gras. Une cuillerée de jus, en place de crème.

Autre Manière.

Battez les œufs, mettez du sel, puis du lait en volume égal à celui des œufs ; faites chauffer un bon morceau de beurre frais que vous jetez dans ces œufs, et faites cuire sur le feu ou entre deux feux.

Autre Manière.

Pour 2 œufs, 12 cuillerées de lait, 2 pincées de farine.

Délayez d'abord la farine avec du lait froid, cassez ensuite les œufs, débattez-les, mettez le reste du lait, chaud ou froid à volonté, et faites cuire comme ci-dessus.

On peut hacher des ciboulettes et les mettre dans les œufs brouillés. On agit de même avec des choux-fleurs cuits à l'eau ou desservis, avec du jambon cuit et coupé en petits morceaux, ainsi qu'avec des asperges. Pour celles-ci, il faut les couper en petits-pois les blanchir, puis les faire revenir dans le beurre et les mélanger avec les œufs brouillés que vous cuisez à l'ordinaire.

Œufs brouillés au Fromage.

Battez deux œufs et y mêlez 40 gr. de fromage de Gruyère râpé, 20 gr. de beurre frais, un peu de sel. Faites cuire comme les autres œufs brouillés.

Œufs au Lait.

Pour 3 ou 4 œufs, prenez 1 litre de lait cuit et refroidi, ½ cuillerée de farine. Délayez la farine avec les œufs et jetez

le lait en remuant bien, du sel ce qu'il en faut. Si on les veut
meilleurs, on met plus d'œufs et point de farine. On peut remplacer la farine par des tranches de gâteau. On les cuit au
four avec ou sans beurre frais au fond de la casserole. On reconnaît qu'ils sont cuits s'il ne sort plus de lait en enfon-
çant un couteau.

Œufs au Lait sucré.

Prenez pour un œuf 7 ou 8 cuillerées de lait cuit et refroidi, 25 gr. de sucre environ, parfum quelconque à volonté.
Battez l'œuf, jaune et blanc, puis y versez petit à petit
le lait où vous avez fait fondre le sucre, ajoutez le parfum;
faites cuire dans le plat de service au bain-marie, ou simplement au four. Si les œufs n'ont pas assez de couleur
étant cuits, on peut mettre par-dessus du sucre en poudre
et y passer la pelle rouge.

Autre Manière.

Tournez les œufs avec le sucre quelques minutes; ajoutez le
lait assez chaud. Faites cuire au bain-marie

Œufs à l'Eau.

Pour 2 jaunes d'œufs, 15 grammes de sucre, 7 cuillerées d'eau.
Tournez les jaunes avec le sucre jusqu'à ce qu'ils blanchissent

puis ajoutez l'eau et un parfum quelconque, eau d'oranges, etc. Faites cuire au bain-marie dans un four modéré.

Côn-Fain.

Pour un œuf, 100 gr. ou 4 cuillerées de farine, ¼ de litre de lait. Délayez la farine avec une partie du lait que vous versez doucement dans un trou fait au milieu et prenez la farine au fur et à mesure afin qu'il n'y ait point de grumeaux; ajoutez du sel, l'œuf, et travaillez bien cette pâte avec une cuiller de bois, puis mettez peu à peu le reste du lait : on augmente ou on en diminue la dose pour que la pâte soit liquide. Lorsqu'on en fait une plus grande quantité, on ne prend pas tous les œufs en même temps, et on travaille une minute chaque fois qu'on a mis 2 ou 3 œufs.

Chauffez un peu de beurre dans une poêle ou une tôle, mettez-y cette pâte à la hauteur de 3 millimètres environ, laissez cuire entre deux feux, four très chaud.

On peut remplacer le lait par de l'eau tiède, mais il sera bon alors de mettre plus d'œufs dans la pâte et plus de beurre dans la poêle.

Côn-Fain léger.

Pour un œuf, deux cuillerées de farine, six cuillerées de lait;

un peu de sel et de sucre. Si vous le voulez moins sec, prenez 8 cuillerées de lait au lieu de 6. Travaillez et faites cuire comme à l'article précédent. On peut de la même manière que ci-dessus remplacer le lait par de l'eau.

Tôt-Fait au Beurre.

Pour 4 œufs, 300 gr. de farine, 25 gr. de beurre frais, 30 gr. de sucre en poudre, sel, un litre de lait environ.

Chauffez le lait qu'il soit presque bouillant avec le beurre dedans ; versez-le peu à peu sur la farine en remuant activement ; travaillez la pâte avant de mettre tout le lait. Quand elle est un peu refroidie, mettez les œufs et achevez d'éclaircir avec le reste du lait. Faites-le cuire de la même manière que l'autre tôt-fait.

Si on le veut meilleur, on met plus d'œufs, jusqu'à 4 œufs par quart de farine et demi-litre de lait.

Gâteau Mollet.

Préparez une bonne pâte de Tôt-fait, mais versez-en dans la tôle une épaisseur au moins double de celle du Tôt-fait. Faites cuire entre deux feux, forte chaleur.

Tartines.

4 cuillerées de farine, un œuf, environ 6 cuillerées de lait.

Faites la pâte et la travaillez comme pour le Tôt-Fait. Coupez des tranches de pain, épaisses comme deux tranches de soupe. Trempez-les dans cette pâte qui doit être assez épaisse pour s'attacher au pain ; mettez-les immédiatement dans une friture chaude, sur un feu vif ; faites jaunir des deux côtés. Servez bien chaud.

Autre Manière.

Au lieu de cuire les tartines dans le beurre, après les avoir trempées dans la pâte, mettez-les de suite dans l'eau bouillante ; et, quand elles sont cuites, arrangez-les sur un plat. Faites griller de la mie de pain dans du beurre que vous versez sur les tartines.

Crêpes Françaises.

Faites la même pâte que pour le tôt-fait, mais un peu plus claire ; travaillez-la de même. Mettez du beurre fondu dans la poêle sur le feu, assez pour que la pâte ne s'attache pas en cuisant ; versez-y de la pâte de manière à couvrir le fond de la poêle ; quand elle est cuite d'un côté, retournez-la et la glissez dans le plat de service. Ou bien roulez chaque crêpe et les servez avec une sauce faite de beurre, farine un peu roussie dans le beurre et crème. On peut remplacer le lait par de l'eau. On met alors un peu de beurre frais dans la pâte.

Autre Manière.

Une bonne cuillerée de farine, un œuf, du sel, une cuillerée de jeune crème, six bonnes cuillerées de lait. Préparez
la pâte et faites cuire comme à l'article précédent.

Crêpes Polonaises.

5 œufs, ½ litre de lait ou de jeune crème, 40 grammes de
beurre frais chauffé, un peu de sel, 200 grammes de fari...
Préparez la pâte comme celle des crêpes françaises, et faites
cuire de même. Étendez-les ensuite sur un plat, saupoudrez
de sucre, ou mettez une légère couche de gelée de groseilles sur
chaque crêpe que vous roulez. Saupoudrez de nouveau de sucre, glacez à la pelle rouge, et servez chaud.

Crêpes Lorraines.

Prenez du pain au lait ou du gâteau brioche : s'il est dur,
cela ne fait rien ; c'est même un moyen d'utiliser du gâteau
qui ne pourrait plus être mangé à la main.

Coupez-le par tranches épaisses d'un demi centimètre ; versez doucement dessus du lait bouillant, sucré ou non ; retirez le
lait immédiatement et laissez le gâteau se gonfler pendant ¼ d'heure : s'il n'est point assez trempé, remettez le lait bouillant dessus et le retirez de même tout de suite ; ¼ d'heure après trempez

chaque tranche dans de l'œuf battu où vous avez mis un peu
de sel. Mettez du beurre dans une poêle comme pour les crêpes françaises; placez-y ces tranches espacées de manière à
pouvoir les retourner quand elles seront cuites d'un côté.
En servant, saupoudrez de sucre.

Crêpes doubles.

Prenez du gâteau de riz, de semoule, etc, ou œufs au lait
sucré qui soient refroidis; coupez par tranches longues et
larges d'un doigt; trempez ces tranches dans une Pâte à
beignets et faites cuire dans une friture chaude. Entretenez un feu modéré. Lorsque les crêpes sont cuites d'un côté,
retournez-les. Retirez-les avec une écumoire. Saupoudrez
de sucre et servez. (Il suffit qu'elles baignent à moitié dans la
friture).

Pâte à Beignets.

Pour 1 œuf, 2 bonnes cuillerées de farine, un volume
de lait égal à celui de l'œuf, sucre à volonté, cependant
pas trop car la pâte absorberait beaucoup de beurre, un
peu de sel. Délayez la farine peu à peu avec l'œuf, puis
le lait; la pâte doit avoir la consistance d'une bouillie
épaisse. L'expérience apprendra le juste milieu à tenir,
il faut quelquefois diminuer ou augmenter la quantité

de lait. Laissez reposer la pâte l'heure avant de vous en servir, si c'est possible.

Autre Manière

Pour un œuf, deux bonnes cuillerées de farine, gros comme une noix de beurre chauffé de manière qu'il soit coulant, une pincée de sel, quelques gouttes de bonne huile douce, une cuillerée à café d'eau-de-vie. Délayez la farine avec le jaune d'œuf, le beurre, l'eau-de-vie, mettez le sel et l'eau nécessaire pour former une pâte de même consistance que celle indiquée à l'article précédent. Laissez cette pâte en lieu chaud, 1 heure ou 2, et au moment de vous en servir, ajoutez le blanc d'œuf battu en neige.

Beignets Ordinaires.

Pour 4 cuillerées de farine, 1 œuf, 6 cuillerées de lait, une pincée de sel.

Mettez dans un vase la farine et le sel, faites un trou au milieu pour y déposer l'œuf; tournez avec une cuiller de bois en prenant la farine peu à peu et ajoutant le lait par petite quantité à la fois. Mettez la pâte avec une cuiller dans une friture chaude, retournez les beignets; retirez-les avec une écumoire et servez bien chauds.

On peut, pour varier les formes, se servir d'un entonnoir:

on en ferme le trou avec le doigt, on remplit à moitié ou aux ¾, plus ou moins selon la grosseur voulue des beignets, puis en fait couler la pâte dans la friture chaude en tournant ou donnant telles formes que l'on veut.

Beignets de Pommes.

Prenez des pommes tendres; coupez les en rouelles, en ôtant le milieu; mettez-les dans une terrine et les saupoudrez de sucre et de cannelle; remuez-les et les laissez ½ journée si c'est possible. Trempez chaque morceau dans la pâte à beignets, et faites cuire comme les Beignets ordinaires.

Pour les Beignets de pomme vous pouvez prendre la pâte moins bonne : mettre avec la même quantité de farine le volume de lait double de celui des œufs.

Vous pouvez de même faire des beignets de pêches et d'abricots, qu'on coupe en 2 ou en 4, et de fraises qu'on laisse entières.

Beignets de Cerises.

Prenez de belles cerises que vous arrangez par bouquets de 4 ou 6, et trempez-les dans une pâte à beignets en tenant les tiges à la main.

Faites cuire dans une friture chaude.

Autre Manière.

Enlevez les tiges des cerises que vous jetez et tournez dans la pâte à beignets, et mettez par cuillerée dans la friture chaude.

Beignets de Cuetches.

Choisissez de belles cuetches. Jetez de l'eau chaude dessus pour les peler ; retirez les noyaux que vous cassez pour en prendre les amandes ; pelez-les, puis mettez en une dans chaque cuetche que vous tournez dans de la pâte à beignets et mettez dans la friture par cuillerée.

Beignets de Fraises.

Pour 1 livre de fraises, 1 blanc d'œuf, 1 poignée de chapelure de gâteau, du sucre et de la cannelle à volonté.

Ecrasez les fraises et y ajoutez le sucre, la cannelle, la chapelure qui doit être d'un jaune clair, le blanc d'œuf battu en neige. Prenez du pain au lait ou des brioches que vous fendez en deux. Mettez sur chaque moitié une cuillerée de fraises et unissez avec un couteau ; glissez-les dans une friture chaude en mettant le côté des fraises en dessous ; quelques instants après, retournez les beignets sans enfoncer la fourchette dans les fraises.

En servant, saupoudrez de sucre.

Autre Manière.

Préparez les fraises et les brioches comme ci-dessus. Placez ces dernières sur un plat, le côté coupé en haut, versez dessus du lait bouillant; prenez-les aussitôt et les mettez sur le feu dans une poêle où vous avez chauffé un peu de beurre. Lorsque le côté de la mie est grillé, vous étendez dessus une cuillerée de la préparation de fraises, unissez au couteau; remettez dans la poêle et faites cuire entre deux feux.

Beignets de Semoule.

Pour ½ litre de lait: 4 œufs, un peu de sel. Faites avec le lait une semoule très épaisse, de manière qu'une cuiller s'y tienne debout; ne la laissez cuire que quelques minutes, et lorsqu'elle est à peu près refroidie, vous y mettez les œufs un à un, en remuant et mélangeant bien chaque fois.

Prenez de la pâte par demi-cuillerée que vous glissez dans une friture chaude sur un feu modéré. Pour plus de facilité de glisser la pâte, prenez-la avec une cuiller trempée dans le beurre chaud. Il ne faut pas que les beignets soient trop serrés dans la poêle. Lorsqu'ils sont cuits des deux côtés, sortez-les avec une écumoire et les saupoudrer de sucre. Servez les chauds.

Pour faire gonfler des beignets quelconques, il faut en général agiter la friture pendant la cuisson.

Autre Manière.

Préparez la pâte comme il vient d'être dit à l'article précédent, laissez-la refroidir complètement ; coupez-la en petits morceaux que vous trempez dans une pâte à beignets, page 344.

Faites frire comme les autres et servez de même.

Autre Manière.

Mettez $\frac{1}{2}$ litre de lait sur le feu avec 30 grammes de beurre. Lorsqu'il bout, jetez-y environ 4 bonnes poignées de semoule ; tournez constamment jusqu'à ce que la pâte qui doit être très épaisse se détache de la casserole (1 ou 2 minutes). Retirez du feu et tournez encore ; quand la pâte est un peu refroidie, ajoutez 4 œufs, l'un après l'autre, un peu de sucre. Beurrez une tôle et mettez-y les beignets par cuillerée, à une petite distance les uns des autres. Cuisez-les au four.

Beignets de Fromage.

Prenez 500 grammes de fromage blanc fortement égoutté et bien écrasé ; mêlez-y 100 gr. de mie de pain bien fine, 3 œufs, 3 petites cuillerées de crème, 20 gr. de sucre en poudre, 20 gr. de beurre, sel, farine autant qu'il en faut pour faire une pâte épaisse à peu près comme celle des beignets de semoule. Faites frire de même. Saupoudrez abondamment de sucre et servez.

Pâtes Frites.

250 grammes de farine, 100 gr. de sucre en poudre, une pincée de sel, une ou deux cuillerées d'eau-de-vie, 3 œufs.

Délayez la farine avec un peu de lait ou d'eau, ajoutez les œufs en travaillant la pâte, puis le sucre, le sel, l'eau-de-vie, et achevez d'éclaircir avec du lait ou de l'eau, de manière à obtenir une pâte claire, liquide. Versez dans un plat beurré la pâte à la hauteur de deux centimètres; mettez-la au four pour qu'elle s'affermisse sans monter ni prendre couleur. Retirez du four et mettez la pâte sur une planche; lorsqu'elle est un peu refroidie, coupez en carrés ou autrement, faites une fente en long, une en travers, et 2 ou 3 petites sur les côtés. Laissez gonfler dans une friture pas trop chaude; remuez de temps en temps. Quand les beignets sont suffisamment gonflés, avancez la poêle sur un fourneau plus vif pour faire prendre couleur. Sortez et saupoudrez de sucre.

Beignets d'Allemagne.

Pour une livre de farine, 5 œufs, 4 cuillerées de crème, 125 gr. de beurre frais, une bonne pincée de sel.

Faites d'abord le levain avec le tiers de la farine, 1 cuillevée à café de levûre de bière, et du lait tiède en quantité suffisante pour former une pâte ferme comme pour le pain; mettez-le au chaud dans une corbeille avec le reste de la farine autour. Quand ce levrain est bien levé, c'est-à-dire doublé de volume, prenez-le pour faire la pâte avec le reste de la farine, le sel, le beurre que vous chauffez pour le rendre coulant, les œufs, la crème et du lait chaud la quantité nécessaire pour avoir une pâte très ferme. Laisser fermenter au chaud.

Renversez la pâte sur une planche saupoudrée de farine, coupez-la par petites boules. Laissez encore lever ces boules pour les amincir ensuite avec les mains, les laissant plus épaisses sur les bords. Pour réussir, on peut s'asseoir, étendre une serviette sur un genou, prendre chaque pâton, le poser dessus pour le tirer et lui donner par là-même la forme d'une assiette, ayant soin que les bords soient plus épais que le milieu. (On pourrait se servir de champignon en bois garni de linge pour arriver au même résultat).

Faites frire immédiatement dans du beurre bien chaud, il ne faut qu'un instant, retournez-les. Retirez, faites égoutter et servez en saupoudrant de sucre

Beignets Soufflés ou Pets de Nonne

Pour un œuf, à peu près 2 cuillerées de farine, environ 4

cuillerées d'eau. Délayez la farine avec l'eau froide; mettez-la ensuite sur le feu dans une casserole avec un peu de sucre et de sel; remuez jusqu'à ce que la farine soit cuite, environ 2 ou 3 minutes. Il faut avoir mis assez de farine pour former une pâte très ferme et très compacte. Laissez refroidir un instant et mettez les œufs l'un après l'autre, en remuant bien entre chaque œuf. Ajoutez du rhum ou du kirsch et du beurre si vous voulez. Faites frire par petite cuillerée à feu modéré comme les beignets de semoule.

En général, pour les fritures fines et délicates, il ne faut pas le feu trop vif, parce que le milieu n'aurait pas le temps de se gonfler.

Autre Manière.

Prenez environ 150 ou 160 grammes de farine par quart de litre d'eau, 4 œufs, 25 gr. de beurre, autant de sucre, un peu de sel. Faites cuire l'eau avec le beurre, lorsqu'elle bout, jetez-y la farine de manière à former une pâte épaisse, en remuant activement. Achevez comme ci-dessus.

Beignets Creux.

Pour ½ litre d'eau, 125 grammes de beurre frais, 7 œufs, 500 gr. de farine, du sel, une cuillerée de Kirsch.

Mettez l'eau avec le beurre dans une casserole sur le feu; lors-

 u'elle cuit; versez-la sur la farine et le sel, en délayant activement; chauffez les œufs dans de l'eau chaude, puis les cassez l'un après l'autre dans la pâte que vous travaillez
bien entre chaque œuf, ajoutez le kirsch. Faites ensuite
couler cette pâte en rond par un entonnoir dans une friture, sur un feu modéré. Lorsque les beignets sont cuits d'un
côté, retournez-les; ils restent jaune pâle.

Il ne faut pas laisser refroidir complètement la pâte a-
vant de s'en servir; on peut même placer le plat qui la
contient sur un vase d'eau chaude pour la maintenir à une
douce température.

Beignets d'Alsace.

Pour 1 œuf, ½ cuillerée de crème, gros comme une noix de
beurre frais que vous faites fondre pour le mettre coulant dans
la pâte, quelques gouttes de kirsch ou de rhum, un peu de sel
et de sucre, de la farine ce qu'il en faut pour faire une pâte
assez ferme. Etendez-la mince et la coupez de la forme que
vous voulez. Jetez ces beignets dans une friture chaude;
retournez-les quand ils sont cuits d'un côté : il ne faut
qu'un instant; ils doivent rester d'un jaune pâle. Retirez-
les, puis saupoudrez de sucre et servez. On peut les manger chauds ou froids à volonté.

Beignets Sucrés.

Prenez deux tasses à café de farine, une de sucre en poudre, le blanc de 2 œufs et 1 œuf entier. Mêlez la farine avec le sucre et délayez avec les œufs : la pâte doit être coulante, on ajoute un œuf si c'est nécessaire. Chauffez une friture dans une poêle de la grandeur d'une assiette ; mettez 3 ou 4 cuillerées de pâte dans un entonnoir à 5 tubes et faites-le couler dans la friture chaude. Modérez le feu ; quand le beignet est jaune d'un côté, retournez-le avec une grande fourchette. Faites cuire tous les beignets de cette manière; en les sortant de la poêle, vous pouvez leur donner une forme en les posant sur un rouleau à pâtisserie et pressant le beignet contre le rouleau.

Avec la dose ci-dessus, on a de 8 à 10 beignets.

Un entonnoir ordinaire peut remplacer celui à 5 tubes.

Beignets Sucrés aux Amandes.

250 grammes de farine, 125 gr. d'amandes, 125 gr. de sucre, 60 gr. de beurre frais chauffé, 2 œufs, de la cannelle et de l'écorce de citron à volonté. Mélangez d'abord les œufs et le sucre, et ajoutez les autres choses. Mettez la pâte sur une planche où vous la travaillez un peu avec le talon de la

main. Étendez-la de 2 millimètres d'épaisseur, et coupez de formes quelconques. Faites cuire dans une friture sur un feu modéré. On les mange chauds ou froids.

Beignets de Bavière.

Pour 1 livre de farine, 3 œufs, ¼ de beurre, une bonne pincée de sel, 2 de sucre en poudre, environ ½ de litre de lait.

Faites un levain avec le quart de la farine, 1 cuillerée à café de levure de bière, du lait tiède en quantité suffisante pour faire une pâte ferme, que vous mettez en lieu chaud jusqu'à ce qu'elle soit levée, c'est à dire que le volume soit au moins doublé.

Pour faire la pâte, chauffez le lait ; quand il cuit, versez le dans une terrine où vous avez mis le beurre, le sel, le sucre. Quand le beurre est fondu, mettez les œufs, la farine, le levain ; faites une pâte. Il est bon de ne pas mettre d'abord tout le lait ; et en ajouter selon le besoin, car toutes les farines n'absorbent pas également. Travaillez jusqu'à ce que la pâte se détache des mains. Laissez lever au chaud de façon que le volume de la pâte soit doublé. Renversez-la ensuite sur une table ou sur une planche farinée ; partagez-la par petites portions de 20 à 25 grammes que vous roulez sur la table, en leur donnant la forme d'une petite pomme de terre longue, elles gonfleront beaucoup en cuisant. Posez ces petits pâtons sur une planche au chaud ¼ d'heure ou ½ heure et faites les cuire dans une friture chaude, les retournant de temps en temps. Quand les beignets sont cuits et de belle couleur, retirez-les avec une écumoire ; saupoudrez de sucre pour servir.

Vous pouvez varier les formes ; en petites couronnes, ils font un beau plat.

On peut aussi faire la pâte meilleure, en prenant plus d'œufs et moins de lait.

Beignets de Carnaval.

Pour 2 ou 3 œufs, une cuillerée de crème, 20 grammes de sucre et un peu de sel, Kirsch ou eau-de-vie, farine ce qu'il en faut pour faire une pâte juste assez ferme pour qu'on puisse l'étendre et la manier ; ceci est important car, si elle est trop ferme, les beignets restent durs. Étendez mince. Coupez des carrés longs dans lesquels vous faites avec le coupe-pâte 3 ou 4 coupures qui s'arrêtent à un doigt des bords. Mettez dans une friture chaude en croisant les coupures ; quand les beignets sont cuits d'un côté, retournez-les. Saupoudrez de sucre pour les servir chauds ou froids.

Autre Manière.

Pour 375 grammes de farine, prenez 125 gr. de beurre, 8 œufs à peu près ½ de litre de lait, du sel, une cuillerée de levure de bière et un peu de Kirsch. Mettez la farine sur une table; faites un creux où vous déposez le sel, le beurre, les œufs et le lait; mélangez le tout et travaillez la pâte de manière à la rendre bien lisse. Placez-la en lieu chaud pour la faire lever; étendez-la ; préparez les beignets comme à l'article précédent. Laissez encore lever et faites cuire dans une friture chaude. Saupoudrez de sucre pour servir.

Gâteau de Semoule.

Les doses sont: 1 litre de lait, 100 grammes de semoule, 2 pincées de sel, 15 gr. de sucre, 3 œufs.

Faites bouillir le lait et y jetez la semoule que vous faites tomber en pluie, en remuant avec une cuiller de bois, jusqu'à ce que le lait cuise de nouveau ; laissez mijoter 2 ou 3 minutes. Retirez du feu, ajoutez le sel et le sucre. Battez les blancs d'œufs en neige; et lorsque la semoule est passablement refroidie, mêlez-y les jaunes d'œufs, puis les blancs, sans les briser. Faites cuire dans un plat creux au four (chaleur modérée) environ ½ heure. Le gâteau est cuit lorsqu'on enfonce la pointe d'un couteau et qu'il sort sans ramener de pâte. Servez dans le même plat. Si on le veut meilleur, on met plus d'œufs et du sucre à volonté. — On peut utiliser pour ce gâteau du laitage ordinaire, mais il faut alors tenir la pâte plus épaisse.

Autre Gâteau de Semoule.

Prenez ½ litre de lait, 60 grammes de semoule, 40 gr. de beurre, 25 gr. de sucre, 3 œufs, une pincée de sel, parfum quelconque si on le désire.

Faites cuire la semoule comme à l'article précédent, y mettant le sel et le sucre lorsqu'elle est cuite ; laissez refroidir. Travaillez le beurre jusqu'à ce qu'il soit comme en crème et y ajoutez les jaunes d'œufs, puis la semoule par petites portions que vous mêlez en tournant toujours du même côté, puis ajoutez les blancs en neige. Versez la pâte dans un moule beurré, ensuite saupoudré de chapelure fine. Faites cuire au bain-marie, au four, chaleur modérée, environ 1 heure.

On peut remplacer le sucre par du sel.

Gâteau de Semoule Caramellé.

Faites de la semoule très épaisse et peu cuite (3 ou 4 min). Lorsqu'elle est un peu refroidie, mettez-y les jaunes d'œufs et travaillez ½ d'heure, sel, sucre, parfum, ajoutez les blancs battus en neige. Dressez dans des moules enduits de caramel; faites cuire au bain-marie et renversez sur le plat de service.

Pour préparer le caramel, mettez du sucre en poudre sur un

feu vif, remuez de temps en temps avec une cuiller de bois.
Quand le sucre est coulant et de belle couleur brun-clair, versez le
dans le moule, le faisant couler tout autour : s'il y avait des endroits sans caramel, il faudrait les graisser de beurre frais, autrement le gâteau ne se détacherait pas. Évitez de laisser brûler le caramel, car il serait excessivement amer.

Gâteau de Vermicelle.

Mettez dans le lait bouillant le vermicelle que vous froissez, ayant soin d'en mettre assez pour qu'il soit bien épais
après avoir cuit 4 ou 5 minutes et achevez comme pour le gâteau de semoule.

Gâteau de Riz.

Les doses sont les mêmes que pour le gâteau de semoule.
Lavez le riz, puis le mettez sur le feu avec le lait; faites cuire
½ heure; laissez un peu refroidir et achevez comme pour le
gâteau de semoule.
Riz et semoule mélangés pour gâteaux font très bien.

Gâteau de Tapioca.

Mettez du lait sucré sur le feu. Lorsqu'il bout, jetez-y 5
cuillerées de tapioca et une poignée de semoule. Faites cuire

2 ou 3 minutes ; laissez un peu refroidir. Ajoutez 4 jaunes
d'œufs en travaillant la pâte, puis les blancs en neige : tu reste comme pour le gâteau de semoule.

Gâteau de Fécule.

125 grammes de sucre, autant de beurre, autant de fécule ou
moitié farine, moitié fécule, ¼ de litre de lait, 7 ou 8 œufs selon l'épaisseur de la pâte.

Faites d'abord bouillir le lait et y mettez la moitié du beurre,
retirez ensuite sur un feu moins vif pour mettre la fécule
ou farine, ayant soin de tourner activement ; ajoutez successivement le reste du beurre et le sucre en tournant toujours sur le feu. Laissez un peu refroidir et mettez les jaunes d'œufs, un peu d'essence. Battez les blancs en neige
et les mélangez par petites portions. Quand le tout est
bien mélangé, dressez, sans briser la pâte, dans des plats
ou dans des moules beurrés et panés. Faites cuire entre deux
feux, au bain marie si vous voulez.

Gâteau de Crême.

Prenez 2 cuillerées de farine, 2 œufs, 1 cuillerée de sucre en
poudre, 12 amandes mondées et pilées, un peu de sel, ¼ de
litre de crême.

Mélangez le sucre, le sel, et les amandes avec la farine; dé-layez avec la crème que vous versez peu à peu; mettez dans un plat ou un moule beurré. Faites cuire entre deux feux, (chaleur modérée) environ ½ heure. Servez chaud.

Soufflé de Farine.

Pour 2 litres de lait, 3 cuillerées de farine, 6 œufs, ½ livre de sucre. Délayez la farine peu à peu avec une partie du lait et mettez le reste de ce lait sur le feu. Quand il cuit, versez-y la farine délayée en tournant jusqu'à ce que cela cuise de nouveau et laissez mijoter ½ heure.

Laissez refroidir; ajoutez le sucre en poudre, les six jaunes d'œufs que vous mêlez et ensuite les blancs en neige; mélan-gez doucement. Graissez de beurre un plat supportant la chaleur du feu et y versez la pâte, lui donnant 4 ou 5 centi-mètres d'épaisseur, sans remplir néanmoins tout-à-fait le plat, car la pâte se gonflera en cuisant. Faites cuire au four modéré, environ ½ heure. Servez immédiatement.

Gâteau de Pommes de terre.

Cuisez les pommes de terre en robe de chambre, pelez et ré-duisez-les en pâte, en les pilant ou les écrasant sur une table avec un rouleau à pâtisserie; prenez autant de cette pâte

que de semoule au lait peu cuite et épaisse ; mélangez. Ajoutez sel, œufs, les jaunes d'abord, puis les blancs en neige (2 œufs
pour 3 personnes), sucre à volonté, lait pour éclaircir. Tenez
cette pâte assez épaisse ; faites cuire entre deux feux dans les
plats de service.

Autre Manière.

Prenez ½ livre de pain au lait ou de mie de pain ordinaire,
faites la tremper avec un litre de lait tiède ; ajoutez 4 ou 5
grosses pommes de terre cuites en robe de chambre et réduites
en pâte, 60 grammes de beurre frais, du sel, du sucre en poudre à volonté (environ ½ cuillerée par pomme de terre) 6
œufs, les jaunes d'abord, puis les blancs battus en neige.
Faites cuire dans le plat de service, chaleur moyenne. Si vous
voulez le gâteau moins délicat, vous mettez moins d'œufs.
Quand on trempe de la mie de pain avec du lait, il vaut
mieux prendre le lait tiède que bouillant, puis remuer
de temps en temps pour empêcher cette mie de pain de se
prendre en grumeaux.

Autre Manière.

Pour une grosse pomme de terre réduite en pâte, prenez
20 grammes de beurre frais, 1 œuf, du sel, 4 cuillerées de
bon lait ou de jeune crème. Vous pouvez battre le blanc
d'œuf en neige. Vous pouvez aussi remplacer ⅓ du beurre

par autant de fromage de Gruyère, ou de Parmesan ou autre semblable. Dressez en pyramide, unissez au couteau et faites cuire au four modéré. Ce gâteau peut aussi se cuire dans un moule beurré que l'on renverse sur le plat pour servir.

Gâteau de Cerises.

Prenez 4 livres de cerises partie égale de cerises noires et de cerises aigres. 5 œufs, 30 grammes de cannelle en poudre, sucre à volonté.

Laissez les noyaux des cerises. Faites tremper de la brioche dans du lait chaud, mêlez-la avec les œufs, le sucre et la cannelle, de manière à avoir une pâte épaisse où vous mettez vos cerises. Mélangez et versez dans le plat de service ou dans un moule beurré et pané de chapelure : dans ce dernier cas vous renversez le gâteau sur le plat pour servir.

Autre Manière.

Ayez 3 livres de cerises dont vous ôtez les noyaux ; trempez du pain au lait ou du gâteau brioche avec du lait bouillant. Tournez dans une terrine à part, avec une cuiller de bois 125 gr. de beurre jusqu'à ce qu'il soit presque en crème, mettez 8 jaunes d'œufs l'un après l'autre, 125 gr. d'amandes mondées et pilées ; travaillez en tournant ¼ d'heure et ajoutez le pain trempé, du sucre, de la cannelle en poudre, les cerises dont vous aurez un peu fait sortir le jus, puis les blancs d'œufs battus en neige ; mêlez et versez dans un moule bien beurré et pané de chapelure. Pour avoir le dessus du gâteau luisant, on saupoudre de sucre le moule après l'avoir beurré, avant de le paner. — Environ $\frac{3}{4}$ d'heure de cuisson.

On peut faire ce gâteau avec mirabelles, abricots, pruneaux, cuetches, groseilles, myrtilles, etc. Pour les fruits acides, on met plus de sucre.

Bonnet d'Évêque.

Faites une bonne pâte de tôt-fait, y ajoutant un peu de kirsch ou de rhum et du sucre à volonté. Versez en l'épaisseur d'un doigt dans une tôle ronde ; mettez au four ; à chaleur douce afin que la pâte ne gonfle pas et ne prenne pas de couleur. Dès qu'elle est suffisamment prise, sortez-la et la laissez refroidir, puis la coupez en ronds, larges d'un doigt, de la forme de la tôle, mais par là-même successivement plus petits. Faites frire ces ronds sur un feu modéré ; arrangez-les ensuite par degrés sur le plat : la chaleur les ayant gonflés, ils ne peuvent plus rentrer l'un dans l'autre, et formeront ainsi une pyramide terminée par la petite rondelle du milieu.

Saupoudrez de sucre et servez.

Omelette au Naturel.

Cassez environ 2 œufs par personne, mettez du sel; battez vivement, ajoutez un peu d'eau ou de lait, puis versez dans une poê
le où il y a du beurre fondu bien chaud, observant de ne pas jeter tout d'abord dans le milieu, mais autour des bords, parce
que le milieu est toujours l'endroit le plus chaud; la pâte
étant trop saisie brûlerait. Faites cuire sur un feu clair, en
penchant de temps en temps la poêle pour faire couler autour la pâte qui reste à la surface, après que celle de dessous
sous est prise.

Pliez l'omelette et la renversez sur un plat en carré long,
c'est-à-dire qu'il faut rabattre sur le milieu les bords de chaque côté et un peu à chaque bout avec une écumoire plate;
renversez le plat de service dans la poêle sur l'omelette et
retournez la poêle d'une main, tandis que de l'autre vous
soutenez le plat: l'omelette se trouve ainsi sur son beau côté.

Une autre manière de plier l'omelette est de la glisser sur
un plat, jusqu'à ce que arrivée au milieu vous renversez
le second côté sur le premier. Il importe de ne pas faire de trop
grosses omelettes; quand on a plus de 10 œufs, on les cuit en
plusieurs fois.

Ayez soin de servir l'omelette bien chaude.

Autre Manière :

Débattez deux œufs ; ajoutez du sel, 4 cuillerées de jeune crème et autant d'eau. Cuisez-la comme ci-dessus.

Omelette aux fines herbes.

Ajoutez à une des deux pâtes ci-dessus ciboules, cerfeuil, persil hachés, et faites cuire de même.

Omelette aux Oignons.

Pour ½ livre de pain au lait ou de mie de pain ordinaire, prenez ½ litre de lait chaud que vous versez sur le pain : couvrez, remuez de temps en temps. Chauffez du beurre, jetez-y 2 gros oignons coupés fins ou hachés. Quand ils sont cuits, sans être roussis, mêlez le pain avec 6 œufs battus et du sel ; versez dans la poêle avec les oignons. Faites cuire comme les autres omelettes, à la seule différence de la retourner quand elle est cuite d'un côté pour la cuire également de de l'autre. Vous pouvez ajouter des ciboulettes hachées, les mettant avec les oignons quand ceux-ci sont presque cuits.

Autre Manière.

Faites cuire avec du beurre dans une poêle les oignons coupés en tranches ; lorsqu'ils sont cuits, versez les œufs battus pour l'omelette. Faites cuire comme l'omelette au naturel.

Omelette à la Farine.

Délayez 125 grammes de farine avec 8 œufs, ¼ de litre de lait que vous mettez peu à peu ; ajoutez une poignée de sel et de 30 à 40 gr. de sucre en poudre. Faites cuire comme l'omelette au naturel, et servez-la couverte de sucre.

Omelette à la Sauce.

Délayez une demi-cuillerée de farine avec 3 jaunes d'œufs et 5 ou 6 cuillerées de lait mis petit à petit ; ajoutez du sel, puis les blancs battus en neige. Versez le tout dans une poêle où vous avez du beurre chaud ; remuez jusqu'à ce que les œufs soient pris, car le blanc se tiendrait toujours à la surface. Quand le dessous de l'omelette a pris couleur, renversez-la sur le plat de service, avec la sauce dessus ou à part dans une saucière.

Sauce de l'Omelette. Tournez sur le feu un morceau de beurre, un peu de farine, une pincée d'échalotes hachées ; mouillez avec de l'eau chaude ; laissez cuire 5 ou 6 minutes, ajoutez de la crème (environ 1 cuillerée par œuf employé dans l'omelette) et liez avec de la fécule, si c'est nécessaire.

Omelette au Rognon de veau.

Hachez un rognon de veau qui a été rôti avec le morceau auquel il tient; mêlez-le avec des œufs battus pour une omelette. Faites cuire comme l'omelette au naturel.

Autre Manière.

Coupez par petits morceaux un rognon cuit comme ci-dessus; passez-le sur le feu avec oignon, échalotes, ciboules, persil hachés, sel, poivre; mouillez d'un peu de vin et de jus de viande. Laissez bouillir quelque temps. Faites une omelette au naturel. Quand elle est cuite, versez votre ragoût au milieu; repliez les bords sur le ragoût et renversez la poêle sur le plat de service.

Omelette au Jambon.

Hachez du jambon cuit et battez-le avec les œufs d'une omelette au naturel ou aux fines herbes. Cuisez et dressez de même. Vous pouvez employer du petit-salé de la même manière.

Omelette au Lard.

Coupez en petits carrés du lard dont vous avez enlevé la couenne; faites-le frire dans la poêle; versez dessus des œufs battus avec un peu d'eau; ne mettez que peu de sel à cause du lard et laissez cuire.

Omelette au Hachis.

Jetez une cuillerée de bon hachis dans les œufs battus pour

une omelette : mêlez et faites cuire à l'ordinaire.

Omelette aux Petits Pois. Asperges.

Cuisez à l'ordinaire une omelette au naturel, et avant de la dresser mettez au milieu un ragoût de petits pois ou d'asperges en petits pois ; repliez les bords et renversez-la sur le plat de service, de manière que le ragoût se trouve sous l'omelette.

On peut aussi mêler aux œufs les asperges ou les petits pois cuits d'avance, et faire cuire à l'ordinaire.

Omelette aux Nouilles.

Ajoutez aux œufs préparés pour une omelette au naturel des nouilles préalablement accommodées. (Pour 2 œufs une cuillerée de nouilles). Cuisez-la comme l'omelette au naturel.

Vous pouvez faire de même avec des macaronis.

Omelette frite.

Faites une omelette avec 2 œufs : quand elle sera cuite, roulez-la, puis la trempez dans de l'œuf battu et ensuite dans de la mie de pain très fine. Faites frire de belle couleur sur un feu modéré.

Omelette aux Tomates.

Lavez les tomates, sortez les graines et hachez la pulpe que vous faites roussir dans une casserole sur un feu doux avec un morceau de beurre frais, ajoutez un peu de sel. Mêlez ensuite aux œufs préparés comme pour l'omelette au naturel, et faites cuire à l'ordinaire.

Omelette au Fromage.

Râpez le fromage (Gruyère, Parmesan ou semblable), 2 cuillerées pour 8 œufs ; mêlez-le avec les œufs, un peu de sel et battez le tout. Faites cuire comme l'omelette au naturel.

Omelette à la Mie de pain.

Prenez une poignée de mie de pain, 3 cuillerées de crème, 2 œufs, une bonne pincée de sel. Faites tremper la mie de pain avec la crème ; lorsque celle-ci est absorbée par le pain, mettez le sel et les œufs, puis battez vivement et faites cuire à l'ordinaire.

Omelette aux Pommes.

Pelez les pommes, coupez-les en tranches minces que vous mettez dans une poêle avec un peu de beurre ; faites cuire sur un feu vif, autrement les pommes absorberont trop de beurre. Lorsqu'elles sont cuites, versez les œufs battus et achevez comme pour l'omelette au naturel. Il faut veiller à ce qu'elle ne brûle pas, cela se produirait assez vite.

Omelette soufflée.

Cassez 6 œufs, séparez les blancs des jaunes. Tournez les jaunes avec 125 gr. de sucre environ, un parfum, rhum ou autre. Fouettez les blancs en neige ferme; mêlez-y les jaunes, prenant garde de briser les neiges. Faites fondre du beurre dans une poêle sur un feu doux; versez-y les œufs dès que le beurre sera fondu; remuez pour empêcher les neiges de se tenir à la surface. Quand l'omelette a absorbé le beurre, qu'elle commence à prendre couleur en-dessous, glissez-la sur un plat beurré, en la pliant en deux; mettez-la ensuite un moment entre deux feux. On peut la servir ainsi ou la saupoudrer de sucre et la glacer à la pelle rouge.

Omelette sucrée.

Cassez 8 œufs frais et séparez les blancs des jaunes; battez vivement les jaunes en y incorporant 125 gr. de sucre en poudre, parfum quelconque, 3 cuillerées de crème épaisse et une pincée de sel. Mêlez les blancs aux jaunes; battez le tout très vivement et faites cuire l'omelette à la poêle dans du beurre frais comme une omelette ordinaire.

L'omelette étant cuite, saupoudrez-la de sucre et passez la pelle rouge au moment de servir.

Omelette au Rhum.

Faites cuire une omelette sucrée ou soufflée; couvrez-la de sucre en poudre, mettez aussi à côté 2 ou 3 petits morceaux de sucre; arrosez-la d'un demi-verre de rhum auquel vous mettrez le feu en la plaçant sur la table. Distribuez l'omelette dès que le rhum a cessé de brûler.

· Autre Manière·

Mettez du rhum avant de ~~verser~~ la pâte ~~dans la~~ poêle, et cuisez-la à l'ordinaire.

Omelette à la Confiture.

Préparez les œufs comme pour l'omelette sucrée, seulement avant de les battre, ajoutez, pour 2 œufs, 1 cuillerée à bouche de gelée de groseilles ou autre.

Omelette Parisienne.

½ litre de lait, 125 gr. de beurre frais que l'on chauffe pour le rendre coulant; 1 œuf entier et 5 jaunes, 50 gr. de sucre, sel, ½ cuillerée de levûre de bière et farine ce qu'il en faut pour une pâte ferme. Battez les œufs auxquels vous ajoutez le lait tiède, la levûre, le sucre, le sel et le beurre; versez le tout dans le creux fait au milieu de la farine. Mélangez et travaillez la pâte jusqu'à ce qu'elle se détache des mains ; mettez-la au chaud pour la faire lever jusqu'à ce que son volume soit presque doublé ; étendez-la ensuite de l'épaisseur de ½ centimètre. Prenez de la confiture par petites cuillerées que vous placez de distance en distance sur la pâte étendue ; recouvrez d'une pâte semblable à celle du fond. Partagez avec un verre de façon à obtenir de petits gâteaux ronds ; arrangez sur une planche saupoudrée de farine ; mettez encore au chaud pour lever, et faites cuire dans une friture chaude. Lorsque les omelettes sont cuites d'un côté, retournez-les : elles doivent avoir une couleur brun-clair. En les sortant de la friture, saupoudrez de sucre et de cannelle.

On les mange chaudes ou froides.

Montée de Riz.

Lavez soigneusement deux poignées de riz que vous mettez ensuite sur le feu avec un litre de lait ; faites cuire doucement, et quand le riz est bien épais, qu'il a absorbé tout le lait, retirez-le du feu. Travaillez 60 gr. de beurre jusqu'à ce qu'il blanchisse ; mêlez-le au riz, ainsi que du sel, du sucre, un peu de vanille ; battez en neige 2 ou 3 blancs d'œufs que vous ajoutez encore au riz, en remuant légèrement.

Versez cette préparation dans un plat beurré ; faites cuire

entre deux feux. Au moment de servir, saupoudrez de sucre et passez la pelle rouge.

Quenelles de Semoule.

Faites bouillir de l'eau et jetez-y en pluie environ 4 cuillerées de semoule par litre d'eau ; laissez cuire 10 minutes ou ½ d'heure, il faut qu'elle soit très épaisse.

Lorsqu'elle est refroidie, prenez-la avec une cuiller trempée chaque fois dans du beurre chaud et de la mie de pain grillée, puis déposez ces cuillerées à côté l'une de l'autre, et l'une sur l'autre, tant que vous voudrez, ayant soin de mettre sur chaque ligne du même beurre fondu bien chaud et de la mie de pain grillée.

Quenelles de Farine.

Préparez une pâte épaisse, comme pour les tartines, page 341. Faites la couler dans l'eau bouillante salée au travers d'un entonnoir à 5 tubes, ou à défaut d'une passoire à gros trous. Lorsque les premières remontent avec l'eau, cessez de faire couler, laissez cuire quelques minutes ; tirez dans une passoire où vous faites couler de l'eau fraîche. Accommodez-les avec beurre chaud dans lequel vous avez grillé de la mie de pain. Elles sont bonnes mélangées avec des membres de grenouilles.

L'eau dans laquelle on a cuit les quenelles peut faire une

bonne soupe. On fait griller le pain dans du beurre avant de le mettre dans la soupière, puis on y ajoute un peu de crème si on veut.

Quenelles de Pommes de terre.

Après avoir mis les pommes de terre en pâte, ajoutez-y un peu de farine et un peu de lait, sel et œufs, jaunes ou œufs entiers; roulez-les en quenelles longues et faites frire.

Il faut tenir cette pâte très épaisse.

Autres Quenelles de Pommes de terre.

Prenez deux grosses cuillerées de pâte de pommes de terre, du sel, un œuf, une cuillerée de crème, une grosse cuillerée de farine (plus ou moins selon l'épaisseur de la pâte qui ne doit pas être claire, car elle absorberait trop de beurre). Prenez cette pâte par petites cuillerées que vous cuisez dans une poêle avec un peu de beurre sur le feu. Quand les quenelles sont jaunes d'un côté, vous les retournez.

Pour réduire les pommes de terre en pâte, lorsqu'elles sont cuites en robe de chambre, il faut les piler ou les écraser sur une table avec un rouleau à étendre la pâte.

Quenelles frites.

Pour deux cuillerées de pommes de terre réduites en pâte,

ajoutez-y un œuf, du sel, du beurre gros comme une noix, du sucre, si on l'aime. Prenez cette pâte par petites cuillerées que vous faites cuire dans une friture chaude sur un bon feu. Servez brûlant.

Nouilles.

Jetez-les à l'eau bouillante légèrement salée. Si elles sont sèches, on les laisse cuire environ 10 minutes. Si elles sont fraîches, on fera bien de les secouer de temps en temps avec une grande fourchette car elles se colleraient ensemble, et, lorsqu'elles remontent avec l'eau jusqu'en haut du pot qui les contient, elles sont ordinairement cuites. Tirez-les dans une passoire et versez de l'eau fraîche dessus, puis laissez les bien égoutter pour les accommoder.

Manière de les accommoder.

En Gras. Faites chauffer bonne graisse, sel, poivre, jus de viande; versez dessus et mélangez. On les sert aussi avec toutes sortes de viande rôtie, les mettant autour du morceau et les arrosant du jus.

En Maigre. Beurre frais, sel, poivre. Chauffez le beurre, jetez-le sur les nouilles avec le sel, le poivre et remuez. Si on est obligé d'employer du beurre fondu, on fera bien de faire griller un peu de mie de pain dans ce beurre et mettre le tout sur les nouilles. On peut aussi, en place de beurre, mettre de la crème ou l'un et l'autre. Si on veut parer le plat, on chauffe du beurre dans une poêle, on y jette quelques nouilles que l'on fait frire. Quand elles ont une belle couleur, on les sème sur le plat de service.

On peut aussi après avoir fait chauffer un peu de beurre dans la poêle, en couvrir le fond avec des nouilles, lorsqu'elles sont grillées, les enlever avec une écumoire pour en garnir le plat.

Autre Manière.

Tirez les nouilles de l'eau lorsqu'elles sont presque cuites, passez-les à l'eau fraîche et les égouttez. Remettez-les sur le feu avec sel, poivre, bon beurre frais et faites cuire complètement.

Nouilles au Gratin.

Faites cuire les nouilles dans l'eau bouillante salée jusqu'à ce qu'elles soient bien gonflées. Mettez du beurre dans le fond du plat de service, puis une couche de nouilles, sel fin, poivre, beurre frais, fromage de Gruyère ou Parmesan râpé ou au moins coupé en très petits morceaux placés de distance en distance, remettez une couche de nouilles, sel, beurre, etc, et ainsi de suite. Mouillez avec un peu d'eau où les nouilles ont cuit (en gras avec du bouillon.) Saupoudrez de chapelure et faites cuire au four.

Gâteau de Nouilles.

Faites cuire les nouilles à l'eau salée et les égouttez comme à l'ordinaire. Assaisonnez-les de sel, de poivre, de beurre. (On peut prendre des nouilles déjà servies) Hachez-les ; puis, pour un plat de 4 personnes, mêlez-y 2 œufs débattus avec ½ litre de lait cuit et refroidi , un peu de sel : vous devez obtenir une bouillie épaisse. Faites cuire entre deux feux dans le plat de service ou dans un moule beurré. Si le gâteau est dans un moule, renversez-le pour le servir et versez dessus une sauce jaune un peu claire.

Ce gâteau est meilleur si vous y mettez la même quantité de semoule au lait que de nouilles.

Timbale de Nouilles.

Les nouilles étant cuites à l'eau salée, accommodez-les avec beurre frais, sel, un peu de poivre ; ajoutez, si vous voulez, fromage râpé (Gruyère ou Parmesan). Beurrez un moule, garnissez-le d'une pâte brisée ou feuilletée étendue mince ; mettez les nouilles dedans, couvrez avec une abaisse de la même pâte. Cuisez au four chaud, ¾ d'heure. Renversez le moule sur le plat et servez.

Autre Manière.

Beurrez une casserole ou un moule que vous remplissez ensuite de nouilles presque cuites à l'eau salée et égouttées, ayant soin de mettre du sel, du beurre, et si vous voulez du fromage entre chaque couche d'un centimètre. Faites cuire 20 minutes au

$\frac{1}{2}$ heure entre deux feux, bonne chaleur. Renversez sur le plat de service.

Macaronis.

On les fait cuire et on les accommode comme les nouilles.

Chapitre VII.
Crêmes et Fruits.

_____

Crêmes.

Il y a deux manières générales de faire les crêmes :

Mettre les œufs dans le liquide bouillant sur le feu et faire prendre comme une liaison.

Ou; lorsque le lait est mêlé aux œufs, verser dans le plat de service et faire prendre au bain-marie. Pour faire cuire au bain marie, il sera bon d'ajouter 1 ou 2 blancs sur 6 ou 8 jaunes, les crêmes prendront plus facilement.

Les quantités de sucre indiquées ne sont que pour donner une idée approximative, car on sucre à volonté.

On peut toujours remplacer le lait ou une partie du lait par de la jeune crême, ce sera encore meilleur.

Crême à la Vanille.

Pour ½ litre de lait 3 ou 4 jaunes d'œufs, 80 grammes de sucre.

Mettez la vanille dans le lait avec le sucre et faites cuire doucement ¼ d'heure : prenez quelques cuillerées de ce lait et les fai.

tes refroidir. Battez les jaunes d'œufs jusqu'à ce qu'ils commencent à mousser; mêlez-y le lait refroidi; versez le tout dans
le lait bouillant sur le feu. Tournez constamment avec une
cuiller de bois. Retirez dès que vous sentez que la crème commence à s'épaissir, sans laisser bouillir. Ôtez la vanille et servez
froid. On peut ajouter un peu de fécule aux jaunes d'œufs,
si on veut épaissir davantage.

Si vous voulez faire prendre cette crème au bain-marie, mêlez le lait aux œufs battus, mettez dans le plat de service et
faites prendre au bain-marie entre deux feux.

Autre Crême à la Vanille.

Une cuillerée à bouche de farine, 200 grammes de sucre, de
la vanille en poudre, 4 jaunes d'œufs, ½ litre de jeune crème.

Mettez dans une casserole la farine, le sucre, la vanille;
délayez peu à peu et sans grumeaux avec les jaunes d'œufs
et la crème. Faites cuire sur un bon feu, en remuant constamment jusqu'au premier bouillon. Videz la crème dans une
terrine que vous placez dans un baquet d'eau froide pour la
refroidir. Battez alors 4 blancs en neige, puis versez dans ces
blancs la crème qui ne doit plus être que tiède, et mélangez
doucement. Dressez et servez.

On peut mettre de la crème fouettée en place de blanc

d'œufs; dans ce cas, on se sert de lait pour délayer.

Crême au Caramel.

1 litre de lait, 8 jaunes d'œufs, 125 grammes de sucre.

Faites cuire le lait; préparez un caramel avec le sucre, versez les $\frac{3}{4}$ du lait chaud dans le caramel, remuez pour bien mêler. Battez les jaunes et y ajoutez le reste du lait que vous avez fait refroidir. Faites prendre sur le feu ou au bain-marie.

Crême aux Amandes.

1 litre de lait, 8 jaunes d'œufs, 125 grammes d'amandes mondées et pilées, 125 gr. de sucre.

Faites cuire le lait; mettez-en quelques cuillerées à part pour refroidir; travaillez en tournant les jaunes avec les amandes jusqu'à ce qu'ils blanchissent; ajoutez d'abord le lait froid, puis le lait chaud et faites prendre comme ci-dessus.

On peut ne mettre que moitié d'amandes.

Crême au Chocolat.

1 litre de lait, 125 grammes de chocolat, 100 gr. de sucre, 6 jaunes d'œufs.

Faites fondre le chocolat sur le feu avec quelques cuillerées de lait, délayez en écrasant; ajoutez le reste du lait et le sucre;

laissez cuire quelques minutes. Battez les jaunes d'œufs. Faites prendre sur le feu ou au bain-marie.

Crême au Café.

1 litre de lait, 4 cuillerées à bouche de café en poudre, 125 gr. de sucre, 6 jaunes d'œufs.

Servez-vous du lait pour le passer bouillant dans la minu-te sur le café : de cette sorte la qualité de la crême ne sera pas altérée par l'eau. Cuisez ce café avec le sucre ; battez les jaunes d'œufs, et faites prendre sur le feu ou au bain-ma-rie.

Autre Manière.

Préparez à l'ordinaire du café très fort et le mélangez au lait de façon à n'en avoir qu'un litre pour les 6 jaunes d'œufs. Achevez comme ci-dessus.

Crême Mêlée.

Mettez ensemble sur le feu café et chocolat au lait et y ajoutez du sucre à proportion de la quantité. Faites prendre avec des jaunes d'œufs sur le feu au bain-marie.

Cette crême est au moins aussi bonne que chaque sor-te prise séparément, et offre l'avantage de pouvoir ainsi utiliser des restes.

Crême au Thé.

Pour 1 litre de jeune crême, 15 gr. de thé, 125 gr. de sucre. 8 jaunes d'œufs.

Mettez la crême, le thé et le sucre dans une casserole sur un feu doux ; couvrez, et lorsque cela commence à cuire, versez le tout dans un vase clos. Laissez refroidir ; passez au tamis pour séparer le thé, et remettez sur le feu dans la casserole. Quand cela cuit, ajoutez les jaunes d'œufs battus avec une petite partie de la crême refroidie ; retirez au premier bouillon. Vous pouvez aussi faire prendre au bain-marie.

Pain au Lait ou Crême renversée.

Pour 1 œuf, 6 cuillerées de lait cuit et refroidi ; environ 20 gr. de sucre. Faites chauffer la moitié du lait avec le sucre ; battez l'œuf et y ajoutez le lait froid, et ensuite le lait chaud, parfum quelconque si on le désire. Versez cette préparation dans un moule caramellé.

Pour préparer le caramel, mettez une bonne cuillerée de sucre en poudre dans une casserole sur un feu vif ; tournez avec une cuiller de bois (qui n'a pas servi pour de la graisse) jusqu'à ce que le sucre soit devenu coulant et d'une belle couleur jaune : c'est le moment de le prendre où le caramel trop cuit est excessivement amer. Versez dans le moule que vous tournez lestement pour faire couler le sucre partout, et s'il se trouve des endroits vides de caramel, graissez-les de beurre frais, autrement le pain au lait s'attacherait.

Faites cuire au bain-marie, à four doux, environ 20 minutes.

Quand le gâteau est cuit, mettez le moule quelques instants dans l'eau fraîche, de manière pourtant qu'elle ne puisse pénétrer dedans; renversez sur le plat de service.

On peut mettre plus de jaunes que de blancs.

Les crèmes au café, au chocolat, et autres peuvent se faire de la même manière, si on a soin de prendre les mêmes proportions: ainsi on ne devra pas mettre, par œuf, plus de 6 cuillerées du liquide à employer.

Œufs à la Neige

Mettez sur le feu environ 7 ou 8 cuillerées de lait par œuf à employer; sucrez-le à volonté et mettez-y un bâton de vanille, si c'est à la vanille que vous faites la crème; lorsque c'est un autre parfum, on ne le met que quand les neiges sont cuites. Fouettez en neige bien ferme les blancs d'œufs qui doivent être frais. Quand le lait cuit, prenez une poche des œufs en neige que vous faites glisser dans le lait bouillant; laissez cuire doucement une minute, retournez

cette boule, et une minute après retirez-la avec une écumoire.
Cuisez ainsi toute la neige. S'il ne reste plus assez de lait pour
faire la crême, remettez en. Battez les jaunes d'œufs auxquels
vous ajoutez un peu de lait froid; puis versez-y lentement, en
tournant, une partie du lait cuit et mettez ce mélange dans
le lait resté sur le feu; remuez constamment jusqu'à ce que
la crême commence à s'épaissir, retirez-la alors et ajoutez le
parfum que vous choisissez à volonté, rhum, kirsch, fleur d'o-
ranger, etc. Du caramel peut remplacer le parfum, mais il
faut avoir soin de le refroidir un peu avec du lait froid, parce que mis trop chaud, il ferait tourner les œufs.

Si la crême ne se trouve pas assez épaisse, ajoutez un peu de
fécule délayée dans du lait froid, la fécule prendra sans
qu'il soit nécessaire de remettre sur le feu, pourvu que ce soit
bien chaud.

Versez la crême sur le plat de service, retirez la vanille si vous en
avez mis, placez les boules de neige dessus, à côté l'une de l'autre, ou en pyramide. Vous pouvez les saupoudrer de nonpareilles
ou glacer à la pelle rouge.

Le vase où on bat les blancs ne doit pas être humide.

Œufs à la Neige moulés.

Enduisez un moule avec du caramel comme pour le pain au

lait ; battez des blancs d'œufs en neige bien ferme et y mêlez 20 gr. de sucre en poudre par œuf. Remplissez alors votre moule. Faites cuire de la même manière que le pain au lait ; renversez-le de même sur un plat et versez autour une crème préparée comme celle des œufs à la neige ci-dessus.

Crème double.

10 œufs, 200 gr. de sucre, 1 litre de lait ; parfum quelconque. Cuisez le lait avec la moitié du sucre. Cassez les œufs, séparez les blancs des jaunes, battez ceux-ci jusqu'à ce qu'ils moussent et y ajoutez le lait à demi-refroidi, puis le parfum. Versez dans le plat de service et faites cuire au bain-marie. Pendant ce temps, battez les blancs en neige très ferme ; mêlez-y le reste du sucre en poudre, sauf une petite partie que vous réservez pour saupoudrer. Lorsque les jaunes d'œufs sont assez cuits, couvrez-les de la neige que vous arrangez en forme de dôme ; saupoudrez de sucre fin. Mettez au four, chaleur douce.
Servez de belle couleur.

Crème au Rhum.

8 jaunes d'œufs, 200 gr. de sucre en poudre, 1 petit verre de rhum. Mettez les jaunes d'œufs dans une casserole sur le feu avec le sucre, en remuant constamment. Au bout d'une ou deux

minutes, ajoutez le rhum et servez immédiatement.

Pouding.

Découpez du pain au lait ou du gâteau en petites tranches que vous placez dans un moule en fer blanc, et sur ces tranches mettez un lit de raisins de Corinthe, ainsi alternativement jusqu'à un doigt du bord; remplissez les vides avec des œufs battus, du sucre, puis du lait, absolument comme pour les œufs au lait sucré. Faites cuire au bain-marie.

Crême pour mettre sur le Pouding.

Prenez un verre de vin blanc que vous sucrez suffisamment et faites cuire deux jaunes d'œufs et un œuf entier débattus avec un peu d'eau que vous versez dans le vin et faites prendre comme une liaison.

Versez cette sauce sur le pouding et servez immédiatement.

Pouding aux Amandes.

Prenez une demi-livre de beurre frais travaillé en crême; mélangez-y en tournant 6 œufs entiers et 6 autres jaunes d'œufs que vous ne mettez que l'un après l'autre; ajoutez ensuite $\frac{1}{2}$ livre d'amandes pilées. Remuez tout cela un bon quart d'heure. Trempez 375 gr. de mie de pain ou de gâteau dans du lait

tiède ; lorsqu'elle a absorbé tout le lait, mettez-la avec ce qui a
déjà été préparé ; ajoutez 125 gr. de sucre, 125 gr. de raisins secs
et de la cannelle en poudre. Battez en neige le blanc des six
jaunes et mêlez doucement. Versez cette composition dans
un moule bien beurré et pané de chapelure. Faites cuire 1 heure entre deux feux. Renversez-le sur un plat pour le servir
avec une sauce comme ci-dessus, ou une sauce au lait comme
il suit :

Prenez 1 litre de bon lait où vous mettez 125 gr. d'amandes
pilées et du sucre, laissez cuire, remuez constamment. Prenez
4 jaunes d'œufs que vous battez jusqu'à ce qu'ils blanchissent ; mêlez-y un peu de lait froid et quelques cuillerées d'eau
de rose ou autre parfum. Faites prendre comme une liaison,
son, et servez avec le pouding ou à part. Le citron râpé peut
remplacer la cannelle.

Pouding au Citron.

135 gr. de beurre frais que vous faites fondre ; incorporez-y
135 gr. de bonne farine : tournez jusqu'à ce que la pâte cuise, puis ajoutez ½ litre de lait tiède ; remuez la pâte sur le
feu jusqu'à ce qu'elle se détache de la casserole. Faites ensuite refroidir tout à fait. Pendant ce temps, préparez 135
gr. de sucre en poudre, 135 gr. d'amandes pelées et hachées

finement, 9 jaunes d'œufs que vous mêlez en tournant, pendant une demi-heure ; puis ajoutez la pâte cuite, un peu d'écorce de citron râpée, et en dernier lieu les 9 blancs d'œufs battus en neige.

Versez le tout dans un moule bien beurré, et faites cuire au bain-marie pendant 1 heure. Servez le pouding avec une crème à la vanille.

Pouding au Riz.

½ livre de riz, 8 œufs, 125 gr. de beurre frais, 125 gr. d'amandes, sucre et cannelle à volonté.

Faites cuire le riz dans du lait, de manière qu'il soit très épais, laissez-le refroidir. Mettez le beurre dans un vase et tournez avec une cuiller de bois jusqu'à ce qu'il soit comme en crème ; ajoutez-y les jaunes d'œufs l'un après l'autre, puis le riz par petites portions ; travaillez ¼ d'heure et y mettez les amandes pilées, du sucre, de la cannelle en poudre et enfin les blancs d'œufs en neige que vous mêlez doucement.

Versez dans un moule beurré et pané ; faites cuire au bain-marie, environ ½ heure (chaleur modérée). Servez le pouding avec une crème aux amandes ou à la vanille.

Les raisins de Corinthe peuvent remplacer les amandes.

Charlotte Russe ou Pouding au Rhum.

Préparez de l'eau bien sucrée à laquelle vous ajoutez du rhum,

plus ou moins selon le goût. Garnissez un saladier avec des biscuits tournés dans cette préparation : il ne faut laisser aucun
vide, on coupe les biscuits lorsqu'on ne peut en mettre un entier, cependant on peut ne pas remplir tout à fait. Ayez de
la confiture de 3 ou 4 sortes : soit groseilles, abricots, mirabelles, pommes, etc. Mettez une couche d'un centimètre de confiture, soit celle de groseilles, sur les biscuits du fond ; une couche
de biscuits tournés dans le rhum (le beau côté en haut), une
nouvelle couche de confiture (abricots ou autre) recouverte encore de biscuits tournés dans le rhum, ainsi de suite, en terminant par les biscuits. Couvrez d'une planche ou d'une assiette bien plate chargée d'un poids ou d'une pierre lourde que
vous laissez $\frac{1}{2}$ heure. Préparez une crème à la vanille comme
celle de la page 380.
Renversez le saladier sur un plat creux et servez la charlotte
avec la crème que vous versez dessus ou que vous mettez à part.

Crème Chantilly.

Prenez de la jeune crème du matin ou de la veille au soir ;
fouettez-la de la même manière que pour les œufs à la neige ;
ajoutez du sucre à volonté puis de la vanille. Servez immédiatement.

Crème Anglaise à la Vanille.

Pour 1 litre de lait, 8 jaunes d'œufs, $\frac{1}{2}$ livre de sucre, 35 gr. de gélatine environ. Faites tremper la gélatine dans l'eau fraîche. Mettez un bâton de vanille dans le lait bouillant avec le sucre; laissez infuser 1 heure ou 2. Remettez sur le feu. Battez les jaunes d'œufs avec quelques cuillerées de lait froid et y ajoutez peu à peu une partie du liquide bouillant; puis versez le tout sur le feu dans la casserole, en tournant jusqu'à ce que la crème s'épaississe sans cuire. Retirez du feu. Exprimez l'eau de la gélatine; jetez celle-ci dans la crème en remuant. Passez au tamis; versez la composition dans un moule que vous posez au frais. Ordinairement cette crème est prise au bout de 2 heures; pour mieux réussir, vous pouvez entourer le moule de glace ou d'eau froide.

Pour démouler, plongez le moule quelques secondes dans l'eau tiède, et renversez sur le plat de service.

La gélatine est une substance grasse; lorsqu'on veut préparer cette crème en maigre, on emploie la colle de poisson qui du reste est meilleure: prenez la dose un peu moins forte, puis la faites fondre sur le feu avec le moins d'eau possible et versez le tout dans la crème avant de la passer au tamis.

Toutes les crèmes anglaises se font de même, substituant à la vanille le parfum que l'on désire, chocolat, café, caramel, etc.

On peut diversifier les couleurs dans la même crème

en alternant par couche de 2 centimètres, mais il faut laisser prendre presque complètement chaque couche, avant de verser dessus celle de couleur différente.

Bavarois au Café.

Pour 4 jaunes d'œufs, ½ livre de sucre, 8 cuillerées de jeune crème, 4 feuilles de gélatine, 6 cuillerées de café très fort. Faites tremper la gélatine dans l'eau froide.

Mettez dans une casserole les jaunes d'œufs avec le sucre en poudre et le café; placez sur le feu jusqu'à ce que la crème s'épaississe; elle ne doit pas bouillir mais être sur le point de bouillir. Retirez du feu et ajoutez la gélatine en exprimant l'eau qui ne doit point entrer dans le bavarois; passez au tamis, fouettez toujours jusqu'à ce que ce soit froid; vous y mêlez alors la jeune crème bien fouettée. Versez dans un moule à bavarois que vous placez au frais. Au bout d'une heure ou deux, la crème est prise en hiver, surtout si vous placez le moule dans l'eau fraîche, dans la neige ou dans la glace, mais en été il est beaucoup plus difficile de réussir.

Pour démouler, mettez le moule quelques secondes dans l'eau tiède et renversez sur le plat de service.

La gélatine est, comme à l'article précédent, remplacé par la colle de poisson quand on veut le bavarois en maigre.

Tous les bavarois se font de même : vous remplacez le café par du lait, et ajoutez un parfum quelconque.

Gelée au Rhum.

Pour ½ litre d'eau, 1 livre de sucre ; mettez sur le feu et laissez faire quelques bouillons. Vous avez fait tremper 35 gr. de gélatine environ 1 heure dans de l'eau fraîche ; lavez cette gélatine et la faites fondre sur le feu avec quelques cuillerées d'eau ; mêlez-la au sucre qui cuit avec 3 blancs d'œufs un peu battus, avec leurs coquilles ; fouettez jusqu'au 1er bouillon. Retirez alors sur un feu modéré pour continuer à laisser bouillir doucement pendant 5 minutes. Laissez reposer 1 ou 2 minutes hors du feu et passez par un linge fin et mouillé ayant soin de verser doucement pour ne pas troubler. Ajoutez ½ verre de rhum. Remplissez un moule quelconque et placez-le bien au frais jusqu'au lendemain. Pour démouler, mettez le moule quelques secondes dans de l'eau tiède, la gelée se décolle alors aisément, renversez-la sur le plat de service.

Vous pouvez remplacer le rhum par du kirsch ou autre liqueur et même par des sucs de fruits, tels que groseilles, framboises, etc, mais dans ce dernier cas, il faut un peu plus de gélatine.

De même que pour les crèmes anglaises et les bavarois, on

substitue la colle de poisson à la gélatine, lorsqu'on veut cette gelée en maigre. On prend la dose un peu moins forte, soit 25 gr. que l'on fait fondre sur le feu (il faut beaucoup plus longtemps que pour la gélatine) et on la mêle au sucre comme ci-dessus.

Fruits.

Il ne faut pas se servir de casserole de fer pour les fruits car ils noirciraient, excepté pour les tranches de pommes frites par ce qu'alors elles ne touchent pas la casserole.

Tranches de Pommes.

Pelez les pommes et les coupez en quatre, enlevez le milieu et faites-les revenir dans du beurre sur le feu ; versez-y de l'eau de manière à submerger les pommes, ajoutez de la cannelle en poudre et un morceau de sucre ; laissez cuire jusqu'à ce que l'eau soit complètement réduite. Servez-les chaudes.

On peut remplacer une partie de l'eau par du vin.

Tranches de Pommes frites.

Pelez les pommes, puis les coupez en quatre, et chaque quartier en trois tranches ; faites-les mariner au moins pendant ½ heure avec une poignée de sucre et quelques cuillerées de kirsch en les retournant de temps en temps. Mettez une poignée de farine sur un plat ; retournez-y les pommes bien égouttées. Faites les frire dans du beurre fondu bien chaud, feu très vif.

Pommes au Beurre.

Pelez des pommes entières, ôtez-en le milieu que vous remplacez par du beurre frais ; couvrez de sucre en poudre le fond de la tourtière, ou d'un plat supportant le feu ; arrangez les pommes à côté l'une de l'autre. Saupoudrez-les de sucre et faites cuire entre deux feux.

Pommes meringuées.

Pelez les pommes et les coupez en quartiers, faites-les cuire avec beurre frais, sucre, cannelle en poudre et un peu d'eau, en ayant soin de couvrir la casserole pour qu'elles soient tendres. Quand elles sont bien cuites, écrasez-les, puis les dressez en pyramide dans un plat et unissez avec un couteau. Battez des blancs d'œufs en neige (un pour 2 personnes) ; couvrez les pommes de cette neige que vous lissez et saupoudrez ensuite de sucre bien fin, puis mettez le plat dans un four doux pendant sept ou huit minutes, jusqu'à ce que la neige soit durcie et ait pris un peu de couleur.

Charlotte de Pommes.

Choisissez des pommes qui cuisent facilement. Après les avoir pelées et coupées en tranches, faites-les cuire avec sucre, cannelle, un morceau de beurre et un peu d'eau, la casserole bien couverte. Beurrez largement une casserole ou un moule; garnissez-en le fond et les côtés avec des tranches de pain; placez ensuite les pommes que vous recouvrez de tranches de pain sur lesquelles vous étendez du beurre, puis posez la casserole entre deux feux. Quand le pain est d'un beau jaune, retirez-la, renversez sur un plat, arrangez bien le pain et servez chaud.

Autre Charlotte.

Beurrez un moule, saupoudrez-le de sucre mêlé à 125 gr. d'amandes hachées, ayez soin que les amandes soient également réparties. Coupez du pain au lait ou du gâteau par tranches minces, garnissez-en le fond et le tour du moule; remplissez-le de pommes pelées et coupées en tranches, en saupoudrant de sucre à chaque couche de ½ centimètre. Lorsque le moule est rempli, couvrez les pommes de tranches de pain au lait, et arrosez d'un peu de beurre frais que vous avez chauffé. Faites cuire entre deux feux.

Compote de Pommes.

Pelez des pommes que vous coupez par morceaux; mettez-les

dans une casserole avec beurre frais, sucre, cannelle pilée, et un peu d'eau ; couvrez bien. Quand elles sont cuites, écrasez-les et servez-les chaudes ou froides. Vous pouvez les glacer à la pelle rouge quand elles sont refroidies.

Compote de Pommes au Vin.

Les pommes étant épluchées et coupées en tranches, beurrez le fond d'une casserole et le garnissez de tranches de pain ; mettez ensuite les pommes que vous saupoudrez de sucre et de cannelle à chaque couche d'un centimètre ; ajoutez un peu de vin. Faites cuire doucement et renversez la casserole sur le plat de service. On les mange chaudes ou froides à volonté.

Compote de Pommes sans sucre.

Chauffez du beurre dans une casserole et y mettez les pommes pelées et coupées en tranches ; faites cuire à peu près à moitié, ajoutez un peu d'eau, achevez la cuisson, écrasez en bouillie. Dressez dans le plat de service, et panez avec de la mie de pain grillée dans le beurre.

Compote de Pommes au Sirop.

Pelez 6 grosses pommes que vous coupez en deux ; après avoir enlevé les pepins, jetez-les au fur et à mesure dans l'eau fraîche afin qu'elles ne noircissent pas. Sortez-les, et les faites cuire avec un grand verre d'eau, le jus de la moitié d'un citron, un morceau de sucre. Lorsque les pommes sont cuites, dressez-les dans le compotier; faites réduire le sirop jusqu'à ce qu'il se colle aux doigts; versez-le sur les pommes. — On ne pèle pas les pommes qui n'ont guère de consistance et qui tomberaient en marmelade en cuisant.

Autre Manière

Prenez de belles pommes. Quand elles sont pelées, coupez-les en deux, videz-les et les jetez dans l'eau fraîche. Mettez de l'eau et du sucre sur le feu; lorsqu'elle bout, faites-y cuire les pommes et tirez-les ensuite sur un plat pour que l'eau s'écoule. Ajoutez des tranches de citron et du sucre dans l'eau sur le feu et laissez réduire. Arrangez les pommes dans le compotier avec les tranches de citron dessus, puis versez le sirop qui doit être comme une gelée. Si vous voulez de la gelée rouge, ajoutez de la gelée de groseilles.

Vous pouvez faire cette compote sans citron: vous versez alors le sirop réduit sur les pommes dans le compotier, et vous mettez un peu de gelée de groseille autour des pommes quand elles sont froides.

Compote de Cerises.

Prenez de belles cerises aigres, coupez la tige à moitié, mettez-les sur un feu vif, avec sucre cannelle, un peu d'eau. Lorsqu'elles sont cuites, tirez-les avec une écumoire sur le compotier. Laissez réduire le sirop et le versez sur les cerises.

Compote de Cuetches.

Jetez de l'eau bouillante sur les cuetches pour les peler; ôtez les noyaux. Mettez sur le feu de l'eau, du sucre, de la cannelle; et lorsqu'elle cuit, jetez-y les cuetches que vous laissez cuire. Tirez-les pour les arranger sur le compotier. Après avoir cassé les noyaux, pelez-en les amandes et posez-en une sur chaque cuetche. Ajoutez du sucre au jus sur le feu; laissez-le réduire jusqu'à consistance de sirop et le versez sur les cuetches en le passant au tamis ou au travers d'une passoire fine.

Autre Manière.

Prenez des cuetches entières, laissez-leur la moitié de la tige. Mettez-les sur le feu avec eau, sucre, cannelle, girofle, un peu de vinaigre. Laissez cuire, jusqu'à ce que la peau s'ouvre; prenez chaque cuetche l'une après l'autre, placez-les debout sur le compotier; remettez du sucre dans le jus. faites réduire et le versez sur les cuetches que vous servez froides

Compote d'Abricots.

Pelez les abricots après avoir jeté de l'eau bouillante dessus; ôtez les noyaux. Faites-les cuire dans l'eau bouillante où vous avez mis du sucre. Arrangez-les sur le compotier. Cassez les noyaux pour avoir les amandes que vous pelez, placez-en une sur chaque abricot. Ajoutez du sucre au jus que vous faites réduire et versez dessus. — On peut se dispenser de peler les abricots.

Compote de Pêches.

Comme celle d'abricots.

Compote d'Abricots à la Portugaise.

Prenez ces fruits encore un peu croquants, c'est-à-dire pas trop mûrs; ouvrez-les et en ôtez les noyaux. Mettez-les sur le feu, l'un à côté de l'autre dans une casserole ou un plat supportant la chaleur, avec du sucre et un peu d'eau: laissez bouillir jusqu'à ce qu'il n'y ait presque plus de sirop et que les abricots soient cuits aux $\frac{3}{4}$. Saupoudrez-les de sucre, et achevez la cuisson entre deux feux. Quand ils sont cuits et de belle couleur, dressez-les dans le compotier. Servez chauds.

Compote de Pêches à la Portugaise.

Mettez des pêches sur un plat avec du sucre en poudre des-

sus et dessous ; faites cuire entre deux feux, chaleur modérée.
Lorsqu'elles sont assez cuites et bien glacées, servez-les chaudes.

Pêches crues.

Coupez les pêches en tranches que vous arrangez sur un compotier, et saupoudrez abondamment chaque couche de sucre pilé.

Compote de Poires.

Pelez des poires que vous laissez entières si elles sont petites,
et les coupez en deux ou en quatre si elles sont grosses.
Mettez-les sur le feu dans une casserole avec 200 gr. de
sucre par livre de poires, un peu de cannelle, un clou de girofle et un verre d'eau. Quand elles fléchissent sous le
doigt, dressez-les et versez le sirop dessus, s'il est assez épais,
sinon faites-le cuire jusqu'à consistance convenable.

Autre Manière.

Faites blanchir les poires jusqu'à ce qu'elles soient à moitié
cuites ; retirez-les dans l'eau fraîche pour les peler ensuite
et les remettre encore dans l'eau fraîche. Faites bouillir du
sucre avec un peu d'eau ; jetez-y les poires avec quelques
tranches de citron. Quand elles seront cuites, dressez-les sur
le compotier et garnissez chacune de filets d'amandes dont
vous enfoncez le bout dans la poire. Si le sirop est trop clair,

faites-le réduire avant de le verser sur les poires. Servez-les chaudes ou froides.

Si les poires sont grosses, vous pouvez les couper en deux après les avoir pelées.

Au lieu de blanchir les poires, on peut les griller sur un fourneau bien allumé, en les remuant continuellement pour qu'elles grillent également partout ; il faut ensuite les jeter dans l'eau fraîche au fur et à mesure, puis enlever la peau.

Compote de Poires au Vin.

Prenez des poires peu juteuses et les pelez ; coupez-les en deux si elles sont grosses, et les laissez entières avec une partie de la tige si elles sont petites. Mettez-les sur le feu avec de l'eau en quantité suffisante pour qu'elles baignent, quelques clous de girofle, de la cannelle et du sucre. A moitié de la cuisson, ajoutez un peu de vin rouge. Achevez de faire cuire. Lorsque le jus est réduit, versez-le sur les poires dans le compotier.

Compote de Marrons.

Prenez de beaux marrons auxquels vous faites une entaille pour les rôtir au four ou dans de la cendre chaude ; on les pèle et on les met sur un feu doux dans une casserole avec 200 gr. de sucre et un petit verre d'eau, on les laisse mijotier. Dressez-les dans un compotier, exprimez dessus le jus d'un citron, et saupoudrez de sucre fin.

Compote de Mirabelles.

Prenez des mirabelles qui ne soient pas trop mûres; ôtez ou non les noyaux. Mettez-les sur le feu avec du sucre et un peu d'eau; quand elles sont cuites, arrangez-les sur le compotier; faites réduire le jus et le versez sur les mirabelles.

Compote de Reine-Claude.

Comme celle de mirabelles.

Compote commune de Mirabelles.

Choisissez de belles mirabelles pas trop mûres; mettez-les sur le feu avec de l'eau à peu près à leur hauteur. Faites cuire jusqu'à ce qu'elles commencent à s'ouvrir. Servez-les froides avec leur jus.

Compote commune de Pruneaux.

Mettez-les dans un vase clos avec de l'eau au-dessus des pruneaux; ajoutez un peu de vin et du sucre. Faites cuire doucement entre deux feux. Servez-les froids avec leur jus. Ils sont meilleurs cuits de la veille que du jour.

Oranges en Salade.

Coupez les oranges en rouelles assez minces sans les peler, mettez-les dans un saladier ; ajoutez sucre à volonté, et eau à peu près à la hauteur des oranges, rhum ou eau-de-vie, plus ou moins selon la force ou selon le goût.

Cerneaux.

Prenez des noix vertes, dès que l'amande est formée ; coupez-les en deux, détachez-en le brou et jetez tout le reste dans l'eau fraîche au fur et à mesure, pour que cela ne noircisse pas. Quand toutes les noix sont préparées, sortez-les de l'eau et les battez entre deux plats avec sel, poivre, échalotes, un peu d'ail ; faites couler l'eau qui en est sortie, et ajoutez huile, vinaigre, sel s'il n'y en a pas assez.

Chapitre VIII.

Remarques Générales
et
Diverses Recettes d'Économie domestique.

Emploi du Beurre.

On doit prendre du beurre fondu pour tout ce que l'on fait frire ou rôtir, mais dans les autres cas, lorsqu'il n'est pas spécifié, le beurre frais est préférable, à la condition pourtant qu'il soit de bonne qualité; il est aussi d'un emploi moins coûteux.

On fait bien de ne mettre d'abord qu'une partie du beurre destiné à la sauce ou au ragoût et de réserver l'autre partie pour l'ajouter un peu avant de servir et le faire fondre en remuant, sans laisser cuire. Ce beurre mis au dernier moment donne un goût plus fin, mais il doit être très frais.

Emploi du Lard fumé

Le lard est d'une grande utilité pour relever les viandes en général, boeuf, veau, volaille, gibier de toutes espèces et même poisson. Employé avec le beurre frais, il donne un goût délicat aux viandes et aux légumes.

Emploi du Vin.

Il est souvent indiqué dans le cours de cet ouvrage d'employer du vin blanc : ce n'est pas indispensable. Le vin rouge est aussi bon, et même quelquefois meilleur, mais il a l'inconvénient de donner aux mets une couleur peu agréable.

Emploi des Assaisonnements.

Savoir employer les assaisonnements dans une juste mesure et selon les circonstances, est un talent précieux qui s'acquiert et se développe surtout par la pratique : il est des mets qu'il faut épicer plus fortement que d'autres, et toujours plus ou moins selon les goûts. Dans tous les cas, il faut proportionner les assaisonnements de manière que l'un ne domine pas plus que l'autre, par conséquent se régler sur la force pour la quantité, ainsi il faut employer modérément le laurier, le girofle, la muscade, etc.

Usage des cuillers de bois.

Les cuillers de bois sont bien préférables à celles de métal pour l'usage culinaire, mais surtout pour les crèmes et autres préparations délicates. Il en est de même pour les lentilles. Il est bon d'en avoir quelques-unes à long manche, afin de ne pas se brûler lorsqu'on est obligé de s'en servir sur le feu.

Fritures.

On se sert pour les fritures grasses de graisse de bœuf, de porc et autres que l'on fait fondre et cuire suffisamment; la graisse du pot-au-feu convient aussi très bien, soit seule, soit mêlée, seulement il faut la recuire et l'écumer auparavant.

Pour les fritures maigres on emploie le beurre fondu, ou de l'huile désignée sous le nom d'huile à frire (l'huile de sala- de peut servir si elle est de 1re qualité, et principalement celle d'olive.

Il faut d'abord chauffer la friture; et, lorsqu'elle fume ou qu'une goutte d'eau jetée dedans la fait pétiller, on y intro- duit aussitôt ce que l'on veut frire, et on active le feu plus ou moins: nous avons indiqué à chaque article le degré de chaleur convenable.

Il faut éviter de trop chauffer la friture car elle s'altère- rait, mais pourtant avoir soin qu'elle ait le degré voulu avant d'y introduire les objets à frire, sinon ils en absorbe- ront une bien plus grande quantité, et conserveront un goût désagréable si c'est de l'huile.

En général, tout ce que l'on fait frire doit baigner dans la friture. C'est une erreur de penser que l'on économise en en mettant moins, les quelques cas exceptés ont été spécifiés.

Lorsqu'on a fini de se servir de la friture et qu'elle est un peu refroidie, on la verse doucement dans un pot de grès ou de terre, afin de ne pas mettre le dépôt, et on la reprend au besoin : la même peut servir longtemps. On en ajoute à volonté.

Viandes rôties.

Les viandes rôties, de quelque nature qu'elles soient, sont plus succulentes à la broche que de toute autre manière, mais alors il faut avoir soin de les arroser de temps en temps.

Pour avoir un rôti bien tendre, il faut laisser mortifier la viande quelques jours, plus ou moins, selon la saison : le mouton surtout demande cette précaution, la volaille doit être tuée au moins de la veille. Lorsqu'on est obligé de la cuire tout de suite, il est bon de la plumer à chaud, c'est-à-dire verser dessus de l'eau bouillante et l'y laisser quelques minutes, l'y remettre mettre si la plume résiste encore. On ne doit pas verser d'eau bouillante sur un jeune poulet, mais seulement l'y tremper, car la peau trop tendre s'enlèverait avec les plumes

Presque toutes les viandes rôties sont meilleures étant lardées,

c'est-à-dire garnies de petits morceaux de lard piqués au moyen
d'une lardoire.

Lorsqu'un rôti n'a pas assez de couleur, on le met un instant
entre deux feux, ou on le glace avec un pinceau trempé dans
du jus de viande réduit ou dans du caramel chaud.

Coulis de Tomates pour les Rôtis.

Faites cuire les tomates à l'eau ou dans le pot-au-feu, écrasez-
les et les passez au tamis, tournez de la farine dans du beurre;
lorsqu'elle a une belle couleur, ajoutez la purée de tomates, et
si c'est trop épais mettez quelques cuillerées de bouillon gras.
Mêlez cette préparation au jus de viande du rôti et servez.

Manière de larder.

Pour préparer les lardons, il faut enlever la couenne du
lard et ne choisir que le gras qu'on coupe en tranches épaisses d'un demi-centimètre environ, divisées ensuite en petites
parcelles larges aussi à peu près d'un demi-centimètre et larges de 4 à 6 centimètres.

On prend les lardons plus ou moins gros selon la nature
de la viande à garnir; ainsi un poulet doit être lardé très
finement, tandis que pour une pièce de bœuf on prépare
gros lardons; on choisit une lardoire ou brochette propre-

tionnée à la largeur des lardons que l'on enfile un à un dans le
trou de la brochette, pour la piquer dans la viande, en prenant
à peu près ½ centimètre de large sur l'aiguille que l'on tire jusqu'à ce que le lardon dépasse également de chaque côté du
trou. On continue la ligne en espaçant régulièrement. Le premier rang étant fini, on opère de même pour les autres, ayant soin qu'ils s'entrecroisent.

Manière de préparer une Farce.

La farce grasse se fait avec toutes sortes de viandes, ou crues
ou cuites, que l'on hache le plus finement possible, avec graisse, lard, persil, oignons, échalotes, ail, y ajoutant ensuite
sel, poivre, quelques œufs et de la mie de pain trempée dans
du lait tiède.

La farce maigre se fait avec oignons, échalotes, cerfeuil, épinards et un peu de persil, le tout haché et passé sur le feu
dans du beurre, y ajoutant ensuite sel, poivre, mie de pain
trempée dans du lait tiède, quelques œufs entiers et de la crème.
On peut se servir pour cette farce de toutes desserfes où il y a des
œufs, mais il faut également toujours quelques œufs crus.

Beurre noir.

Il se prépare avec du beurre frais que l'on met sur un

feu vif, jusqu'à ce qu'il ne crie plus ; on y ajoute du persil haché, et une minute après on verse ce beurre sur le ragoût auquel on le destine et que l'on a arrosé d'un fil de vinaigre.

Chapelure.

Pour bien faire la chapelure, il faut couper le pain ou le
gâteau par tranches épaisses d'un demi-centimètre environ, et
le mettre au four bien chaud où on le laisse jusqu'à ce
qu'il soit d'un beau brun ; l'écraser ensuite sur une table avec
un rouleau à pâtisserie, ou le piler pendant qu'il est encore
chaud ; passer au tamis, et écraser de nouveau ce qui n'a pas
passé.

Caramel.

Prenez du sucre en poudre et mettez-le sur un feu vif, en le
tournant avec une cuiller de bois, jusqu'à ce qu'il soit d'un
beau jaune ; évitez de le laisser brûler, c'est-à-dire de trop le colorer car il aurait une odeur désagréable. On peut se servir de
sucre en morceaux, mais alors il faut mettre un peu d'eau,
et c'est plus long. On doit employer le caramel avant qu'il
soit complètement refroidi, car il se cristalliserait.

Si on veut avoir un caramel liquide, on fait ce qu'on ap-
pelle un jus au caramel. Lorsque le sucre a atteint la
couleur voulue, mettez-y un verre d'eau pour deux cuillerées de-

sucre en poudre; laissez bouillir quelques instants et retirez. On peut le conserver en bouteilles. Le caramel est avantageux pour verser sur un gâteau de fécule, œufs au lait sucré, etc, et pour colorer les sauces, les gelées, etc.

Liaison.

Pour faire une liaison, on prend ou de la farine, ou de la fécule, ou des jaunes d'œufs: ceux-ci ne suffisent pas toujours seuls, on y joint de la farine ou de la fécule.

La farine et la fécule doivent être délayées à l'eau froide, puis versées dans la sauce ou ragoût, tandis qu'on remue celui-ci avec une cuiller de bois. Laissez cuire quelques instants si c'est de la farine, retirez au contraire tout de suite si c'est de la fécule, car elle s'éclaircirait en restant sur le feu. Lorsqu'on mêle de la fécule à une liaison de jaunes d'œufs, on la délaye à l'eau froide auparavant.

Liaison de jaunes d'œufs.

Prenez des œufs frais dont vous séparez le blanc en transportant doucement le jaune d'une partie de la coquille dans l'autre et laissant couler le blanc dans un vase placé au-dessous de l'œuf. Délayez alors les jaunes avec de la crème ou de l'eau (1 cuillerée pour 2 ou 3 jaunes); ajoutez, en tournant, une petite

partie de la sauce à laquelle vous destinez la liaison, puis versez le tout dans le liquide sur le feu, en remuant jusqu'à ce
que les œufs s'épaississent : retirez aussitôt sans laisser cuire,
les œufs tourneraient.

Manière de conserver le Bouillon.

Pour conserver le bouillon en été, faites-le bouillir soir et
matin, ou au moins une fois par jour, et tenez-le au frais
sans le couvrir ; en le chauffant, mettez-y quelques gouttes
d'eau fraîche.

Il ne faut pas mélanger le bouillon du jour avec celui de la veille.

Manière de conserver la Viande.

Garnissez le fond d'une terrine ou d'un cuveau d'assaisonnements divers : sel, ail, persil en branches, laurier, échalotes et oignons coupés ; placez-y une couche de viande, puis des
assaisonnements, de la viande, et ainsi de suite en alternant les épices et la viande, et serrant celle-ci le plus possible pour qu'il n'y ait guère de vide ; après quoi mettez
assez de vin rouge pour baigner la viande, enfin couvrez
avec les épices.

Conserves.

Verjus.

Broyez dans une terrine des grains de raisin vert, puis mettez-les dans un linge que vous tordez et pressez avec force afin d'obtenir tout le jus. Passez ce jus plusieurs fois dans un autre linge, autant que cela est nécessaire pour le clarifier; et ajoutez 14 ou 15 grammes de sel par demi-litre de verjus.

Mettez alors dans des bouteilles que vous bouchez parfaitement avec des bouchons de première qualité trempés dans de l'eau bouillante; il faut avoir soin de laisser 2 ou 3 centimètres entre le liquide et le bouchon; ficelez ce dernier. Enveloppez chaque bouteille séparément d'un linge de plusieurs doubles pour éviter la casse; placez-les debout dans une chaudière dont le fond est garni de paille ou d'un linge épais; remplissez avec de l'eau froide, de manière que les bouteilles baignent à peu près complètement. Faites un petit feu pour commencer et augmentez-le progressivement jusqu'à ce que l'ébullition se produise, laissez alors cuire 3 minutes et ôtez la chaudière du feu, ou enlevez le feu de dessous la chaudière. Laissez refroidir complètement avant de toucher aux bouteilles. Retirez-les alors et le lendemain vous les goudronnez, c'est-à-dire que vous trempez le haut de la bouteille dans du goudron chaud, de sorte que l'air ne puisse pénétrer à l'intérieur. On les garde dans un lieu sec. Le verjus ne se conserve pas longtemps dans une bouteille entamée, c'est pourquoi on fera bien de le mettre dans de petites bouteilles.

On se sert de verjus pour quelques sauces piquantes où il fait beaucoup mieux que le vinaigre.

Conserves de Mirabelles.

Choisissez de beaux fruits pas trop mûrs. Si vous avez de grosses bouteilles appelées fruitières, vous pouvez laisser les noyaux des mirabelles; sinon, ôtez les. Remplissez les bouteilles en tassant sur un linge plié pour qu'il y ait le moins d'air possible. Bouchez, ficelez, faites cuire comme pour le verjus, donnez 3 minutes d'ébullition. Prenez les mêmes précautions en retirant les bouteilles que vous conservez de même.

On emploie ces mirabelles pour la tarte, de la même manière que les fraîches, mais il ne faut les sortir des bouteilles qu'au moment de s'en servir. Une bouteille entamée ne se conserve plus.

Conserves de Cerises aigres.

Comme pour les mirabelles, excepté qu'on n'ôte jamais les

noyaux mais seulement les tiges . 3 minutes d'ébullition.

Il faut toujours employer les fruits à conserver le plus vite possible après qu'ils sont cueillis, et éviter de les écraser ou de leur faire perdre leur fraîcheur.

Conserves de Groseilles.

Egrenez les groseilles, mettez-les dans des bouteilles que vous arrangez comme celles de verjus. Donnez 1 minute d'ébullition.

Conserves de Pois.

Prenez des pois de moyenne grosseur ; écossez-les dès qu'ils sont cueillis, puis les mettez tout de suite dans des bouteilles que vous remplissez le plus possible et les bouchez aussitôt, puis les placez immédiatement sur le feu, de la même manière que pour le verjus. Il faut environ 2 heures d'ébullition :

Conserves de Fèves.

Epluchez les fèves dès qu'elles sont cueillies mettez-les en bouteilles comme les pois. Donnez 3 heures d'ébullition.

Conserves de Tomates.

. Coupez les tomates en deux ou en quatre, faites les cuire à l'eau sans aucun assaisonnement. Lorsqu'elles sont cuites, laissez déposer un peu et ôtez le dessus afin d'avoir un jus plus concentré.

Mettez en demi-bouteilles ou en quart de bouteilles (car il faut utiliser le tout en un seul repas) Faites cuire comme il est expliqué pour le verjus, page 415 ; laissez cuire 10 minutes.

Autre Manière.

Essuyez les tomates avec soin et les découpez en quartiers ; mettez-les dans une bassine où l'on a préalablement fait cuire à peu près un quart de leur poids de sucre, assaisonnez en même temps de sel, poivre, cannelle, girofle, etc.

Faites cuire à grand feu, remuez de temps en temps pour empêcher la prise au fond de la bassine. Les tomates sont bientôt cuites, on en recueille le suc en les pressant soit à la passoire avec un pilon, soit au presse-purée, au travers d'un linge clair, etc. Le suc exprimé est remis sur le feu ; laissez-le cuire jusqu'à consistance de marmelade ; versez alors dans des pots ou bocaux que l'on ferme avec plusieurs doubles de papier solide ou de toile et convenablement ficelés.

Cette conserve a sur la précédente l'avantage de pouvoir être employée à volonté, et non tout le contenu d'un bocal à la fois.

—419—

Autre Manière.

Cueillez les tomates avec leurs tiges, essuyez-les pour enlever la terre et l'humidité qui pourraient s'y trouver.

Faites une eau de sel très forte; mettez-la dans un pot de grès avec les tomates, de manière que l'eau les couvre; versez-y de l'huile la hauteur d'un bon centimètre. Couvrez le pot avec du papier. Pour vous servir des tomates, essuyez l'huile ou l'enlevez à l'eau bouillante.

_____

Chapitre IX.

Pâtisserie et Confiserie.

Pâte Feuilletée.

Pour 1 livre de farine, 1 livre de beurre frais, 12 grammes de sel, un demi-litre d'eau environ, plus ou moins car la farine n'absorbe pas toujours également.

Mettez la farine en tas sur une table, faites un creux au milieu de cette farine, placez-y le sel écrasé et du beurre gros comme une noix, versez l'eau d'une main au fur et à mesure que vous mélangez de l'autre, de manière à obtenir une pâte juste aussi ferme que le beurre à employer : celui-ci doit être maniable, aussi faut-il très souvent le travailler sur une table avec le talon de la main, surtout en hiver alors que la température le durcit. En été, s'il est trop mou, il faut le mettre au frais pour le raffermir.

Lorsque la pâte est faite, allongez-la avec la main, afin de pouvoir mettre le beurre en un seul morceau au milieu de cette pâte dont vous le recouvrez de toutes parts. Etendez au rouleau, sans tirailler, la pâte dans tous les sens.

Pliez cette pâte en trois comme une serviette, étendez-là de nouveau comme la première fois; pliez-la encore et la laissez reposer $\frac{1}{2}$ heure à peu près. On recommence de plier, d'étendre, de plier encore, puis de laisser reposer $\frac{1}{2}$ heure, et la même opération se répète une 3e fois, ce qui fait en tout 6 tours et un repos de $\frac{1}{2}$ heure chaque 2 tours. Après le 3e repos, vous pouvez vous servir de cette pâte.

En été, il faut se mettre au frais, et en hiver dans un lieu tempéré.

Pâte Brisée.

Une livre de farine, $\frac{1}{2}$ livre de beurre, sel et eau nécessaires. Faites un creux au milieu de la farine, déposez-y le beurre et le sel, versez l'eau d'une main tandis que vous mélangez de l'autre, jusqu'à ce que la pâte soit unie : on ne la travaille pas davantage. On l'emploie pour le dessous des pâtés, pour tartes, etc.

Pâte Sucrée.

Une livre de farine, $\frac{1}{2}$ livre de beurre, 1 once de sucre, 2 jaunes d'œufs ou 1 œuf entier, sel et eau nécessaire. (Si on la veut moins fine $\frac{1}{4}$ de beurre suffit). On fait comme pour la pâte brisée, c'est-à-dire qu'on dépose la farine en tas, on y fait un trou dans le milieu, et on met dans ce creux les autres choses, puis on mélange. Cette pâte se fait pour toutes les tartes aux fruits, surtout pour celle aux cerises.

Pâte de tarte de Ménage.

Pour 50 grammes de beurre, prenez environ gros comme la moitié d'un œuf de levure de bière (le levain peut remplacer la levure, mais il en faut le double) du sel, un verre d'eau ou 12 ou 13 cuillerées. Faites chauffer l'eau et la versez sur le beurre et le sel. Quand le tout est fondu, vous y mettez la levure et la farine nécessaire pour une pâte assez ferme. Travaillez-la comme pour du pain ; étendez-la ensuite et placez-la sur une tôle beurrée dans un lieu chaud, jusqu'à ce qu'elle soit levée, ce qui se reconnaît lorsque la pâte fléchit sous le doigt : quelquefois une heure suffit, d'autrefois il faut jusqu'à 3 heures. Vous mettez alors les fruits ou toute autre garniture et enfournez à four chaud. Pour les tartes aux fruits, surtout aux mirabelles, il faut moins de beurre.

Pâtés.

Prenez de la pâte feuilletée pour tout le pâté ou seulement pour le dessus, tandis que pour le dessous vous avez de la pâte brisée.

Étendez la pâte pour le dessous de l'épaisseur de 2 ou 3 millimètres, de la longueur voulue pour le pâté et d'une largeur suffisante pour rabattre la pâte sur la viande.

Servez-vous de telle viande que vous jugerez à propos : veau, viande de porc, lapin, poulet, etc. Coupez-la par tranches longues que vous assaisonnez de poivre, sel, ail, échalotes, persil hachés, un peu de vin ; laissez-la dans l'assaisonnement une heure ou plus, et même depuis la veille si vous voulez. Ce qu'il y a de particulier pour la viande de bœuf et de lapin a été expliqué à ces articles au chapitre des Viandes.

Posez le fond du pâté sur une tôle et arrangez la viande sur le milieu de la pâte étendue, laissant vide une largeur de trois doigts au moins de chaque côté et à chaque bout que vous rabattez sur la viande après l'avoir couvert d'une pâte feuilletée étendue mince, et mouillant au pinceau avec de l'eau les parties à rejoindre. Appliquez le revers d'un couteau tout autour du pâté de distance en distance, de manière à former des raies sans couper la pâte ; recommencez dans l'autre sens pour ✕✕✕✕✕✕✕✕✕✕✕✕ croiser les raies et obtenir une sorte de treillis, ou servez-vous des petites pinces à ce destiné, les trempant de temps en temps dans la farine.

Préparez alors un second couvercle en pâte feuilletée, étendue de la même épaisseur que le dessous et de la largeur du pâté, faites-y tels dessins et décors que vous voudrez et le posez avec adresse et goût.

Les décors se font de différentes manières : autrefois il était surtout d'usage de poser le couvercle tout uni, et dessus on arrangeait des décors préparés avec le coupe-pâte ; dans ce cas on ne mettait qu'un couvercle, tandis que, si on fait les dessins dans le couvercle lui-même, il est clair qu'il en faut deux car la viande se trouverait en partie découverte. Voici une idée de ce qu'on peut faire en ce genre : le couvercle étant préparé, pliez-le en deux dans sa largeur, puis coupez avec un couteau sur le pli du milieu, d'une manière régulière, de distance en distance, des raies d'un centimètre de large ///////////// , ce qui en dédoublant le couvercle offrira une branche garnie de feuilles <<<<<< puisqu'on aura coupé des deux côtés à la fois. On peut aussi tourner deux feuilles en regard ◇<>‹›.etc, etc.
La ménagère habile exerçant son talent trouvera de quoi varier les décors.
Dorez à l'œuf au moment d'enfourner. Four chaud. De ¾ d'heure à 1 heure pour un gros pâté.
Il faut encore avoir soin de pratiquer dans le couvercle

un ou deux petits trous dans lesquels on introduit des cornets de papier qui serviront de cheminées pour la vapeur, et empêcheront le jus de couler au travers de la pâte. En sortant du four, enlevez ces petits cornets de papier.

Lorsqu'on veut faire un pâté à la sauce, on coupe la viande par morceaux que l'on espace sur la pâte pour que la sauce puisse s'écouler. On prépare une liaison de 3 ou 4 jaunes d'œufs avec le même volume de crême épaisse et un peu de sel. Lorsque le pâté est cuit, on y introduit cette sauce par une des cheminées et on remet au four quelques minutes.

Autre Manière de faire les Pâtés.

Pour le fond pâte brisée, et pour le couvercle pâte feuilletée. Viande de veau et de porc, autant de l'une que de l'autre (du jambon peut remplacer la dernière). Désossez la viande, puis la battez fortement avec un rouleau à pâtisserie, ou si vous avez un battoir exprès, cela vaut encore mieux : cette opération attendrit beaucoup la viande ; s'il y a trop de graisse, on l'enlève, ainsi que la peau sur le veau et tout ce qui serait dur. Coupez en tranches aussi longues et aussi minces que possible, assaisonnez avec échalotes ou oignons et persil hachés (sur 2 livres de viande 7 ou 8 échalotes et une poignée de persil) sel, poivre, la moitié d'un petit verre de vinaigre.

Étendez la pâte du fond assez large pour envelopper complètement la viande ; placez celle-ci sur le milieu de la pâte, les
tranches serrées l'une à côté de l'autre jusqu'à une épaisseur
de deux doigts environ. Recouvrez la viande avec la pâte de
manière à ne point laisser de jour et posez sur la tôle le côté
où les bords se rejoignent. Pour plus de sûreté, étendez encore
une abaisse mince de la même pâte et enveloppez de nouveau le pâté. Mettez un couvercle de pâte feuilletée que
vous étendez assez épaisse ; avant de le placer, mouillez le côté
qui adhèrera au pâté, afin qu'il joigne bien, placez-le au
milieu, en laissant environ 2 ou 3 centimètres à chaque
bout sans couvercle ; puis avec le pince-pâte décorez le pâté.
Tracez aussi des dessins dans le couvercle selon votre goût, soit
avec la pointe d'un couteau ou autre instrument, pourvu que
vous ne perciez pas la pâte. Pratiquez dans le couvercle une
ouverture (deux, si le pâté est gros) ayant soin d'arriver jusqu'à la viande, puis mettez-y de petits cornets de papier pour
servir de cheminées à la vapeur. Faites cuire à four chaud, environ $\frac{3}{4}$ d'heure. Enlevez les cheminées quand le pâté est cuit.
Vous pouvez le servir froid ou chaud.

Si vous voulez introduire de la gelée dans le pâté, vous le
laissez refroidir, puis vous la coulez par les ouvertures et lais-

ser prendre avant de servir.

Lorsqu'on emploie du foie gras, on le coupe par tranches que l'on met sur une première couche de viande ; on remet de la viande, puis du foie, et si on a des truffes, on les coupe aussi par tranches pour les placer sur le foie de distance en distance. Quelques personnes hachent aussi des truffes et en mettent sur la pâte du fond avant la viande.

On peut faire ces sortes de pâtés dans des moules ovales ; dans ce cas, on ne met pas de couvercle en pâte feuilletée, car quand le pâté est cuit il faut le renverser pour le servir.

Autre Pâte pour Pâtés.

1 livre de farine, ¼ de saindoux, 1 œuf, sel et eau nécessaire, puis mêlez comme pour la pâte brisée. Au moment de vous en servir, étendez-la 3 fois de suite en y incorporant ¼ de beurre de la manière suivante : partagez le beurre en 3 parties égales et mettez-en une partie sur la pâte étendue, ayant soin de le répartir également. Repliez la pâte et recommencez l'opération. Quand tout le beurre est employé de cette façon la pâte est finie ; il ne reste plus qu'à agir comme il a été dit aux Pâtés, page 422. On peut à volonté prendre de la pâte feuilletée pour le second couvercle.

Vol-au-Vent.

Pâte feuilletée. V. page 420. Étendez-la de l'épaisseur de 2 centimètres et la mouillez au pinceau avec de l'eau fraîche. Pliez-la en deux, et étendez-la de nouveau de l'épaisseur de 2 centimètres. Posez sur la pâte un plateau de la grandeur voulue pour le vol-au-vent et coupez autour sans le presser sur la pâte. Tracez ensuite la dimension du couvercle sur la pâte avant d'enfourner, en faisant avec un couteau une ligne d'un demi-centimètre de profondeur à peu près ; puis dorez à l'œuf le dessus, mais non le bord du vol-au-vent. Bonne chaleur. Quand il est cuit, enlevez le couvercle qui, le plus souvent, s'est séparé de lui-même au four ; puis remettez le vol-au-vent 3 ou 4 minutes dans le four, sans le couvercle, pour que le dedans soit bien cuit. Au moment de servir, après l'avoir chauffé, on le garnit, c'est-à-dire qu'on le remplit de fricassée de poulet ou quenelles, etc.... on remet le couvercle et on sert.

Quenelles de Viande pour Vol-au-Vent.

Prenez ¼ de rouelle de veau, environ 10 gr. de lard gras sans couenne, sel, poivre, échalotes et persil ; hachez le tout. Faites mijoter un petit morceau de mie de pain dans 5 ou 6 cuille-

rées de lait ; lorsque la mie de pain a absorbé tout le lait, mélangez-la à la viande avec un ou deux jaunes d'œufs.

Faites avec ce hachis des boulettes de la grosseur d'une noix,
passez-les dans la farine pour les arrondir, puis les faites
blanchir dans l'eau bouillante, environ 2 ou 3 minutes ; lorsqu'elles reviennent au-dessus de l'eau, elles sont assez cuites. Retirez-les avec une écumoire sur une volette, à côté
l'une de l'autre, passez de l'eau fraîche dessus et les laissez
égoutter. Ces boulettes ne se mettent dans le vol-au-vent
qu'au moment de le servir ; pour cela on les a préalablement chauffées, et on verse par-dessus une sauce faite
de cette façon : Prenez de l'eau où les boulettes ont cuit ou
du bouillon gras ; mettez-y échalotes, sel et beurre frais : laissez cuire un moment et ajoutez une liaison de jaunes d'œufs,
crême et un peu de fécule ; ayez soin de ne pas laisser tourner, retirez du feu au premier bouillon.

La sauce doit être beaucoup plus épaisse que pour un plat
de viande, car elle ne doit pas couler hors de la pâte.

Quenelles de Poisson.

Poisson cru de préférence, cependant on peut en prendre du
cuit, ½ livre de chair de poisson dont on a ôté les arêtes.
Pilez-la avec assaisonnements, ½ de beurre frais, une cuil-

lerée à bouche de farine et 3 œufs entiers. Si le poisson est cuit, il faut faire cuire le beurre et la farine dans l'eau bouillan. te pour en former une pâte avant de les piler avec le poisson. Formez les boulettes et les blanchissez comme celles de viande. Faites la sauce avec l'eau dans laquelle vous avez cuit les boulettes.

Gâteaux brioches. 1ère Qualité.

Pour 250 grammes de belle farine, 4 œufs, 125 gr. de beurre et du sel en proportion.

Faites d'abord un levain : délayez avec du lait froid 5 gr. de levure de bière, ou une demi-cuillerée si c'est de la levure coulante ; prenez 60 gr. de la farine préparée et quantité suffisante de lait chaud pour former une pâte assez ferme. Mettez au chaud jusqu'à ce que le volume soit doublé.

Pour faire la pâte, mettez le reste de la farine dans une terrine ou dans le pétrin ; émiettez le beurre en le mêlant avec la farine ; ajoutez les œufs et le sel ; travaillez jusqu'à ce que la pâte se détache des mains ; mêlez-y le levain et mettez le tout dans une corbeille que vous ne remplissez qu'à moitié et que vous placez en lieu chaud : elle devra être remplie après la fermentation. Renversez alors la pâte sur une table saupoudrée de farine : coupez successivement des bandes de cette pâte que vous tournez légèrement dans la farine, en donnant à chacune la forme du gâteau ; posez immédiatement sur une feuille de papier bien graissée : il faut autant de feuilles de papier que de gâteaux. Dorez à l'œuf, dé coupez la surface çà et là avec des ciseaux et enfournez tout de suite. Le four doit être aussi chaud que pour du pain. Il faut environ 10 minutes de cuisson. En sortant les gâteaux du four, enlevez le papier, et ayez soin de ne pas les mettre l'un sur l'autre avant qu'ils soient refroidis.

2ième Qualité.

La seule différence, c'est qu'on ajoute du lait, chaud de manière à pouvoir y tenir la main : on a alors un plus gros volume de pâte avec la même recette, mais le gâteau est moins délicat.

Brioches.

La pâte est la même que pour les gâteaux. On forme la brioche avec la main et on tranche un peu au milieu avec un couteau sans percer complètement la pâte, puis on enfourne aussitôt.

Autre Gâteau brioche.

Prenez 1 kilog. de farine, 10 grammes de levure de bière, ⅓ de litre de lait ; 1 livre de beurre, 1 douzaine d'œufs, 25 gr.

de sel. Préparez le levain avec moitié du lait, moitié de la levure et la farine nécessaire pour obtenir une pâte un peu molle. Placez au chaud pour faire lever, ½ heure environ. Faites alors la pâte: mettez le levain dans le pétrin avec le reste de la levure, le beurre, les œufs et le reste de la farine. Mélangez le tout et travaillez longtemps, pendant 2 heures même, à proportion de la quantité. Posez ensuite cette pâte dans une corbeille en lieu bien chaud et sans la laisser refroidir. Quand elle est levée, agissez comme il est dit en premier lieu, page 430.

Si vous employez de la levure de brasserie, c'est-à-dire de la levure coulante, mettez en 1 cuillerée à bouche par kilog. de farine.

Gâteau brioche à la Crême.

Pour 1 livre de beurre, 12 œufs, environ ¼ de litre de bonne crême épaisse, 1 grosse cuillerée de levure de bière délayée dans un peu de lait tiède, du sel. Mêlez le beurre avec la farine; lorsqu'il est bien émietté, ajoutez les œufs battus et la crême; travaillez la pâte jusqu'à ce qu'elle se détache des mains et la mettez dans une corbeille en lieu chaud: elle est très longue à lever, on peut même la faire la veille au soir pour le lendemain. Quand elle est bien levée, renversez cette pâte sur une planche et la coupez pour en former les gâteaux, les plaçant un à un sur du papier bien graissé;

laissez encore un peu lever, dorez à l'oeuf et enfournez. Même chaleur que pour le pain. Il faut que ces gâteaux soient bien surpris au four sans être brûlés.

Gâteau Baba 1ère Qualité.

8 oeufs, 1 livre de beurre, ¼ de sucre, un peu de sel, environ 2 onces de raisins de caisse, si on veut. On fait d'abord le levain avec le quart de la farine, 10 ou 12 grammes de levure et du lait tiède. On le met lever au chaud. Faites ensuite la pâte, froissez d'abord le beurre avec la farine, mettez les oeufs après les avoir bien battus, puis le sucre, le sel et les raisins. Travaillez jusqu'à ce que la pâte se détache des mains, mêlez alors le levain et mettez dans un moule beurré que vous ne remplissez qu'à moitié. Faites lever au chaud jusqu'à ce que le moule soit rempli. Enfournez alors à four chaud. S'il arrivait que le four ne soit pas prêt quand les gâteaux sont levés, on les mettrait au frais en attendant, à la cave ou ailleurs. Environ 1 heure de cuisson, plus ou moins selon la grosseur du gâteau. En sortant du four, il faut le renverser.

2ème Qualité.

Une livre ¼ de beurre, 10 oeufs, 3 livres de farine, ¼ de sucre, 2 onces de raisins de caisse, un peu de sel, environ 1 litre de lait tiède. On fait le levain comme pour la 1ère qualité. La pâte

se fait aussi de même, seulement on ajoute le reste du litre de
lait après avoir mis les autres choses. Quand la pâte est faite,
on la laisse lever à moitié au chaud, puis on la met dans
les moules beurrés que l'on remplit à moitié, et le reste comme pour la 1re qualité.

Tartes.

Prenez de la pâte brisée ou de la pâte sucrée, cette dernière est
très bonne pour les tartes aux fruits ; on ne se sert de la pâte
feuilletée que pour la tarte aux amandes. Étendez la pâte
de l'épaisseur d'un millimètre environ ; mettez-la sur une tôle
de la grandeur voulue pour la tarte : un moyen de transpor-
ter facilement la pâte étendue sur la tôle, c'est de la plier en
deux et même en quatre si elle est grande ; posez alors la pointe au milieu de la tôle et dépliez votre pâte, ayant soin de
la faire descendre convenablement avant d'en retrancher le
surplus et coupez avec un couteau en suivant le bord de la tôle ;
piquez la pâte pour l'empêcher de se soulever en cuisant : observez pourtant de ne pas faire de gros trous afin que le jus
ne coule pas, s'il y en a. On met les fruits ou autres préparations au moment d'enfourner. On dore le bord que l'on fa-
çonne à volonté. Il faut le four un peu moins chaud que
pour le pain, environ ½ d'heure ou 20 minutes de cuisson ;

lorsque, en remuant la tôle, la tarte glisse bien, elle est cuite.

Tarte aux Pommes.

Pelez les pommes et les coupez par tranches que vous placez l'une à côté de l'autre sur la pâte, en rond comme la tarte et toujours dans le même sens. Pour le milieu, mettez un morceau de pomme plus gros qui fasse comme une rosace. Saupoudrez de sucre et enfournez.

Autre Manière.

Après avoir pelé et coupé les pommes, faites-les cuire en bouillie avec du sucre, de la cannelle et un peu d'eau. Laissez refroidir et étendez cette bouillie sur la pâte. Préparez avec de la pâte feuilletée de petites bandes coupées à la roulette et que vous arrangez sur la tarte en forme de grillage croisé ; mettez aussi sur le bord une bande large d'un et même de deux doigts si la tarte est grosse. Dorez au moment d'enfourner. Les grillages sur les tartes doivent toujours être en pâte feuilletée.

On peut aussi arranger les pommes en lignes droites ou par carrés, laissant un même espace vide, on remplira ces vides avec de la gelée de groseilles au moment de servir.

Autre Manière.

Coupez les pommes en deux, ôtez le milieu et passez la poin-

té d'un couteau entre la pelure et la pomme, tout autour de chaque moitié que vous placez ensuite le côté coupé sur la pâte.
En sortant la tarte du four, il ne reste qu'à enlever les pelu-
res, elles se sont détachées des pommes.

Tarte aux Raisins.

Froissez sur la pâte étendue deux petits biscuits ou un échaudé,
ou à défaut saupoudrez de farine. Mettez ensuite les raisins é-
grenés sur la pâte avec un peu de sucre. Lorsque la tarte est
cuite, s'il y a trop de jus, enlevez-le avec une petite cuiller et
le faites cuire avec du sucre de manière à former un sirop
épais que vous remettez sur la tarte. Saupoudrez de sucre
pour servir.

On peut ajouter de la cannelle en poudre avec le sucre pour
mettre sur les raisins avant d'enfourner.

Tarte aux raisins de Corinthe.

Nettoyez les raisins en les mettant dans un linge avec de la
farine, recouvrez-les et frottez fortement, puis passez-les au
tamis pour en séparer la farine ainsi que les tiges.

Faites revenir les raisins sur le feu dans une casserole pendant ½ heure avec du vin rouge, à peu près un petit verre
pour une tarte de moyenne grosseur, et une cuillerée à bou-

cbe de sucre en poudre. Il est bon de faire cette préparation la veille du jour où l'on doit cuire la tarte.

Mettez les raisins sur la pâte et enfournez à l'ordinaire.

Tarte aux Cerises.

Froissez sur la pâte étendue un biscuit ou autre absorbant et y mettez des cerises aigres à côté l'une de l'autre avec ou sans noyaux selon votre goût, saupoudrez de sucre. Lorsque la tarte est cuite, s'il y a trop de jus, vous l'enlevez et le faites réduire comme pour la tarte aux raisins.

Quand on emploie des cerises de conserve, il y a ordinairement beaucoup de jus dans la bouteille, on le fait réduire avec du sucre jusqu'à consistance de sirop et on le verse sur la tarte lorsqu'elle est cuite.

Tarte aux Groseilles.

Étendez la pâte à l'ordinaire et y froissez biscuits ou échaudés ; saupoudrez ensuite de sucre, puis mettez les groseilles égrénées. Il est bien préférable de mettre le sucre sur la pâte plutôt que sur les groseilles car il forme une espèce de sirop qui adoucit l'âcreté naturelle de ces fruits, tandisque mis par-dessus, le sucre brûle et se perd en partie. Saupoudrez abondamment de sucre pour servir.

Autre Manière.

Les groseilles étant sur la pâte, vous y mettez un peu de crème, ce qui adoucira les groseilles.

Autre Manière.

Égrenez les groseilles et les saupoudrez de sucre dans un vase que vous couvrez pendant 2 heures. Battez en neige 3 blancs d'œufs, mêlez-les avec 60 grammes d'amandes pilées et 60 gr. de sucre en poudre. Versez la moitié du mélange sur la pâte, mettez ensuite les groseilles puis le reste du mélange. Faites cuire au four modéré.

Tarte aux Groseilles Vertes.

Lorsque les grosses groseilles sont à peu près à la moitié de leur grosseur, c'est la saison de les prendre pour de la tarte. Enlevez les tiges et les petites feuilles ; faites les blanchir un bouillon. Arrangez-les à côté l'une de l'autre sur la pâte et couvrez-les de sucre en poudre (environ 200 grammes pour une tarte de moyenne grosseur.
Faites cuire à l'ordinaire.

Tarte à la Rhubarbe.

On l'emploie à la même saison que les grosses groseilles, vers le mois de Mai.

Prenez la côte du feuillage, ôtez-en les fils, puis la coupez par bouts de 2 à 3 centimètres ; mettez-la sur le feu avec un très petit morceau de beurre frais, du sucre à volonté (à peu près comme pour les groseilles vertes). Faites cuire jusqu'à consistance de bouillie ; laissez un peu refroidir et étendez sur la pâte une épaisseur d'un centimètre de cette bouillie. Mettez un grillage, dorez et faites cuire la tarte à l'ordinaire.

Tarte aux Mirabelles.

Ouvrez les mirabelles en deux pour en sortir le noyau et étendez-les sur la pâte.

Quelques personnes les mettent entières après avoir enlevé les noyaux ; elles placent alors les plus petites au bord.

Tarte aux Myrtilles.

Les myrtilles appelées vulgairement brimbelles sont très bonnes en tarte. Quelques personnes se contentent de les mettre sur la pâte étendue après y avoir froissé 1 ou 2 biscuits et saupoudrent de cannelle et de sucre.

D'autres les mettent 1 heure ou 2 d'avance dans un vase avec du sucre en poudre, les retournant de temps en temps.

On peut encore les faire cuire comme les raisins de Corinthe avec vin et sucre, laisser refroidir et les mettre sur la pâte avec de la cannelle, sans le jus qu'on fait réduire avec du sucre jusqu'à consistance de sirop ; on verse ce sirop sur la tarte lorsqu'elle est cuite.

Tarte aux Poires.

Faites d'abord cuire en bouillie bien réduite des pommes pelées et coupées, y ajoutant de la cannelle et du sucre ; étendez très mince cette bouillie sur la pâte, seulement pour la couvrir.

Pelez des poires et laissez-les entières avec un petit bout de la tige si elles sont petites ; coupez-les en deux ou en rouelles si elles sont grosses. Mettez-les dans une casserole avec de l'eau à la hauteur des poires, du sucre environ ¼ par livre de poires, faites-les cuire à petit feu ou au four ; dans ce dernier cas elles prennent une belle teinte rosée. Quand elles sont refroidies, placez-les de distance en distance, soit une au milieu et les autres autour. Enfournez. La tarte étant cuite, saupoudrez-la de sucre.

Les poires cuites comme ci-dessus se conservent plusieurs jours avant d'être employées, et le jus peut servir à faire la bouillie de pommes en place d'eau.

Autre Manière.

Coupez les poires par rouelles ; si elles sont de bonne grosseur, on peut en faire 4 ou 5 morceaux dans chacune ; faites-les cuire comme à l'article précédent ; et, quand elles sont refroidies, arrangez-les à côté l'une de l'autre sur la pâte étendue, sans mettre de bouillie de pommes. Faites réduire le jus avec du sucre et en arrosez les poires en sortant la tarte du four.

Tarte aux Abricots.

Ouvrez les abricots et en ôtez les noyaux, vous pouvez enlever la pelure ou la laisser : dans ce dernier cas, il faut un peu plus de sucre. Faites cuire les abricots 1 ou 2 minutes dans l'eau bouillante, égouttez-les, et les arrangez sur la pâte. Cassez les noyaux pour en retirer les amandes que vous fendez en deux, et mettez une partie sur chaque moitié d'abricot. Saupoudrez de sucre et faites cuire à l'ordinaire.

Tarte aux Cuetches.

Froissez un ou deux biscuits sur la pâte étendue, mettez les cuetches ouvertes ; saupoudrez de sucre et de cannelle. Faites cuire comme les autres tartes.

Tarte au Lait.

Étendez la pâte. Battez un œuf avec 8 ou 9 cuillerées de lait cuit et refroidi, un peu de sel, du sucre à volonté ; versez sur la pâte et faites cuire. Ayez soin de placer bien à plat la tôle au four.

Pour une tarte de 30 centimètres de diamètre, il faudrait 5 œufs et environ 60 grammes de sucre.

Tarte à la Crème.

Pour un œuf prenez deux cuillerées de crème, une pincée de sucre, autant de sel. Versez sur la pâte pour mettre au four. Il faut 5 œufs pour une tarte qui a de 25 à 30 centimètres de diamètre.

Autre Manière.

$\frac{3}{4}$ de litre ou 36 cuillerées de crème, 60 grammes d'amandes pilées, 60 gr. de sucre en poudre, 3 jaunes d'œufs. Mélangez et versez sur la pâte pour la cuire au four.

Tarte à la Frangipane.

Étendez la pâte comme à l'ordinaire, et au moment d'enfourner, couvrez-la de la préparation suivante :

Une cuillerée de farine, trois cuillerées de sucre, un œuf, $\frac{1}{4}$ de litre de lait (environ 12 cuillerées). Délayez la farine avec l'œuf et une partie du lait, puis mélangez le tout ; mettez dans une casserole sur le feu en tournant constamment ; retirez au premier bouillon ; ajoutez un petit morceau de beurre frais, un macaron écrasé ou amandes pilées, de la fleur d'oranger ou autre parfum. Versez sur la pâte et faites cuire la tarte comme à l'ordinaire.

Tarte au Fromage.

Prenez du fromage bien égoutté et écrasez-le soigneusement; ajoutez-y pour une tarte de moyenne grandeur 3 œufs, 5 ou 6 cuillerées de crème, 2 cuillerées de farine, du sel; mettez sur la pâte étendue et parsemez de petits morceaux de beurre frais.

Tarte aux Oignons.

Épluchez 2 livres d'oignons, puis les hachez ou coupez fins. Mettez-les dans une casserole sur le feu avec assez d'eau pour qu'ils ne brûlent pas (un verre à peu près). Quand ils sont cuits, ajoutez un bon morceau de beurre, laissez encore quelques minutes sur le feu; retirez et mettez la farine nécessaire pour lier, du sel, du poivre, 2 œufs battus et autant de crème qu'il en faut pour obtenir une bouillie demi-épaisse. Étendez-la sur la pâte et faites cuire au four.

Tarte aux Amandes.

Employez de la pâte feuilletée et la disposez comme à l'ordinaire; puis, pour une tarte de moyenne dimension, prenez 125 grammes de sucre, autant d'amandes pilées ou coupées en filets minces par l'arête, 3 blancs d'œufs battus en neige ferme. Mêlez le sucre avec les amandes lorsqu'elles sont coupées ou pilées ; puis, lorsque les œufs sont battus en neige, mettez-y les amandes et le sucre. Mélangez bien le tout et l'étendez sur la pâte.

Cette tarte se cuit à four moins chaud que les autres, après le pain par exemple. Environ 10 minutes de cuisson. Dès que le dessous de la tarte est un peu jaune, le couvrir d'une feuille de papier et laisser achever de cuire.

Gâteau Mousseline.

8 œufs, 4 tasses à café de sucre en poudre et 2 tasses de belle fécule. Battez les blancs en neige ferme ; mettez le sucre dans un vase et la fécule dans un autre. Tournez toujours dans le même sens, les jaunes avec une cuiller de bois en y mettant une cuillerée de neige, une de sucre, puis une de fécule, ainsi jusqu'à épuisement complet des matières. Ne vous pressez pas trop en mettant ces choses, car plus la pâte est travaillée mieux cela vaut. Versez alors cette pâte dans un moule huilé (à l'huile douce) en sorte que le gâteau ne s'attache pas, mais de manière pourtant que l'huile ne coule pas.

—20 minutes ou $\frac{1}{2}$ heure au plus de cuisson selon la grosseur. — Chaleur moyenne. — Quand le gâteau est cuit ;

renversez-le sur une volette ou sur une assiette, laissez-le ressuyer et prendre couleur sur le devant du four ouvert.

Petits Pâtés.

Prenez de la pâte feuilletée que vous étendez de l'épaisseur d'un demi-centimètre, puis coupez-la avec un moule ou un verre de manière à avoir de petits ronds de la grosseur voulue pour les petits pâtés. Mettez sur le milieu du rond une petite boulette de viande, recouvrez d'une pâte semblable à celle de dessous et pressez le tout avec un couvercle qui soit d'une grosseur à peu près moitié de celle du petit pâté (ce qui fera soulever la pâte. Dorez et faites cuire sur une tôle dans un four bien chaud, il faut environ un quart d'heure.

Pour les boulettes on prend de la viande cuite ou non, veau, poulet ou autre; on la hache avec persil, ciboules, échalotes; on ajoute du poivre, du sel, un jaune d'œuf et une cuillerée de crème fraîche, de manière à former un hachis bien épais et moelleux.

Bouchées ou Petits Vol-au-Vent.

Pâte feuilletée que vous étendez comme pour le vol-au-vent, en la mouillant et la repliant de la même manière. Coupez avec un moule ou un verre la grosseur voulue: on les fait ordinairement le double des petits pâtés. Formez la place d'un petit couvercle avec un couteau comme pour le vol-au-vent, page 428. En les sortant du four, achevez de couper le couvercle, et pour servir, garnissez avec ce que vous voudrez : viande, poisson, farce maigre quelconque, œufs cuits durs coupés en petits morceaux, etc, avec une sauce si l'on veut.

Palmiers.

Ils se font avec des rognures de pâte feuilletée. Étendez cette pâte avec du sucre au lieu de farine, et cela 3 fois de suite, après l'avoir plié chaque fois comme une serviette et mis une pincée de sucre en saupoudrant toute l'étendue de la pâte avant de la plier. Étendez-la une 4ᵉ fois et pliez-la alors de la largeur de 2 doigts environ, chaque côté une fois, autant de fois l'un que l'autre, et de manière à arriver juste au milieu. Mettez alors les deux côtés l'un sur l'autre, puis coupez avec un couteau des morceaux de la largeur d'un doigt et placez-les sur une tôle non beurrée, l'arête en haut. Au four, après les petits pâtés, environ 10 minutes. (Toujours prendre des rognures autant que possible.)

Sacristains.

Pâte feuilletée que vous étendez avec de la farine. Coupez des morceaux longs de 3 ou 4 centimètres et larges d'un environ.

Hachez (grosso modo) des amandes mondées ; ajoutez-y une pincée de sucre que vous mélangez aux amandes. Mouillez au pinceau un côté de vos petits pâtons que vous posez légèrement sur les amandes, mouillez l'autre côté et faites de même ; puis tordez légèrement encore ces petits pâtons et posez-les sur une tôle non beurrée. Même chaleur que pour les palmiers.

Feuilles.

Pâte feuilletée étendue très mince à la farine. Coupez des morceaux à peu près de la grosseur des petits pâtés avec un moule dentelé ; posez-les sur du sucre en poudre et passez légèrement le rouleau sur chaque morceau en allongeant un peu la pâte. Placez-les sur une tôle ou plateau non beurré, le côté du sucre en haut. Enfournez tout de suite car le sucre se fondrait. Même chaleur que pour les sacristains, surveillez de près car ils brûlent facilement.

Petits Choux.

Faites cuire 125 grammes de beurre, 1 cuillerée de sucre, 7 ou 8 cuillerées d'eau, une pincée de sel ; incorporez-y 190 gr. de farine en tournant activement ; laissez cuire jusqu'à ce que la pâte s'attache à la casserole, puis videz dans un ustensile quelconque et y cassez 4 œufs, un à un, en travaillant entre

chacun. Dressez de la grosseur d'une bonne noix avec une cuiller sur une tôle beurrée, laissez assez d'intervalle entre chaque
chou, car ils gonflent au moins du double. Dorez au pinceau
avec un jaune d'oeuf battu mêlé à un peu de sucre en poudre.

Patiences.

3 blancs d'oeufs battus en neige le plus ferme possible, 200 grammes de sucre, 160 gr. de farine. Mettez moitié du sucre dans les
neiges et tournez avec une cuiller de bois, toujours dans le même
sens pendant quelques minutes, puis ajoutez le reste du sucre
et tournez encore à peu près 5 minutes. Mettez la farine en 3
fois, tournant aussi quelques minutes pour chaque fois; au moment de dresser, ajoutez 1 cuillerée à café d'eau. Dressez avec
une petite cuiller sur une tôle cirée. Enfournez à four assez
chaud; — 10 minutes ou $\frac{1}{4}$ d'heure de cuisson; — elles prennent
une couleur brun-clair. — Laissez-les refroidir sur la tôle avant
de les sortir.

Gimblettes.

1 livre de sucre en poudre, 1 livre de farine, 6 oeufs : on peut
prendre des oeufs entiers ou seulement des jaunes, alors il en faut
le double.

Mettez le sucre dans une terrine, puis les oeufs, et remuez
en tournant 8 ou 10 minutes; ajoutez la farine par poignées

continuant à tourner ; après quoi dressez par ronds gros comme
une noix sur tôle beurrée. Enfournez au fur et à mesure dans
un four modéré ; 10 à 15 minutes de cuisson.

Si la pâte était trop épaisse avec la dose de farine, on en mettrait un peu moins.

Fours secs.

Ayez de la farine : faites un creux au milieu où vous mettez 3
jaunes d'œufs. 130 grammes de sucre en poudre, autant de beurre que vous faites fondre et 5 gr. de sel. Mélangez le tout et
ajoutez ½ verre de lait tiède. Faites une pâte ferme, puis coupez
de formes diverses — Four moyen.

Meringues.

1 livre de sucre, 8 blancs d'œufs. Mettez le tout ensemble et fouettez jusqu'à neige ferme. Dressez sur du papier avec une cuiller. Four doux.

Meringues aux Amandes.

Battez en neige ferme le blanc de 3 œufs et y ajoutez ½ livre de
sucre en poudre, ½ livre d'amandes mondées et coupées en filets
minces par l'arête. Dressez sur une tôle. Four doux.

Meringues à la Crême.

Battez en neige ferme 6 blancs d'œufs, ajoutez-y ½ livre de

sucre en poudre. Dressez les meringues avec une cuiller sur du papier blanc saupoudré de sucre et posé sur une tôle, donnez leur la grosseur et la forme d'un œuf. Mettez environ 1 heure au four doux. Quand les meringues sont cuites, enlevez-les de dessus le papier; si quelques-unes se détachent difficilement, mouillez un peu le papier. Creusez le milieu de chaque meringue; au moment de servir, garnissez le vide d'une meringue de crème fouettée à laquelle vous avez ajouté du sucre en poudre; recouvrez-la d'une autre meringue. Continuez ainsi pour toutes les autres et servez promptement.

Sirop de Groseilles.

Pour 4 livres de groseilles rouges, 1 livre de cerises aigres (pas moins, mais un peu plus fait bien, 50 ou 60 grammes de plus) $\frac{1}{2}$ livre de cerises noires appelées teinturières, une poignée de framboises. Broyez à la main et passez au tamis; puis mettez le jus à la cave ou autre lieu frais jusqu'au lendemain. Évitez de mettre les doigts dans ce jus après qu'il est passé, car dans ce cas il ne gèlerait plus. Le lendemain prenez ce jus et passez-le au tamis; si on n'a pas de tamis on lie un linge autour d'une terrine de manière qu'il soit bien tendu et on jette le jus sur ce linge pour qu'il s'égoutte au frais; il doit passer de lui-même, il faut à peu près toute la journée. Pour 1 livre de jus, 1 livre ½ de sucre. Faites fondre vivement sur le feu ; donnez un bouillon, écumez et le videz dans une terrine.

Séchez les bouteilles que vous avez eu soin de rincer d'avance, au moins la veille ; pour éviter toute humidité, mettez-les un moment sur le devant d'un four ouvert, l'ouverture de la bouteille tournée sur le dehors du four. Quand le sirop est un peu refroidi, mettez-le dans les bouteilles que vous remplissez jusqu'au bord. Laissez-les ouvertes jusqu'au lendemain, mais pas plus longtemps. Il y aura alors assez de vide. Bouchez à la main avec des bouchons neufs qu'il ne faut pas mouiller.

Confiture ou Gelée de Groseilles.

Prenez les ⅔ de groseilles blanches, ⅓ de rouges et 1 poignée de framboises. Ecrasez le tout à la main et mettez sur le feu dans une bassine ; on peut ajouter un petit verre d'eau. Faites faire un bouillon, puis passez au tamis pour recueillir le jus et le séparer d'avec les marcs.

Pour 1 livre de ce jus, 1 livre de sucre. Mettez sur un feu vif dans une bassine de cuivre (les vases étamés altèrent la couleur des confitures) qu'on ne remplit qu'au quart ; car cela monte. Laissez cuire à gros bouillons jusqu'à ce que la confiture prise entre les doigts y forme un filet ; et si on l'approche de l'oreille, on doit entendre un petit bruit. Si la confiture menace de sortir de la bassine en cuisant, on l'arrête en pressant sur la mousse avec le dos d'une écumoire.

Dès que la confiture est cuite, enlevez la mousse avec l'écumoire, et versez-la dans les verrines qui doivent être très sèches. Ne les mettez pas à l'humidité, ne les posez même pas sur une table mouillée. S'il reste un peu de mousse, hâtez-vous de l'enlever à la cuiller, car la confiture se gèle immédiatement. Quand elle est refroidie, pas plus tard que le lendemain car l'humidité s'y mettrait, couvrez la surface de chaque verrine d'un rond de papier blanc. On peut encore, pour éviter le moisi, saupoudrer ce papier de sucre qui absorbera l'humidité. Cela suffit, mais on peut mettre un autre papier par dessus la verrine pour éviter la poussière.

Confiture de Cerises.

Cerises aigres entières sans les ouvrir. Poids égal de cerises et de jus de groseilles, sucre, autant que les deux ensemble. Laissez cuire le tout jusqu'au degré de cuisson indiqué à la gelée de groseilles et terminez de même.

Confiture de Mirabelles.

Pour 1 livre de fruits, ½ de sucre. Faites cuire le plus vite possible et remuez constamment avec une spatule. Même degré de cuisson que pour la confiture de groseilles; quelquefois une heure suffit.

Cette recette est pour de la confiture commune : si on la veut plus fine, on met plus de sucre et on agit comme il sera expliqué à la confiture d'abricots.

Confiture d'Abricots.

Pelez les abricots et les mettez sur le feu avec $\frac{3}{4}$ de sucre par livre de fruits; si on prend plus de sucre, on laisse moins cuire. Remuez constamment sur un bon feu, et environ 10 minutes avant de la retirer, ajoutez-y les amandes des noyaux. Si on les met trop tôt, ils se raccornissent; trop tard, ils conservent de l'humidité. Le degré de cuisson est le même pour toutes les confitures (V. la Gelée de Groseilles, p. 451.)

Confiture de Fraises.

Il faut cueillir les fraises par un temps sec, car elles ne doivent pas être mouillées; on prend ordinairement de grosses fraises.

Même poids de sucre que de fraises.

Mettez le sucre sur le feu avec de l'eau, environ un verre d'eau pour une livre de sucre; laissez cuire jusqu'à ce qu'il forme un sirop assez épais; puis, pendant qu'il bout, met=

lez les fraises, évitant de les écraser. Laissez le tout sur un bon feu jusqu'à ce qu'elles aient fait trois bouillons couverts (il y a bouillon couvert lorsque le sirop couvre le fruit par la fermentation ou cuisson; quelquefois on est obligé de retirer la bassine du feu, mais alors on l'y remet aussitôt. Après ces trois bouillons, versez le tout dans une terrine et laissez reposer jusqu'au lendemain pour recommencer l'opération, ainsi 3 jours de suite. Il faut mettre d'abord le sirop sur le feu, et quand il cuit, y glisser les fraises comme la première fois. Après la 3e, versez la confiture dans les verres, ayant soin de ménager les fraises qui doivent rester entières. On les prend avec une cuiller pour les déposer dans chaque verre et on proportionne le jus.

Les années pluvieuses où les fraises sont nourries d'eau, il faut faut quelquefois un bouillon de plus, on le voit par le sirop.

Confiture ou Gelée de Pommes.

Ayez de belles pommes, reinettes à côtes ou autres, dont la pulpe soit bien blanche; coupez-les par tranches minces et les jetez au fur et à mesure dans de l'eau fraîche acidulée de jus de citron. Mettez-les sur le feu avec juste assez d'eau pour qu'elles baignent; serrez même un peu les pommes à la main afin de ne pas laisser de vide. Faites cuire vite quelques minutes, c'est-à-dire jusqu'à ce que les pommes soient tendres ; versez le tout sur un tamis, repassez sur les marcs et laissez ensuite le tamis posé au-dessus d'une terrine destinée à recevoir le jus qui doit s'écouler de lui-même sans aucune pression.

Prenez par livre de jus 375 ou 500 grammes de sucre ; faites cuire de la même manière que la gelée de groseille et terminez également.

———————————

Chapitre x.
Recettes Médicales.

Onguent très efficace
pour Plaies, Rhumatismes, etc.

Prenez une livre d'huile d'olive fine que vous faites bouillir, jetez dedans 2 ou 3 poignées de feuilles de roses ; après deux ou trois bouillons, retirez du feu. Dès que ce sera refroidi, versez dans un bocal pour infuser au soleil tout l'été.

En automne, râpez deux ou trois navets blancs sans les peler, mais après les avoir bien nettoyés de la terre qui s'y trouve. Exprimez-en le jus au travers d'un linge jusqu'à ce que vous en ayez obtenu un bon verre à boire, environ 125 gr. Vous sortez alors les roses de l'huile d'olive en les pressant bien, et vous jetez cette huile dans une poêle ou casserole qui doit être assez grande, parce que le feu fait aisément monter et déverser le contenu.

Lorsque l'huile bout, mettez le jus de navets peu à peu et non le tout à la fois, de crainte que l'huile ne sorle de la casserole. Faites cuire jusqu'à ce que l'huile ne pétille plus, observant de remuer sans cesse avec une spatule de bois pour bien mêler.

Retirez alors la casserole du feu pour refroidir; un peu après vous l'y remettrez de nouveau, et quand le liquide commencera à bouillir, vous y jetterez 250 gr. de vermillon de minium, tournant toujours avec la spatule jusqu'à ce que le composé soit brun-châtaigne. On reconnaît que ces premières drogues sont suffisamment cuites lorsque, en mettant quelques gouttes sur une assiette, elles se détachent aisément, et ne se collent pas entre les doigts. Vous retirez alors la casserole du feu. Puis, ajoutez une once et demie de cire jaune et laissez encore un peu refroidir avant d'y mettre aussi une once et demie de camphre pilé, le remuant avec la spatule pour que le mélange s'opère bien; ajoutez encore trois cuillerées de bonne huile d'olive, continuant à mêler sans remettre sur le feu. Couvrez avec un linge mouillé plié en trois et bien pressé pour couvrir l'onguent, afin que le camphre ne s'évapore pas.

Lorsque l'onguent sera à demi refroidi, mettez-le dans de petits pots, que vous laissez à découvert de six à huit jours; vous couvrez alors le tout.

Cet onguent conserve son efficacité pendant 20 et même 30 ans.

Effets de l'Onguent

et

Manière de l'employer.

C'est un spécifique contre les fièvres chaudes. Lorsque les accès ne se calment pas en appliquant l'emplâtre sur les tempes, on pose sur le sommet ou crâne de la tête un emplâtre de la grosseur d'un petit écu, et on l'y laisse de 24 à 30 heures.

Pour les battements de cœur, l'emplâtre s'applique au creux de l'estomac.

Pour les points de côté, il s'applique au côté gau.che pendant 24 heures ; si la douleur continue. on renou.velle l'emplâtre. Si le point provient de sang caillé, ce remède l'amollit, et un abcès intérieur s'ouvrirait par la continuation des emplâtres qui feraient évacuer les humeurs par les selles et les urines..

Pour les maux d'estomac, surtout quand celui-ci ne supporte plus de nourriture, l'onguent s'applique sur l'estomac même.

Pour les cors aux pieds, il faut au déclin de la lune, prendre un bain de pieds, ôter autant que possible toute la corne des cors, puis y appliquer l'emplâtre posé sur un linge ou sur une peau de chamois, et le renouveler chaque 24 heures, jusqu'à ce que les cors aient disparu.

Dans les constipations, les lavements ne produisant pas d'effet, on applique l'emplâtre sur le nombril.

Quand on est affecté de la rate, l'emplâtre peut aussi soulager le malade.

Il est bon contre les pustules venimeuses, qui se forment quelquefois aux doigts ou à d'autres membres, contre les maux de sein, tumeurs, plaies contagieuses et piqûres de mouches vénimeuses. Quand le mal est violent, il faut renouveler l'emplâtre chaque 8 heures.

Quand dans les plaies, il y a beaucoup de pus et d'inflammation, il faut lever l'appareil 2 et même 3 fois par jour, nettoyer l'emplâtre qu'on applique de nouveau tant qu'il y a de l'onguent; on diminue peu à peu le nombre des pansements. Lorsque la plaie commencera à se guérir, il suffit de la panser chaque 24 heures, il faut faire les emplâtres très minces.

Enfin pour toute paralysie, fluxion, rhumatisme, rhume, bronchite, il est certain que cet onguent n'est jamais nuisible; quand il n'opère pas la guérison, il est au moins inoffensif. Il a la vertu de purger et de guérir plaies quelconques, coupures, brûlures, blessures, panaris, clous, abcès, etc.

Quand l'onguent opère, il faut prendre un purgatif de temps en temps.

Pour préparer les emplâtres, on étend une couche mince d'onguent sur un linge ou sur une peau de chamois.

Sirop d'Oeufs.

Prenez 7 oeufs frais et faites-les cuire durs ; ouvrez les oeufs pour en ôter le jaune ; enlevez aussi la pellicule blanche qui se trouve encore dans l'intérieur du blanc ; découpez ces blancs en très petits morceaux que vous mettez sur un plat demi-creux ; couvrez ensuite ces blancs avec 375 grammes de sucre en poudre fine ; puis exposez ce plat au serein pendant trois nuits, ce qui donne un sirop que l'on passe.

Une cuillerée à bouche de ce sirop $\frac{1}{2}$ heure avant les repas, trois fois par jour.

Il arrive souvent que le sucre n'est pas complètement fondu au bout des trois jours : alors on peut, après avoir ôté le sirop, remettre un peu d'eau sur les blancs. On obtiendra alors du sirop moins fort que le premier, mais que l'on peut prendre en plus grande quantité.

On peut aussi manger les blancs d'oeufs ayant servi à faire ce sirop, rien ne s'y oppose.

Il s'emploie avec succès dans les maladies de poitrine.

Gouttes fortes :

Extrait de gentiane, 10 gr. Liqueur d'Hoffmann, 20 gr. Mêler ensemble : pour y parvenir, délayer auparavant l'extrait de gentiane avec un peu d'eau distillée.

En prendre 6 à 8 gouttes sur un morceau de sucre 3 ou 4 fois par jour, surtout pour la diarrhée qui précède la dysenterie, et pour les crampes d'estomac.

Sirop pectoral anglais.

Ayez ¼ de fruits pectoraux : dattes, jujubes, figues, raisins de Corinthe, une bouteille d'eau, 2 livres de sucre. Faites cuire le tout ensemble pendant 1 heure, puis passez. Prendre de temps en temps une cuillerée à bouche de ce sirop contre le rhume.

Pierre vulnéraire.

Vitriol vert . . . . 375 grammes

Alun . . . . 375 gr.

Vert de gris . . . . 32 gr.

Sel ammoniaque . . . . 10 gr.

Concassez le tout, et le mettez dans un pot de terre neuf.

vernissé, sans eau. Mettez-le sur la braise peu ardente d'abord; augmentez-en l'ardeur, en remuant toujours les drogues avec une grande cuiller de bois, jusqu'à ce qu'elles soient fondues. Observez que le pot soit de deux chopines et demie, parce que les ingrédients montent beaucoup lorsqu'ils bouillent. Vous leur laisserez faire 3 ou 4 bouillons, ensuite vous retirez, et le lendemain vous casserez le pot pour en avoir la pierre formée des 4 drogues.

(Il faut autant que possible faire à l'air tout ce qui précède).

Usage de ce remède.

Vous mettrez 6 gr. de cette pierre que vous concasserez un peu, dans une bouteille d'eau de fontaine, et au bout de 24 heures, vous pouvez vous en servir de la manière suivante:

Il faut d'abord bien remuer la bouteille, puis prendre de cette eau ce qu'il en faut pour le pansement, la faire tiédir qu'elle soit plus que douce, en laver la blessure saignante ou non, sur laquelle on applique ensuite une compresse bien imbibée de cette eau. Vous faites cette opération 3 ou 4 fois par jour au commencement, et 2 fois à la fin. Comme la compresse s'attache à la peau, il faut un peu l'humecter avant de l'enlever.

On s'en sert également quand il y a suppuration occasionnée par des coups ou écorchures.

Ses propriétés.

Cette eau est souveraine pour toutes sortes de blessures et contusions, fraîches et anciennes ; elle empêche spécialement la gangrène. Lorsque la blessure est profonde, on y met de la charpie imbibée de cette eau.

Pour les brûlures, si on l'emploie au moment même de l'accident, il ne se forme pas d'ampoules. Pour les efforts, on applique des compresses et on les renouvelle souvent. Pour les panaris on met une compresse par dessus l'emplâtre, après avoir lavé la plaie avec cette eau. On s'en sert en compresse pour les cancers à la suite de coups.

On peut l'employer pour les animaux, chevaux, vaches, etc., mais on fait l'eau plus forte : au lieu de 6 grammes pour une bouteille, on en met 12.

L'effet de cette eau est très prompt. Elle a produit des guérisons extraordinaires dans les cas ci-dessus marqués et ne peut nuire dans aucun.

Pommade de Raisin.

Cire blanche 125 grammes, beurre frais non lavé 250 grammes, raisins noirs 12 moyens.

Égrappez et écrasez le raisin, puis le mettez dans une casserole sur le feu avec le beurre et la cire.

Faites cuire jusqu'à ce que le mélange s'éclaircit.

Cette pommade est très bonne pour les crevasses.

Remède contre le charbon

et les affections charbonneuses, piqûres, etc.

Prenez en égale quantité à peu près, jeune crème, sel, vinaigre et saindoux ; mélangez le tout ensemble et mettez en compresse sur la partie malade.

Propriétés

de l'Eau-de-vie et du Sel

découvertes et expliquées par William Lee.

Au Rédacteur de l'Intelligence de Leeds.

Monsieur,

Je prends la liberté de faire connaître au public, par la voie de votre estimable journal, un remède que j'ai découvert en France il y a environ 5 ans, qui est des plus efficaces pour guérir l'inflammation. Malgré la simplicité de sa composition, je ne pense pas qu'il fût connu avant cette époque. La préparation en est facile, n'exigeant que de l'eau-de-vie et du sel. Les résultats en sont surprenants, et toutes les fois que j'en ai fait appliquer à une inflammation, l'usage en a été entièrement couronné de succès.

Les proportions nécessaires sont un tiers sel et deux tiers eau-de-vie. On peut s'en servir aussitôt après sa mixtion, mais il vaut mieux le préparer d'avance dans une petite bouteille pour s'en servir au besoin. Ceci est pour le traitement extérieur. C'est aussi un puissant remède contre les meurtrissures, entorses, brûlures, coupures, etc, etc, et contre les morsures des serpents; etc : après avoir lavé la partie affectée, l'inflammation aura entièrement disparu.

On peut se servir de ce remède sans crainte, car il ne peut nuire en aucune manière. Il a été employé avec beaucoup de succès dans les maladies d'entrailles, telles que coliques, choléras, purgations violentes et vomissements. Dans ces derniers cas, on doit y mêler 2 fois autant d'eau chaude qu'il y a d'eau-de-vie et de sel, et le boire aussi chaud que possible.

Je rappellerai seulement quelques faits parmi le grand nombre que j'ai observés. En 1839, un de mes faucheurs endormi dans un pré, à la Ferté-Imbault, fut mordu par un serpent; il enfla tellement en quelques heures qu'il respirait à peine, et son état devint si alarmant qu'on craignit pour sa vie. Mais une application d'eau-de vie et de sel fit disparaître l'inflammation, et lui permit de reprendre ses travaux en moins d'une semaine.

A la même époque gisait agonisant, à l'hôpital de Romorantin, un malheureux qui fut guéri par le même moyen. Il avait été mordu par un serpent un an auparavant, et cette morsure l'avait réduit dans un état tel qu'il était presque impossible de demeurer près de lui. Cette dernière guérison m'a fait présumer que ce remède peut être efficacement appliqué aux morsures de chiens enragés, et neutraliser les effets du poison, mais je n'ai pas eu encore l'occasion d'en faire l'expérience.

Un charpentier étant tombé d'une échelle, reçut au dos une violente contusion qui lui fit éprouver d'horribles souffrances pendant 3 semaines. Il fut soulagé en moins d'un quart d'heure, et deux ou trois jours après il se sentit capable de reprendre ses travaux.

Un malheureux ouvrier avait depuis cinq ans, un ulcère à la jambe : cette partie était si enflammée qu'il ne pouvait plus travailler et que, pour se mouvoir, il était obligé de se traîner douloureusement sur ses mains et ses genoux. Quelque temps après avoir fait usage de l'eau-de-vie salée, il vint me remercier et me dire que l'inflammation était entièrement disparue, que l'ulcère n'était point encore complètement guéri, mais qu'il était beaucoup mieux et qu'il pouvait reprendre ses occupations.

Je serais infiniment obligé aux rédacteurs de journaux qui voudraient bien insérer ces communications. Je désire vivement que ce remède si simple soit connu et apprécié, étant assuré que son usage diminuerait considérablement le nombre des maladies qui prennent leur source de l'inflammation.

Je suis avec respect, etc

William Lee.

Leeds, 14 Juin 1835.

Manière de composer le remède.

Mettez du sel de cuisine dans une bouteille, environ le tiers de sa contenance, et la remplissez ensuite de bonne eau-de-vie de marc ; après l'avoir bouchée, agitez pendant 10 minutes à peu près. Attendez pour vous servir de ce remède qu'il soit devenu limpide, c'est-à-dire que le sel non dissous se soit déposé au fond, autrement l'efficacité est moins grande et la douleur plus forte, surtout lorsqu'il s'agit de plaies ouvertes. On laisse les parties salines non fondues avec l'eau de vie dans la bouteille, tant qu'il reste une partie de liquide assez claire pour être employée sans causer de douleur. Quoiqu'on puisse se servir de ce remède 20 minutes après sa mixtion,

il est mieux cependant d'en préparer d'avance, afin d'en avoir
au besoin ; il peut d'ailleurs se conserver longtemps.

Maladies

et Manière de les traiter.

Tournoiements de tête ou Vertiges. On se lave le sommet de la tête avec le remède pur ; on doit continuer à en frotter cette partie pendant une demi-heure après que les vertiges
ont disparu. Quelquefois le malade est guéri au moment même de l'opération, ou quelques heures après ; parfois le mal
cesse seulement lorsqu'on s'est mis au lit. Il peut se faire
que les vertiges reparaissent à diverses reprises, on les éloigne
en répétant aussitôt le moyen indiqué.

Éruption du sang à la tête. Ce mal est toujours
presque entièrement calmé et souvent guéri, lorsqu'on se
lave le haut de la tête avec le remède. Quelquefois l'accident est chassé très vite et d'ordinaire par une seule opération. Dans le cas contraire, on recommence, et le malade
doit boire deux cuillerées du remède mêlées à six ou huit
cuillerées d'eau chaude.

Le moment le plus favorable pour se laver la tête est
ordinairement celui du coucher ; on doit prendre la dose

le matin, environ une heure avant le déjeuner, et cela pendant plusieurs jours.

Eruptions à la Figure et à la Tête.

On lave la partie malade avec le remède; Si ces éruptions sont de nature cancéreuse et datent de loin, il faut continuer les lotions pendant quelques semaines.

Inflammation du Cerveau.

On lave le haut de la tête avec le remède jusqu'à ce que la douleur ait cessé.

Inflammation des Yeux.

Le remède, ne fût-il efficace que pour ce mal, serait déjà au-dessus de tout éloge. Il faut laver l'intérieur de l'œil malade avec le coin d'un linge mouillé légèrement d'eau-de-vie salée et répéter cette opération 5 ou 6 fois par jour, ce que l'on peut faire sans interrompre ses occupations habituelles. La douleur est très légère et la guérison certaine.

Mal de Dents.

On met du coton bien imbibé d'eau-de-vie salée dans l'oreille du côté où est la douleur; on l'y laisse jusqu'à ce que celle-ci ait disparu, ordinairement dix minutes. Si le mal après avoir cessé reparaît, ce qui arrive quand la dent est gâtée, on renouvelle le remède.

Conservation des Dents.

Rien de plus salutaire que de mettre sur la brosse à dents un peu d'eau-de-vie salée chaque huit ou quinze jours. On peut agir de même pour combattre la douleur occasionnée par des fruits durs ou par toute autre cause.

Abcès aux Gencives. On applique sur la partie de la gencive malade un petit linge imbibé du remède. Le moment le plus convenable est celui du coucher ; on garde la compresse toute la nuit, elle calme les plus violentes douleurs. La même opération doit être répétée plusieurs fois pour faire disparaître les abcès et empêcher les dents d'être ébranlées.

Mal d'Oreilles. On le guérit de la même manière que le mal de dents.

Surdité. Elle est bien diminuée et souvent guérie par la même méthode (mettre le remède dans l'oreille) En plusieurs occasions son efficacité a été démontrée. Il faut d'abord remplir l'oreille la moins affectée et y laisser le remède 10 minutes ; agir de même pour l'autre, mais l'y laisser toute la nuit.

Esquinancies. Il faut les combattre de toutes les manières possibles, d'abord en se gargarisant avec le remède pur, ensuite en remplissant chaque oreille l'une après l'autre, et laissant le remède environ 10 minutes dans chacune : le moment le plus favorable est celui du coucher. Un petit linge imbibé d'eau-de-vie peut être alors appliqué autour du cou et tenu continuellement humecté. Ces méthodes sont ordinement employées avec bonheur, sinon avec un plein succès. L'esquinancie qui pourrait devenir quelque chose de pire, est grandement diminuée. C'est une des maladies qui deman- de le plus de persévérance dans le traitement, et après tout, mais bien rarement néanmoins, l'usage des sangsues de- vient nécessaire.

Fièvres. Dans tous les cas de fièvre, la première cho- se est de frotter le sommet de la tête avec le remède, et im- médiatement après le malade doit en prendre deux cuillerées mélangées à six cuillerées d'eau chaude. (La moitié de la dose suffit pour une femme.) Ceci se répète à un intervalle de une à trois heures selon la violence de l'attaque.

Ce moyen diminue promptement l'inflammation qui est souvent un obstacle aux autres remèdes s'ils deviennent nécessaires.

Fièvres intermittentes. On les guérit par des lotions de la tête en se mettant au lit; et en prenant le lendemain, à jeûn, 2 cuillerées du remède avec 6 cuillerées d'eau chau- de (moitié pour une femme) ce qu'on répétera pendant 12 à 15 jours, ou jusqu'à ce que la maladie soit subjuguée.

Colique. Ce mal est guéri en 4 ou 5 minutes en prenant 2 cuillerées du remède avec de l'eau chaude. Si l'on n'est pas guéri de la première fois, on doit recommencer et prendre la dose plus forte, ce qui est rarement nécessaire. Les cas où il faut renouveler le remède une 3ᵉ fois se présentent fort peu.

Choléra.

On se lave la tête avec le remède une ou deux fois, ou plus souvent si la douleur de tête se renouvelle, et on en prend 2 ou 3 cuillerées avec de l'eau chaude. Si l'attaque est violente, on doit répéter la même opération plusieurs fois par jour à de courts intervalles; et si la peau est décolorée on lave la partie atteinte avec le remède jusqu'à ce que la douleur ait disparu.

Inflammation d'Intestins.

On prend 2 cuillerées du remède dans de l'eau chaude et à de courts intervalles jusqu'à ce que la douleur ait disparu. Il est bon aussi de frictionner l'extérieur et de poser une flanelle chaude sur la partie malade, cette flanelle peut être tenue chaude et même brûlante en appliquant dessus une bassinoire.

Points de côté.

Ce sont souvent des signes avant-coureurs de pleurésies ou d'autres fièvres. Pour éloigner ces maladies, on se lave la tête et ensuite le côté douloureux; si les points de côté continuent, on prend un linge plié en plusieurs doubles, on l'imbibe du remède et on l'applique sur la partie affectée, en ayant soin de tenir ce linge humide. Ce moyen a produit d'heureux résultats en plusieurs circonstances; il a fait disparaître la douleur en moins d'une heure et souvent il prévient les fièvres. Le malade fera bien aussi de prendre à jeûn deux cuillerées d'eau-de-vie salée avec de l'eau chaude.

Rhumatisme. Ce mal si opiniâtre est toujours soulagé et fort souvent guéri en frictionnant avec le remède la partie affectée, mais on doit continuer cette opération pendant plusieurs jours, même pendant plusieurs semaines, une ou deux fois par jour.

La Goutte. Rhumatismes goutteux. Ces douloureuses maladies étant dans le sang, les personnes qui en sont atteintes devront joindre le traitement interne au traitement externe. Après s'être lavé le haut de la tête le soir au moment du coucher, elles prendront le lendemain à jeûn deux cuillerées du remède mêlées à de l'eau chaude. Elles répéteront cela pendant 12 ou 15 jours.

On mouillera du remède la partie enflammée ou douloureuse en se servant de quelque chose de doux, des barbes d'une plume, par ex., jusqu'à ce qu'elle puisse supporter le frictionnement de la main. Ces affections demandent une grande persévérance.

Brûlures. On lave la partie atteinte avec le remède pur. La première application est douloureuse, mais la douleur n'est pas de longue durée et diminue graduellement à chacune des opérations suivantes. La plaie est bientôt guérie, mais il est quelquefois nécessaire d'y appliquer un adoucissant, de l'huile d'olive, du suif, etc.

Engelures.
On les guérit par l'application du remède, ayant soin de frotter la partie affectée jusqu'à ce qu'elle soit parfaitement sèche.

Nota.
On guérit encore les engelures en les baignant dans un fort mélange d'eau et de sel et les laissant sécher sans les essuyer.

Affection des Nerfs.
On peut presque toujours empêcher ce mal qui produit quelquefois la perte momentanée de la raison, en lavant le sommet de la tête deux ou trois fois avec le remède, mais chaque fois on doit frotter pendant 10 minutes ou un quart d'heure, et il sera bon pour assurer la guérison de prendre à jeun, pendant une dizaine de jours deux cuillerées du remède mêlées avec de l'eau chaude.

Un médecin de la Ferté-Imbault était atteint d'une fièvre cérébrale qui paraissait comme l'avant-coureur de la folie ; il se serait donné la mort si on ne l'en eût empêché. Le remède fut employé dans une de ses crises. La guérison fut prodigieuse, instantanée, durable, et pendant tout le temps qu'il a vécu, aucun retour de cette maladie ne s'est manifesté.

Cancers.

Pour guérir les cancers, l'opération consiste à laver la plaie avec le remède. Il y a encore quelques doutes s'il guérit les cancers existant depuis fort longtemps, mais il n'y a nul doute qu'il ne guérisse ceux qui existent depuis une année seulement.

Il est aussi fort aisé de reconnaître si la plaie est d'une nature cancéreuse : dans ce cas l'application ne cause aucune douleur et la guérison est rapide ; à toutes les autres plaies, le remède cause de la douleur.

Pour les cancers de vieille date, il faut frotter le sommet de la tête avec le remède, et le malade en prendra deux cuillerées mêlées avec de l'eau chaude chaque matin ; on lavera la plaie avec l'eau-de-vie salée et on y appliquera une compresse bien imbibée et tenue constamment humide, si c'est possible. Dans tous les cas, si cette méthode est suivie, il en résultera toujours un grand soulagement et souvent une guérison.

Inflammation des Poumons.

Le traitement consiste à laver le haut de la tête du malade avec de l'eau-de-vie salée, puis de lui en faire prendre deux cuillerées mêlées avec de l'eau chaude, plusieurs fois par jour ; on place aussi une compresse imbibée d'eau-de-vie sur l'endroit de la douleur.

Consomption .... On guérit la plupart des maladies de ce genre par l'emploi du remède, alors qu'elles commencent : on s'en frotte le sommet de la tête et même la poitrine, puis on en boit deux cuillerées avec de l'eau chaude chaque matin. Plusieurs guérisons merveilleuses ont été opérées de cette manière.

Asthmes .. Avant de se coucher, on se lave le sommet de la tête avec le remède, et le matin à jeûn, on en boit deux cuillerées avec de l'eau chaude, et cela pendant plusieurs jours..

Rhume et Toux . L'eau-de-vie salée soulage beaucoup ces affections. Quand on s'est refroidi la tête, on la frotte avec ce remède, si la gorge est enflammée, on en remplit les oreilles l'une après l'autre, et on l'y laisse pendant 10 minutes, puis la gorge doit être gargarisée, le cou et la poitrine frottées, toujours avec de l'eau-de-vie salée. La guérison de ces maladies est quelquefois très longue et demande beaucoup de persévérance, souvent même il est nécessaire d'appliquer des sangsues. Si la poitrine est attaquée, on y met une compresse imbibée du remède et constamment humectée. Les effets de cette opération sont quelquefois frappants.

Dyssenterie . Si la maladie est violente, on se frotte

d'abord le haut de la tête avec le remède et on en prend immé diatement après deux cuillerées mêlées avec de l'eau chaude; on répète cela 3 ou 4 fois par jour. D'ordinaire, elle est complétement guérie en 2 ou 3 jours, autrement la persévérance est nécessaire.

Foulures et Entorses. Il suffit parfois de frictionner la partie affectée avec de l'eau-de-vie salée. Si ce moyen ne réussit pas, on l'entoure d'une bande de toile bien trempée dans le remède, et tenue constamment humectée jusqu'à complète guérison.

Meurtrissures. L'usage de l'eau-de-vie salée dans ce cas est simplement externe et produit les meilleurs effets sans causer aucune douleur.

Scorbut. On frotte plusieurs fois avec le remède la partie atteinte, jusqu'à ce que le mal ait disparu; mais, pour se purifier le sang, on fera bien de se laver le sommet de la tête, toujours avec le même remède, et d'en prendre avec de l'eau chaude chaque matin avant de déjeûner pendant 12 jours.

Gale. Traitement ordinaire: on se lave la tête le soir avec le remède, et on en boit le matin pendant 20 jours environ.

Teigne. Ce mal auquel les enfants sont sujets disparaîtra facilement en lavant la tête avec de l'eau-de-vie salée.

Attaques de Paralysie

La promptitude des secours est ici de la plus haute importance, aussi convient-il d'avoir à la maison de l'eau-de-vie toute préparée. Il faut bien frotter avec le remède le sommet de la tête, et en même temps la partie atteinte, fallût-il pour cela le concours de deux personnes; puis on en fera boire au malade trois cuillerées avec de l'eau chaude, deux cuillerées suffisent pour une femme. Il sera peut-être nécessaire de donner plus d'une dose.

Morsures de Reptiles venimeux

On frotte la partie malade avec le remède qui neutralise l'effet du venin et guérit la plaie en fort peu de temps, mais il est bon d'agir tout de suite.

Morsures de Chiens enragés ou de tout autre chien

On frotte la partie malade avec le remède, aussitôt après l'accident, puis on y applique une compresse de linge doux bien imbibé et la guérison est rapide.

Piqûres de Guêpes, d'Abeilles, etc.

On frotte avec le remède les parties atteintes, aussitôt après la piqûre : la guérison est aussi prompte que l'attaque, mais il n'est pas probable que l'effet soit le même si la partie est enflée, en conséquence l'application doit être prompte.

Érésipèle

On lave ou on frotte avec le remède la

partie malade, et en y appliquant des compresses on obtient de bons résultats.

Une femme avait les jambes et les bras tout enflammés, elle souffrait des douleurs violentes et avait passé deux nuits sans dormir. On commença par lui baigner les bras et les mains dans l'eau-de-vie salée pendant 10 minutes environ. L'effet fut merveilleux. Peu à peu la malade s'endormit d'un profond sommeil, et renouvela ensuite l'opération. En 48 heures, la guérison fut complète : non-seulement les douleurs avaient cessé, mais les membres avaient repris leur aspect naturel, et toutes traces de décoloration avaient disparu.

Tic douloureux. Cette maladie peut être grandement soulagée et même guérie si le tic est au visage, par l'emploi de l'eau-de-vie salée. On frottera le sommet de la tête avec le remède, l'oreille du côté malade en sera remplie pendant 10 minutes au moyen de coton bien imbibé, puis on en frictionnera la partie affectée. Si l'on n'est pas encore guéri, on prendra deux cuillerées du remède avec de l'eau chaude chaque matin pendant 15 jours, environ une heure avant de déjeuner.

Scrofules. Pour porter remède à cette affection très difficile à guérir, il faut chercher à purifier le sang en se frottant le sommet de la tête avec de l'eau-de-vie salée, puis en boire

2 ou 3 cuillerées avec de l'eau chaude chaque matin pendant un mois. On posera des compresses humides sur les plaies, et au besoin on peut recourir à quelque adoucissant, du suif, par exemple.

Peste. La peste étant une maladie inflammatoire, il est à croire qu'elle sera guérie également en frottant d'abord le sommet de la tête avec le remède, et en donnant aussitôt après au patient trois cuillerées mêlées avec de l'eau chaude, et répétant de dix en dix minutes, si le malade peut le prendre, jusqu'à ce que la maladie ait disparu.

Fièvre jaune. Elle doit être traitée de la même manière.

Gangrène. On la soigne comme les autres plaies en y appliquant des compresses imbibées et constamment humides.

Clous et Abcès. On y applique des compresses tenues constamment humectées cela diminue beaucoup la douleur en faisant disparaître l'inflammation, tout en n'empêchant pas le clou ou l'abcès de percer.

Coupures. Les coupures ne sont guéries ni aussi facilement ni aussi vite par aucun autre remède, surtout si on a soin de l'employer tout de suite : il ne cause aucune douleur et guérit en fort peu de temps.

On enveloppera la partie atteinte d'un linge constamment mouillé du remède. Il faut que l'accident soit bien grave pour qu'il soit nécessaire d'enlever la compresse avant parfaite guérison.

Maux de Reins. Traitement ordinaire: on frotte la partie affectée avec le remède, on s'en lave le haut de la tête avant de se coucher; et si le mal n'est pas guéri de cette manière ou s'il revient de nouveau, on en prend deux cuillerées avec de l'eau chaude plusieurs jours de suite, 1 heure avant de déjeûner.

Jaunisse. Pour cette maladie, on se lave une fois le sommet de la tête avec de l'eau-de-vie salée, et on en prend deux cuillerées mêlées à de l'eau chaude, plusieurs jours avant de déjeûner.

Maladies de Foie ou de Cœur. On se frotte la tête chaque soir avec le remède, et on en boit le matin à la dose accoutumée. Il sera peut-être nécessaire de continuer ce traitement plusieurs mois avant guérison.

Plaies anciennes. On y pose des compresses imbibées du remède : après 3 ou 4 applications, la douleur a disparu et la plaie est nettoyée. La persévérance de ce traitement a guéri des cas désespérés et a rendu le repos et le sommeil à des malheureux qui en étaient privés depuis fort longtemps. Il est bon de tenir les compresses toujours humides.

Glandes. Comme elles proviennent de l'état malsain du corps, on doit remédier à cet état en se lavant la tête avec le remède et en prenant chaque matin à jeûn , pendant une dizaine

de jours, deux cuillerées mêlées avec de l'eau chaude ; on favorise-

ra la guérison en lavant l'extérieur du mal de temps en temps.

Indigestion.
Il faut se laver avec le remède le sommet de

la tête une fois et en boire deux cuillerées avec de l'eau

chaude, chaque matin jusqu'à guérison.

Panaris.
On les guérit en tenant le doigt malade dans

l'eau-de-vie salée, ou en l'entourant d'un linge qui en soit mouil-

lé et tenu imbibé jusqu'à guérison.

Douleurs de l'Épine dorsale.
En allant se coucher,

on se frottera le sommet de la tête avec le remède et on en pren-

dra deux cuillerées avec de l'eau chaude, chaque matin, jus-

qu'à ce que la maladie ait disparu. Une compresse imbibée

du remède peut aussi être appliquée sur la partie malade.

Dartres.
Pour guérir ce mal, il faut l'usage externe

et interne de l'eau-de-vie salée. Les endroits atteints doivent

être frottés matin et soir avec ce remède et on en prend avec

de l'eau chaude 3 fois par semaine à peu près. La persévéran-

ce est nécessaire.

Crevasses.
On les guérit en les lavant avec le remède ;

le soir avant de se coucher.

Emploi du Remède pour les Enfants.

On a reconnu très souvent l'efficacité pour les enfants de l'eau de vie salée, mais son emploi demande alors beaucoup de prudence. Pour l'intérieur, on ne le leur conseille dans aucun cas. Dans les maladies, cela fera toujours bon effet de leur frotter une fois la tête avec le remède, mais on ne recommencera une seconde fois tout au plus que pour des enfants plus âgés.

Pour les démangeaisons de la peau, il ne faut pas chercher à les guérir par ce moyen, mais leur laisser un libre cours.

Nota. Ce remède, quoiqu'un des plus stomachiques qui existent, cause quelquefois des vomissements, mais cela est rare et ne prouve que le mauvais état de l'estomac. Il faut alors prendre une quantité suffisante d'eau chaude ordinaire. On répète ceci jusqu'à ce que l'eau de vie salée tienne sur l'estomac, et la guérison est certaine.

Lait de Poule.

Prendre 8 ou 10 cuillerées d'eau et la faire bouillir; mettre un jaune d'œuf dans une tasse et le délayer avec l'eau chaude versée peu à peu, tout en remuant. On sucre à volonté.

On peut aussi délayer le jaune d'œuf avec 1 ou 2 cuillerées d'eau froide et le verser sur le feu dans l'eau qui

bout, en remuant jusqu'au 1er bouillon. On retire alors aussitôt car cela tournerait.

On donne ce lait de poule aux personnes enrhumées à l'heure
du coucher.

Autre.

Faire bouillir environ ¼ de litre de lait avec du sucre (sucre
candi quand l'estomac peut le supporter). Fouetter un œuf frais,
blanc et jaune, et quand le lait bout, le verser doucement en
fouettant toujours.
Boire le plus chaud possible.

Emplâtre pour les Luxations, Foulures, Entorses, Rhumatismes.

Farine blanche, 1 ou 2 cuillerées.
Un blanc d'œuf.
Eau-de-vie camphrée, 1 cuillerée.
Safran, sur la pointe du couteau.

On mélange ces substances pour en faire une pâte qu'on
étend sur de la toile ; elle doit être assez ferme pour ne pas
couler, ordinairement il ne faut pas le blanc d'œuf entier.
L'emplâtre doit être assez grand pour couvrir la place douloureuse ; on met dessus une bande jusqu'à ce que l'emplâtre reste attaché aux endroits moins sensibles ; il se

détache facilement, on coupe alors soigneusement ce qui est détaché. On laisse l'emplâtre jusqu'à ce qu'il tombe.

Composition de l'eau d'alibourg.

Sur 4 litres d'eau de pluie ou de rivière, prenez une once de vitriol blanc, ½ gros de safran oriental. 2 gros de vitriol de Chypre, 2 gros de camphre que l'on fera fondre dans l'eau-de-vie et une potée de bonne eau-de-vie d'Orléans.

Préparation.

Il faut faire pulvériser ces drogues en particulier dans un mortier. Versez dans une bouteille assez grande les 4 litres d'eau, puis vous y mettrez le vitriol blanc, le safran et le vitriol de Chypre, l'un après l'autre, secouant bien la bouteille à chaque drogue que vous y mettrez, afin de les faire fondre ; ajoutez-y le camphre que vous aurez mis la veille dans la potée d'eau-de-vie, ayant eu la précaution de la couvrir, et après avoir encore agité la bouteille, bouchez et la serrez. Plus elle est vieille, meilleure elle est. Il faut secouer la bouteille avant d'en prendre.

Propriété.

Elle guérit les plaies vieilles ou nouvelles, telles qui-

qu'elles puissent être, et en quel endroit du corps qu'elles soient
Lavez la plaie avec cette eau et la seringuez jusqu'au fond
si elle est profonde ; et, après avoir réuni la plaie, appliquez une compresse que vous aurez trempée dans cette
eau même. N'y touchez plus de 24 heures, elle sera guérie pourvu que le malade ne la mette pas en action ; et s'il faut faire reprendre les chairs, elle le fera promptement faisant plus en
12 heures que les meilleurs baumes en 3 jours, et jamais la gangrène ne se mettra aux plaies pansées avec cette eau. Observer
qu'en quel endroit que soit la plaie, le malade doit se ployer
de façon qu'elle soit toujours dessous, afin qu'elle ait de l'écou-
lement.

Pour l'hémorragie, on détrempe de la charpie ou du coton dans
la dite eau que l'on mettra dans le nez.

Pour les maux de tête, fluxion et maux de gorge, contusion
et sciatique, rhumatisme, on met tremper un linge dans cette
eau tiède, on l'applique sur la partie affligée avec une serviette sèche et chaude par-dessus. Il faut renouveler la même
opération toutes les 3 ou 4 heures. On fait de même pour
guérir les plaies et enflures de garot des chevaux.

Pour les ulcères, on s'en sert comme pour une plaie, sans jamais la chauffer.

Pour les migraines, maux et tournelle de tête, on s'en sert

le matin avant le lever, et s'étant couvert la tête d'un linge chaud, en 4 doubles, on restera encore couché quelques heures.

Elle a une propriété merveilleuse pour les yeux, elle a rendu des vues affaiblies très fort : en mettre dans le creux de la main sur l'œil ouvert, en frotter les sourcils et la pointe de l'œil vers le nez.

Elle guérit toutes les gales, dartres, en les lavant avec pendant quelques jours. — On conserve les dents et on fortifie les gencives, en les frottant avec cette eau.

Pour l'apoplexie, on prend une cuillerée de cette eau avec un verre d'urine, le malade vomit et rejette ce qui l'empoisonne. Pour la paralysie, on fait prendre de deux en trois jours, une demi cuiller de cette eau dans un bouillon avant de manger. C'est le même spécifique contre tout venin ; en en prenant $\frac{1}{2}$ cuillerée le matin à jeûn dans deux cuillerées de vin blanc, elle rend joyeux et fortifie. Elle préserve de tout air contagieux, de la peste, et de toute autre maladie contagieuse.

Il n'y a pas de plus sûr remède dans la petite vérole prise comme ci-dessus.

Table des Matières.

Chapitre 1er.
Potages en Soupes.

Bouillon de Grenouilles	8		Potage au Tapioca	3
— de Poulet	7		— au Vermicelle	4
— de Veau	7		Pot-au-Feu	1
Manière de conserver le.			Soupe au Beurre	9
— Bouillon gras	6		— aux Cerises	16
Panade	16		— aux Fèves	10
— au Gras	17		— à la Farine grillée	15
Potages à l'Eau	8		— au Lait et aux Oignons	12
— au Gras	3		— autre	12
— à la Fécule	4		— au Lard	7
— à la Julienne	5		— aux Légumes	13
— autre	6		Mitonnée	12
— au Lait	8		— autre	12
— aux Macaronis	6		— à l'Oignon	11
— aux Nouilles	4		— autre	11
— aux Oeufs	5		— à l'Oseille et au
— autre	5		Cerfeuil	15
— aux Pâtes d'Italie	4		— autre	16
— au Riz	3		— aux Poireaux	13
— à la Semoule	3		— aux Pommes de terre	13

Soupe aux Pommes de terre 14 | Soupe à la Purée de Pois 10

— et aux Fines Herbes 14 | — autre 10

— à la Purée de Pois 9 | — autre 10

Chapitre II.
Légumes.

Artichauts au Beurre 27 | Céleri à Côtes 33

— Farcis 28 | Chicorée 79

— Frits 28 | Choucroute 40

— à la Française 27 | Choux 36

— à l'Huile 26 | Choux Bruxelles 39

— au Lard 27 | — Farcis 38

— à la Sauce 26 | — Hachés 37

Asperges à l'Huile 30 | — d'Hiver 40

— en petits Pois 30 | — au Lard 37

— à la Sauce 29 | — en Maigre 39

Bettes 31 | — au Naturel 36

Cardes-Poirées 33 | Choux-fleurs au Beurre 43.

Cardons 31 | — au Beurre noir 44

— au Beurre 32 | — en Beignets 44

— au Fromage 32 | — à la Cuisinière 46

— au Jus 32 | — au Fromage 46

— au Roux 32 | — en Gâteau 46

Carottes 33 | — au Jus 44

— au Beurre 34 | — en Pain 45

— à l'Étouffée 35 | — à la Sauce 43

— et Pois à l'Étouffée 35 | — pour entrée de Viande 44

— et Pommes de terre 35 | Choux-Navets 54

— en Gâteau 36 | Choux-Raves 54

— et Cosses de pois sèches 22 | Cœurs de Choux 79

Cornichons confits	81	Haricots secs	18
—— —— au naturel	82	Jardinière	71
Cresson alénois, Bourrache	84	Autre	72
Crônes frits	71	Laitage : manière de le glacer	26
Endives	74	Laitue	75
—— en gâteau	75	—— farcie	77
Épinards	73	—— autre	78
—— Côtes d'	79	—— en gâteau	75
Fèves	47	—— au lard	76
—— au beurre	47	—— à la Sauce	76
—— au beurre noir	47	—— autre	76
—— confites	83	—— autre	76
—— à la crème	48	Lentilles	21
—— à l'Étouffée	49	Macédoine de légumes	72
—— au Jus	48	Melons	83
—— au Lait	49	Navets	51
—— au Lard	48	—— au beurre	52
—— à la poulette	48	—— autre	52
—— pour entrée de viande	48	—— à la crème	53
—— Manière de les conserver	49	—— au lait	52
—— autre	50	—— au lard	51
Haricots blancs à la crème	19	—— au roux	52
—— au lait	19	—— en choucroute	53
—— au lard	20	—— et pommes de terre	53
—— autre	20	Oignons à l'étouffée	80
—— autre	20	—— au vin	80
—— à la maître d'hôtel	19	Oseille	74
—— en purée	20	Pois verts	65
—— autre	21	—— au beurre	66
—— au roux	19	—— autre	67

Pois à la bourgeoise	65	
— au jus de viande	67	
— au lard	66	
— mange-tout	68	
— en purée	67	
— au roux	66	
— et Fèves	68	
— secs	21	
Pommes de terre au beurre		
— — noir	54	
— en couronne	56	
— à la crême	61	
— à l'étouffée	63	
— farcies	57	
— à la française	58	
— autre	59	
— au four	64	
— frites	62	
— autre	62	
— grillées	62	
— grillées aux œufs	63	
— aux fines herbes	55	
— autre	55	
— à la hollandaise	64	
— au lait	61	
— autre	61	
— à la maître d'hôtel	56	
— à la mie de pain	63	
— aux œufs	60	
— en purée	59	

Pommes de terre au roux	54
— à la sauce	54
Radis	83
— à la sauce	84
Raifort	85
Raves	84
Riz au beurre	24
— au gras	22
— autre	23
— au lait	23
Salade	85
— d'anchois	87
— de concombres	86
— de choux-fleurs	86
— de fèves	87
— de laitue pommée	85
— au lard	85
— de pommes de terre	87
— de raves	86
Scorsonères et Salsifis	69
— au beurre	69
— en beignets	70
— à la cuisinière	70
— au jus de viande	69
— au roux	70
— à la sauce	69
Semoule au beurre	24
— autre	25
— au lait	25
Stachys affinis ou Crônes	71

Tiges de Laitues montées	79	Vermicelle au gras	25
Vermicelle au beurre	25	— au lait	26

Chapitre III.
Viandes.

De l'Agneau	176	Boeuf en gelée	95
— Côtelettes d'	178	— mariné	93
— — panées et grillées	178	— à la mode	92
— Issues d'	176	— autre	92
— Tête d'	177	— autre	93
Alouettes à la minute	265	— aux oignons	93
— rôties	265	— en salmis	98
— en salmis	265	Boyaux : manière de les con-	
Bécasses farcies	263	— server	115
— à la minute	264	Boeuf. Cervelle de.. en beignets	107
— rôties	263	— — au beurre noir	108
— en salmis	264	— — en fricassée de poulet	106
— truffées	264	— — frite	107
Beignets de viande	270	— — en gâteau	109
Bifteck	95	— — en matelote	108
autre	96	— — en saucisses	109
Boeuf	89	— Coeur farci	103
— Manière de le conserver	90	— Dessertes de boeuf bouilli	117
— Manière de le préparer		— Filet de..	96
pour pâté	116	— autre	98
— à la bordelaise	91	— Foie de..	114
— bouilli	89	— en gâteau	114
— braisé	91	— Fromage d'Italie	115
— au four	94	— Gras-double	105
— en gelée	94	— — en fricassée de poulet	105

Boeuf. Gras-double grillé	106	Canard à l'eau	252
— — à la sauce robert	105	— aux marrons	251
— Langue et Coeur de..	104	— à la moutarde	251
— Langue braisée	100	— aux navets	248
— — à l'estragon	101	— autre	249
— — farcie	102	— aux oignons	249
— — grillée	102	— aux olives	250
— — autre	102	— aux petits pois	250
— — aux fines herbes	100	— rôti	246
— — en paupiette	101	— en salmis	247
— Mou de...	110	— sauvages	252
— — en boudin	113	— — rôti au four	253
— — à l'étouffée	111	— Tête et pattes de..	252
— en fricassée de poulet	111	Cerf	213
— — en gâteau	112	Chevreau	178
— — en matelote	112	— farci	179
— — au roux	111	— en fricassée de poulet	178
— Pieds de..	106	Chevreuil	211
— Rognons de..	104	— en civet	212
— — à la bourgeoise	104	— rôti	212
— — aux oignons	105	— Côtelettes de..	213
— Rosbif	96	— Fricandeau de..	213
— Saucissons de tranches	98	— Poitrine au roux	213
Cailles rôties	262	Cochon de lait	207
— au lard	262	— farci	208
— aux choux	262	— en gelée	208
Canard. Abatis de..	252	— rôti entier	207
— braisé	249	Croquettes de viande	268
— à la daube	249	Dindon	242
— autre	249	— Abatis de..	245

Dindon. Abatis en civet	245	Lapin rôti ... 218
— — aux navets	245	— Foie de ... 224
— Pattes de	246	— Dessertes de lapin rôti ... 224
— rôti	244	— — en ragout ... 225
— truffé	244	Lièvre en Civet ... 215
Faisan	262	— cuit au four ... 214
— farci en rôti	262	— en gâteau ... 216
— — en salmis	263	— en haricot ... 216
Gélinotte	263	— en pain ... 215
Grives	265	— rôti ... 214
Hachis de viande	266	— au roux ... 215
— sur le feu	267	— Dessertes de lièvre rôti ... 217
Lapereau	222	Marcassin ... 211
— à la minute	222	Merles ... 265
— en papillotes	222	Du Mouton ... 159.
— aux petits pois	223	— à la daube ... 170
Lapin	218	— au four ... 170
— Manière de le prépa-		— au riz ... 169
rer pour pâtés	223	— rôti ... 160
— à la bourgeoise	219	— Boyaux, manière de les
— braisé	219	conserver ... 173
— en boudin	223	— Côtelettes au beurre ... 166
— en civet	219	— — autre ... 166
— farci	221	— — farcies ... 168
— en fricassée de poulet	219	— — autre ... 168
— aux fines herbes	220	— — grillées ... 165
— en gelée	221	— — à la marinière ... 167
— en gibelote	220	— panées et grillées ... 165
— au gratin	220	— — à la ravigote ... 166
— en matelote	219	— — au roux ... 167

Mouton. Epaule de ..	163	Pigeons farcis	255
— — farcie	163	— autre	256
— —au four	163	— en fricandeau	254
— à la Ste Menehould	163	(gros)	259
— —en saucisson	164	— aux fines herbes	256
— Gigot à l'anglaise	162	— autre	257
— — braisé	161	— en matelote	256
— — en chevreuil	161	— à la mie de pain	258
— — à l'eau	162	— aux petits pois	258
— Haricot de ..	168	— rôtis	254
— Langue de ..	171	— au roux	254
— — à la flamande	172	— en salmis	257
— — à la gasconne	172	—Dessertes de pigeons rôtis	259
— —grillée	171	— — en ragoût	260
— —en papillotes	171	Pintade	246
— Poitrine braisée	165	Porc	179
— — farcie	165	— Andouilles de ..	194
— — au roux	165	— —autre	195
— Dessertes de mouton	173	— Bajoue de	189
Oie	253	— Boudins	193
Ortolans	265	— Cervelle	188
Perdrix et Perdreaux	261	— Coeur farci	188
— aux choux	261	— Coeur et Rognons	188
— vieilles	261	— Côtelettes farcies	184
Pigeons	254	— — grillées	183
— aux asperges	259	— — autre	183
— à la bourgeoise	256	— — en ragoût	183
— braisés	254	— — autre	184
— à la crapaudine	255	— — à la sauce brune	184
— à l'étouffée	258	— Epaule au riz	181

Porc. Epaule au roux	181		Porc. Petit salé		206
— Filet en fricandeau	185		— Saucisses		197
— — grillé	185		— autre		198
— — à la mie de pain	185		— plates grillées		199
— — au vin	185		— (petites)		195
— Foie	188		— — à la crême		196
— — aux oignons	189		— en fricassée de poulet		196
— — aux pommes de terre	188		— à la sauce brune		197
— — rôti	188		— — au vin		196
— Fromage de cochon	190		— Tête ou hure de ..		186
— Gelée moulée	191		— Tranches à la minute		183
— Grenadines	182		— — en saucissons		183
— Jambon à l'aspic	203		— Viande à la daube		182
— — braisé	201		— — aux pommes de terre		182
— — désossé	203		— — rôtie		180
— — autre	204		— Manière de saler, de fumer		
— — au four	201		le Lard et le Jambon		205
— — autre	202		— Manière de fondre le saindoux		206
— — frais	199		Poularde		236
— — grillé ou en Cincaret	204		— à la bourgeoise		236
— — mariné rôti	200		— dorée		237
— — au naturel	200		— au jambon		238
— — autre	200		— en matelote		236
— Langue de	187		— à la mie de pain		237
— — aux oignons	187		— à la Montmorency		237
— — au roux	187		— aux oignons		238
— Mou de ..	189		Poule		234
— Oreilles de ..	190		— bouillie à l'anglaise		235
— Pieds de ..	190		— — au beurre		235
— à la S¹ᵉ Menehould	190		— — en fricassée		235

Poule bouillie, à la sauce	235	Rouges-gorges	265
— d'eau	253	Rissoles	268
— au riz	235	— frites	269
Poulet braisé	232	Du Sanglier	210
— en chaud-froid	241	— Hure de ..	210
— aux choux-fleurs	228	— Poitrine au roux	210
— à la daube	229	— — au vin	210
— autre	229	Veau . (Connaissance du bon)	121
— à l'estragon	230	— Conservation du ..	121
— autre	231	— en Bifteck	124
— farci	233	— à la bourgeoise	123
— en fricassée	227	— en fricassée de poulet	127
— au fromage	228	— grillé ou escalopes de..	126
— Foie de	239	— à l'italienne	124
— en Galantine	242	— à la minute	123
— autre	243	— autre	124
— en Gelée	234	— rôti	122
— autre	234	— Cervelle de ..	153
— au lard	231	— Cœur farci	139
— aux marrons	232	— Côtelettes	131
— autre	233	— — à la chapelure	133
— en matelote	230	— — farcies	134
— à la minute	229	— — au petit lard	132
— aux petits pois	232	— — à la mie de pain	132
— au roux	230	— — en papillotes	134
— rôti	226	— — au vert pré	133
— Dessertes de poulet rôti	239	— Foie en bifteck	142
— — en ragoût	241	— — à la bourgeoise	142
Ramiers ou pigeons sauvages	260	— — à la cuisinière	143
— — marinés	260	— — à l'étuvée	140

Veau. Foie à l'étuvée ... 140
— — frit ... 141
— — à la sauce ... 141
— — en gâteau ... 144
— — haché ... 139
— — aux fines herbes ... 143
— — au lard ... 142
— — à la poêle ... 143
— — au vin ... 144
— Fraise de ... 154
— en fricassée de poulet ... 154
— — frite ... 154
— — autre ... 155
— — au gratin ... 155
— — aux fines herbes ... 155
— — au vin ... 156
— Fricandeau ... 130
— Gelée, manière de la clarifier ... 145
— Grenadines de 135
— Langue de 139
— Mou de 144
— Oreilles de 153
— — farcies ... 153
— — frites ... 153
— — à la sauce robert ... 153
— Pâté de terrine ... 129
— Pieds de 144
— — frits ... 147
— en fricassée de poulet ... 147

Veau. Pieds en gelée ... 125
— — au jus ... 148
— — à la sauce robert ... 148
— — au vin ... 148
— — autre ... 148
— Poitrine farcie ... 128
— — aux petits pois ... 129
— — au roux ... 126
— Ris ou Blanc de 149
— — en croquettes ... 151
— — autre ... 152
— — frit ... 151
— — en fricassée de poulet ... 149
— — en gâteau ... 152
— — au gratin ... 152
— — aux fines herbes ... 151
— — au lard ... 150
— — en papillotes ... 150
— — au vin ... 149
— Rognons de 156
— — en gâteau ... 156
— — au vin ... 157
— Saucissons de tranches de 125
— Tête de 135
— — à la daube ... 136
— — en fricassée de poulet ... 136
— — frite ... 138
— — grillée ... 137
— aux fines herbes ... 138
— à la Ste. Menehould ... 137

Veau Tête au naturel 135   Dessertes de Veau rôti 157
— — à la vinaigrette 138   ——— en ragoût 159
Volaille 226

Chapitre IV.
Poissons.
Poissons d'eau douce

Poisson au court bouillon 271   Brochet rôti 278
— au four 273   — autre 279
— frit 272   Carpe à l'étuvée 279
— au gratin 272   — farcie 280
— en matelote 273   — en fricassée de poulet 280
— à la sauce blanche 272   — frite 280
Anguille 273   — en gras 281
— au four 274   — au gratin 281
— grillée 275   — à la sauce blanche 279
— autre 275   Ecrevisses en buisson 288
— en fricassée de poulet 274   — frites 288
— frite 274   Escargots 286
— aux fines herbes 277   — au beurre 288
— au lard 275   — aux fines herbes 287
— en matelote 274   — en omelettes 287
— rôtie 276   Goujons à l'étuvée 284
— à la sauce blanche 276   — en fricassée de poulet 285
— à la tartare 276   — frits 284
Barbeau 277   Grenouilles au beurre 286
— grillé 277   — en fricassée de poulet 285
Brême 278   — frites 285
Brochet 278   — en omelette 286
— en fricassée de poulet 279   — en ragoût 286

Lamproies	284	Tanche	283
Lotte	283	Truite	282
Perche	281	— grillée	282
— à la chinoise	282	— aux fines herbes	283

Poisson de mer

Alose au court-bouillon	289	Harengs salés	308
— frite	289	— saurs	308
— grillée	289	Huîtres	311
Anchois	289	Homard	310
Anguille de mer	301	Langouste	310
Bar au court-bouillon	290	Limande	305
— grillé	290	Lubine	306
Barbue	291	Maquereaux	303
Cabillaud	297	— au beurre d'estragon	304
Carrelet	306	— — noir	304
Crabes	310	— grillés	303
Eperlans	306	— aux fines herbes	303
Esturgeon	292	— à l'italienne	304
— au courtbouillon	293	— à la maître d'hôtel	303
— frit	293	Merlans	301
— aux fines herbes	293	— à la bourgeoise	302
— en matelote	294	— autre	303
— en redingote	293	— au gratin	302
— rôti	293	— grillés	302
— en gras	293	Merluche ou morue sèche	301
Flayes	306	Morue en beignets	297
Harengs frais	307	— au beurre noir	297
— au four	308	— farcie	298
— en matelote	308	— au four	300

Morue frite		299	Raie à la sauce de son foie		295
—	au gratin	300	Rouget		305
—	aux fines herbes	298	Sardines		309
—	à la maître d'hôtel	299	Saumon frais		291
—	à la mie de pain	299	—	en gras	292
—	aux oignons	299	—	grillé	292
—	aux pommes de terre	300	—	en salade	292
—	à la provençale	298	—	salé	292
—	salée	297	—	salé au four	292
—	à la sauce	299	Soles		306
—	à la sauce robert	300	—	au gratin	306
Mulet et surmulet		305	Thon frais		309
Plies		305	—	mariné à la provençale	309
Raie		294	—	en salade	309
—	au beurre noir	295	Tontine		310
—	frite	296	Turbot		296
—	grillée	296	—	au court-bouillon	290
—	à l'italienne	294	—	en gras	291
—	à la maître d'hôtel	295	Vaudreil		310
—	à la Ste Menehould	296	Vives		307
—	à la sauce blanche	295	—	à la normande	307

Chapitre V.
Sauces.

Roux. Manière de le faire	312	Sauce blanche piquante		313
Sauce à l'anglaise	325	—	blanquette en gras	315
— béarnaise	329	—	bourgeoise	322
— béchamel	314	—	brune	314
— blanche	313	—	aux câpres et anchois	312
— aux câpres et anchois	314	—	au chevreuil	320

Sauce au chevreuil	321	Sauce aux œufs durs		326
— claire et piquante	317	— — et aux câpres		323
— à l'échalote	319	— au petit-maître		316
— au genièvre	321	— piquante		316
— harengs	322	— — au citron		317
— autre	322	— — pour gibier		318
— hollandaise	328	— — autre		318
— italienne	316	— — maigre		318
— — maigre	316	— poivrade		321
— jaune ou blanquette		— ravigote		327
— — maigre	315	— autre		328
— matelote	322	— à la reine		323
— à la maître d'hôtel	324	— Robert		324
— maigre au vin	325	— à la sultane		323
— mayonnaise	326	— tartare		327
— mêlée	324	— tomate		319
— à la mie de pain	325	— autre		319
— à la moutarde	349	— au verjus		320
— ou à l'estragon	326	— vinaigrette ou rémoulade		328

Chapitre VI.
Œufs.

Beignets d'Allemagne	350	Beignets de cuetches	347
— d'Alsace	353	— de fraises	347
— de Bavière	355	— autre	348
— de carnaval	356	— de fromage	349
— autre	356	— ordinaires	345
— de cerises	346	— de pommes	346
— autre	347	— de semoule	348
— creux	352	— autre	349

Beignets de semoule	349	Nouilles au gratin	377
— soufflés ou Pets		— en timbale	378
— — de nonne	351	— autre	378
— autre	352	Oeufs au beurre noir	331
— sucrés	354	— brouillés	337
— — aux amandes	354	— autre	337
Bonnet d'évêque	364	— autre	338
Crêpes doubles	344	— — au fromage	338
— françaises	342	— à la coque	330
— autre	343	— à la crème	330
— lorraines	343	— durs	333
— polonaises	343	— à l'eau	339
Gâteau de cerises	363	— farcis	335
— autre	363	— autre	335
— de crème	360	— farcis entiers	336
— de fécule	360	— — aux fines herbes	336
— mollet	341	— frits	333
— de pommes de terre	361	— au jus	331
— autre	362	— au lait	338
— autre	362	— — sucré	339
— de riz	359	— — autre	339
— de semoule	357	— au lard	331
— autre	358	— à la mie de pain	337
— — caramellé	358	— au miroir ou sur le plat	330
— de tapioca	359	— mollets	332
— de vermicelle	359	— à la moutarde	333
Macaronis	379	— à l'oseille	334
Montée de riz	373	— perdus	336
Nouilles	376	— pochés	332
— en gâteau	377	— à la tripe	334

Omelette à la confiture	372	Omelette au rognon de veau 368
— à la farine	367	— à la sauce 367
— frite	369	— soufflée 371
— au fromage	370	— sucrée 371
— au bachis	368	— aux tomates 369
— aux fines herbes	366	Pâte à beignets 344
— au jambon	368	— autre 345
— au lard	368	— frite 350
— à la mie de pain	370	Quenelles de farine 374
— au naturel	365	— frites 375
— autre	366	— de pommes de terre 375
— aux nouilles	369	— autre 375
— aux oignons	366	— de semoule 374
— autre	366	Soufflé de farine 361
— parisienne	372	Tartines 341
— aux petits pois	369	— autre 342
— aux pommes	370	Tôt-fait 340
— au rhum	372	— au beurre 341
— autre	372	— léger 340
— au rognon de veau	367	

Chapitre VII.
Crèmes et Fruits.

Bavarois au café	393	Compote d'abricots à la portugaise 401
Cerneaux	405	— de cerises 400
Charlotte de pommes	397	— de quetches 400
— autre	397	— autre 400
— russe ou pouding		— de marrons 403
— au rhum	390	— de mirabelles 404
Compote d'abricots	401	— autre (commune 404

Compote de pêches	401	Crème mêlée 383
— à la portugaise	401	— au rhum 387
— de poires	402	— au thé 384
— autre	402	— à la vanille 380
— au vin	403	— autre 381
— de pommes	397	Fruits 395
— au sirop	398	Gelée au rhum 394
— autre	399	Œufs à la neige 385
— sans sucre	398	—moulés 386
— au vin	398	Oranges en salade 405
— de pruneaux (commune) 404		Pain au lait ou crème
— de reines-Claude	404	—— renversée 384
Crèmes	380	Pêches crues 402
— aux amandes	382	Pommes au beurre 396
— anglaise à la vanille	391	— meringuées 396
— au café	383	Pouding 389
— autre	383	— aux amandes 388
— au caramel	382	— au citron 389
— Chantilly	391	— au riz 396
— au chocolat	382	Tranches de pommes 395
— double	387	— — frites 395

Chapitre VIII
Remarques Générales.

Beurre noir	411	Conserves de groseilles 417
Caramel	412	— de mirabelles 416
Chapelure	412	— de pois 417
Conserves de cerises aigres	416	— de tomates 417
— de fèves	417	— autre 418

Conserve de tomates	419	Manière de conserver	
Coulis de tomates pour les rôtis	410	— — le bouillon	414
Emploi des assaisonnements	409	— — la viande	414
— du beurre	406	— de larder	410
— du lard fumé	406	— de préparer une farce	411
— du vin	407	Usage des cuillers de bois	407
Fritures	408	Verjus	415
Liaison	413	Viandes rôties	209
— de jaunes d'œufs	413		

Chapitre IX.
Pâtisserie en Confiserie.

Bouchées ou petits Vol-au-vent	445	Gimblettes	448
Brioches	431	Méringues	449
Confitures d'abricots	453	— aux amandes	449
— de cerises	452	— à la crème	449
— de fraises	453	Palmiers	446
— ou Gelée de pomme	454	Pâte brisée	421
— — groseille	451	— feuilletée	420
— de mirabelles	452	— sucrée	421
Choux (petits)	447	— de tarte de ménage	422
Feuilles	447	Pâte	422
Fours secs	449	— autre	425
Gâteau Baba 1ʳᵉ qualité	433	— autre pâte pour ...	427
— 2ᵉ "	433	Pâtés (petits)	445
— Brioche 1ʳᵉ qualité	430	Patiences	448
— 2ᵉ "	431	Quenelles de poisson	429
— autre	231	— de viande pour vol au vent	428
— à la crème	432	Sacristains	446
— mousseline	444	Sirop de groseilles	450

Tartes	434	Tarte au lait	441
— aux abricots	441	— aux mirabelles	439
— aux amandes	443	— aux myrtilles	439
— aux cerises	437	— aux oignons	443
— à la crème	442	— aux poires	440
— autre	442	— autre	440
— aux cuetches	441	— aux pommes	435
— à la frangipane	442	— autre	435
— au fromage	443	— autre	435
— aux groseilles	437	— aux raisins	436
— autre	438	— de Corinthe	436
— autre	438	— à la rhubarbe	438
— aux groseilles vertes	438	Vol-au-vent	428

Chapitre X

Recettes Médicales.

Eau d'Alibourg	485	Pommade de raisin	463
Emplâtre pour luxations, foulures, entorses, rhumatismes	484	Propriétés de l'eau-de-vie et du sel	464
		Manière de composer le remède	457
Gouttes fortes	461	Maladies et manière de les traiter	468
Lait de poule	483		
Autre	484	Emploi du remède pour les enfants	483
Onguent très efficace pour plaies, rhumatismes	456	Remède contre le charbon	464
		Sirop d'œufs	460
Pierre vulnéraire	461	Sirop pectoral anglais	461